有機化学入門

［第2版］

京都薬科大学名誉教授　　　　　京都薬科大学名誉教授・非常勤講師
　　　　　　　　　　　　　　　京都産業大学非常勤講師

池田正澄　　　　　　**太田俊作**

編　著

奈良先端科学技術大学院大学准教授　　大阪薬科大学講師

池田篤志　　　　　　**和田俊一**

共　著

東京　廣川書店　発行

第 2 版 はしがき

　大学の入学試験で「化学」の答案を見ていると，例えばベンゼンの構造式に対して，よくもこんなに書き方があるものだと思う．正しい式だけで 10 種類はあるし，望ましくない式，間違っている式を含めるとその数は更に増え，これに置換基がつくとその組み合わせでその何倍かになる（8.1 節　例題 1 参照）．学生たちは明らかに混乱している．こういう状態のままで，大学の 1 年生に有機化学を教えるのは大変である．その前に学生の頭の中をある程度スッキリさせておかないと，その混乱が増幅されかねないし，ひいてはサジを投げ出してしまいかねない．何事も初めが肝心，入り口でつまずいては元も子もない．

　本書は，高校で有機化学を少し学んで大学に入ってきた学生が，本格的な有機化学をはじめる前に半年くらい，構造式や命名法，そのほか基本事項に慣れるとともに，有機化学のざっとした全体像をつかみ，頭の中をスッキリさせることを願って書かれたものである．また，有機化学が低学年の 2～4 単位の科目として配分されている学部・学科向けのテキストとしても適していると思われる．したがってできるだけ平易で明快になるように，そして内容を少なくするように心がけた．そのために，

(1)　複雑な化合物を避ける
(2)　分子軌道法をできるだけ使わないようにする
(3)　ラジカル反応は含めない
(4)　原則として第 1 周期と第 2 周期の元素以外は取り扱わない

など多くの内容を思い切って削除するとともに，

(5)　基本事項の理解に全力をあげる
(6)　理解の助けになるように随所にマンガを入れた
(7)　身近で興味を引くような話題を各章末に入れた
(8)　理解度を確かめるために，若干の演習問題を章末に入れた

第2版 はしがき

　本書が，当初の目的通り，高校と大学の有機化学の橋渡しの役目を果たせたらこれ以上の喜びはない．

　本書の作製に当たり多くのマンガを描いていただいた京都薬科大学小川俊次郎博士，構造式をマッキントッシュで描いていただいた中村晴子さん，富山大学准教授矢倉隆之博士に感謝する．

　終わりに，本書の出版を企画推進された廣川書店社長廣川節男氏，企画室長島田俊二氏並びに編集に当たられた荻原弘子氏の他多くの方々に厚くお礼申し上げます．

　本書を作成するに当たって参考にさせていただいた書物を以下に掲げ，これらの著者に謝意を表する．

1. T. W. G. Solomons, C. B. Fryhle, *'Organic Chemistry'* (9th Ed.), John Wiley & Sons（2007）〔池田，上西，奥山，花房監訳「第9版　ソロモンの新有機化学」廣川書店（2008）〕
2. W. Brown, T. Poon, *'Introduction to Organic Chemistry'* (3rd Ed), John Wiley & Sons（2005）〔池田，奥山監訳「ブラウン・プーン基本有機化学（第3版）」廣川書店（2006）〕
3. R. M. Roberts, *'Serendipity'*, John Wiley & Sons（1990）．
4. 池田，石橋，矢倉，池田「ポイント有機化学演習（第2版）」廣川書店（2008）．

平成21年1月

著者一同

目次

第1章 ライフサイエンスと有機化学 …………………… 1
　　　［コーヒーブレイク］　7

第2章 化学結合 …………………………………………… 11
　　2.1　原子の構造　11
　　2.2　電気陰性度　13
　　2.3　イオン結合と共有結合　13
　　2.4　共有結合の分極　17
　　2.5　形式電荷　18
　　2.6　分子軌道法に基づく化学結合　20
　　2.7　構造式の書き方　27
　　2.8　有機化合物と官能基　30
　　問　題　30
　　　［コーヒーブレイク］　32

第3章 アルカンとシクロアルカン ……………………… 35
　　3.1　アルカンの命名法　36
　　3.2　シクロアルカンの命名法　40
　　3.3　代表的なアルカン　42
　　3.4　アルカンとシクロアルカンの物理的性質　42
　　3.5　アルカンの立体配座　43
　　3.6　シクロアルカンの立体配座　45
　　3.7　シクロアルカンのシス–トランス異性　50

3.8 アルカンの反応　51
問題　52
［コーヒーブレイク］　53

第4章　立体化学—光学異性体 …………………………………… 57

4.1　鏡像体　57
4.2　鏡像体の性質　59
4.3　絶対配置と命名法　60
4.4　2個のキラル中心をもつ化合物：ジアステレオマー　62
4.5　メソ化合物とラセミ体　64
問題　67
［コーヒーブレイク］　68

第5章　酸と塩基 ……………………………………………………… 71

5.1　ブレンステッドの酸-塩基　71
5.2　ルイス酸とルイス塩基　75
5.3　カーブした矢印の使い方　76
問題　78
［コーヒーブレイク］　78

第6章　ハロゲン化アルキル ………………………………………… 81

6.1　命名法　81
6.2　代表的なハロゲン化アルキル　83
6.3　ハロゲン化アルキルの構造　83
6.4　ハロゲン化アルキルの物理的性質　84
6.5　ハロゲン化アルキルの反応　84
6.6　ハロゲン化アルキルの合成法　95
問題　96
［コーヒーブレイク］　97

目 次 *vii*

第 7 章 アルケンとアルキン …………………………… *99*

    7.1 命名法　99

    7.2 代表的なアルケンとアルキン　101

    7.3 アルケンとアルキンの構造　102

    7.4 アルケンとアルキンの物理的性質　105

    7.5 アルケンの安定性　105

    7.6 アルケンの反応　106

    7.7 アルケンの合成法　115

    7.8 アルキンの化学的性質　117

    問　題　119

    ［コーヒーブレイク］　120

第 8 章 芳香族化合物 …………………………… *123*

    8.1 ベンゼンの構造　123

    8.2 ベンゼン誘導体の命名法　128

    8.3 代表的な芳香族化合物　132

    8.4 芳香族化合物の物理的性質　134

    8.5 芳香族化合物の反応　134

    8.6 ベンゼン以外の芳香族化合物　143

    問　題　145

    ［コーヒーブレイク］　146

第 9 章 アルコールおよびフェノール …………………………… *149*

    9.1 アルコールの命名法　149

    9.2 フェノールの命名法　152

    9.3 代表的なアルコールとフェノール　154

    9.4 アルコールとフェノールの物理的性質　156

    9.5 アルコールとフェノールの化学的性質　159

9.6　アルコールの合成法　166

9.7　フェノールの合成法　168

問　題　168

［コーヒーブレイク］　169

第10章　エーテルおよびエポキシド　…………………………………*173*

10.1　エーテルおよびエポキシドの命名法　174

10.2　代表的なエーテル　175

10.3　エーテルの物理的性質　175

10.4　エーテルおよびエポキシドの化学的性質　177

10.5　エーテルおよびエポキシドの合成法　179

問　題　181

［コーヒーブレイク］　182

第11章　アルデヒドとケトン　…………………………………………*185*

11.1　アルデヒドの命名法　186

11.2　ケトンの命名法　187

11.3　代表的なアルデヒドとケトン　189

11.4　カルボニル基の構造　190

11.5　アルデヒドとケトンの物理的性質　191

11.6　カルボニル基の反応　192

11.7　α炭素における反応　204

11.8　カルボニル基のその他の反応　207

11.9　アルデヒドの合成法　209

11.10　ケトンの合成　210

問　題　211

［コーヒーブレイク］　212

目　次　ix

第12章　カルボン酸とその誘導体 …………………………………… **215**

  12.1 カルボン酸の命名法　216
  12.2 代表的なカルボン酸　219
  12.3 カルボン酸の構造　220
  12.4 カルボン酸の物理的性質　221
  12.5 カルボン酸の化学的性質　222
  12.6 カルボン酸の合成法　224
  12.7 酸ハロゲン化物　227
  12.8 酸無水物　229
  12.9 エステル　230
  12.10 アミド　233
  12.11 カルボン酸とその誘導体の反応　235
  12.12 ニトリル　238
  問　題　240
  ［コーヒーブレイク］　241

第13章　アミン ………………………………………………………… **243**

  13.1 命名法　243
  13.2 代表的なアミン　246
  13.3 アミンの構造　247
  13.4 アミンの物理的性質　248
  13.5 アミンの化学的性質　249
  13.6 アミンの合成法　258
  13.7 アルカロイド　260
  問　題　261
  ［コーヒーブレイク］　262

第 14 章　有機化学における重要事項 …………………………………… *265*

　　　14.1　化合物の分離と確認　265
　　　14.2　共役と共鳴理論　270
　　　14.3　反応機構とエネルギー図　278
　　　14.4　求核試薬と求電子試薬　281
　　　14.5　中間体と遷移状態　281
　　　14.6　ヒュッケル則　284
　　　14.7　酸化と還元　286
　　　14.8　分子間力　289

問題解答 ……………………………………………………………………… *293*

索　引 ………………………………………………………………………… *311*

第 1 章

ライフサイエンスと有機化学

　人類は有史以前から動植物の生み出すものを生活に取り入れてきた．現代においても自然が生み出す有機化合物なしには我々の生活は有り得ない．しかし一方，19世紀に人類は有機化合物を人工的に作り出すことに成功し，これらの生成物が染料や医薬品として利用できることを知った．その後，有機化学および有機合成化学は急速に進歩し，現在我々はその恩恵を享受している．例えば，我々の身の回りの日用品を注意して見ると，実に様々な化学製品に取り囲まれていることがわかる．プラスチック，合成繊維，自動車のタイヤ，医薬品，農薬・化学肥料，調味料，保存料，香料，燃料，接着剤，化粧品など有機合成によって得られたものが数多く含まれている．このほかにも目に見えない所で多くの有用な機能性のある有機化合物が，現代の高度な人間社会を維持していくために活用されている．

　医薬品を例にとって我々と有機化学とのかかわりを考えてみよう．人間は，長い歴史の経験的な所産として，天然の草木や鉱物を傷病の治療に用いてきた．しかし，19世紀になるまで，これらの治癒能力は天然に宿る霊魂に

よるものと信じられてきた．1806年，ドイツの薬剤師ゼルチュルナー（F. W. Sertürner）は阿片（ケシの果汁を乾燥させたもの）から鎮痛・催眠成分モルヒネを単離し，薬効の本質であることを発見した．これ以後，多数の有効成分の単離と構造決定がなされるとともに，天然物化学および有機化学が飛躍的に発展した．これらの過程の中で，合成有機化合物の中にもアスピリン，アンチピリン，アセトアニリド，フェノール，クレゾールなどのように，解熱作用，殺菌作用などに優れた薬効を示すものが見出され，薬物の新しい宝庫として注目されるようになった．現在医療などで用いられている薬の有効成分のうち有機化合物は93%を占め，その大部分は有機合成によって作られている．

モルヒネ　　　アスピリン　　　アンチピリン　　　フェノール

　一方，薬を用いる我々の体自身も主に有機化合物からできているばかりではなく，生命を維持するための生化学反応や有効成分が生体内で作用する過程の多くは有機化学反応そのものである．
　これらのことから，有機化学はライフサイエンスときわめて密接な関係をもっていることがわかる．次に具体的に薬を題材としてそのことを考えてみよう．

(1) 薬の有機化学的合成法を考案したり，改良したりすること
　薬の化学構造は比較的単純なものから，かなり複雑なものまで様々である．現在の技術をもってすれば大半のものは人工的に合成可能である．しかし，市販される薬となるためにはできるだけ安価にかつ大量に製造されなければならないから，合成ルートの短縮・改良や収率の改善が必要である．このためには新しい反応や試薬の開発，あるいは精製法の発明・工夫が必要で，高度な有機化学的知識と技術が要求される．

(2) 有効成分を抽出・単離すること

　大昔は草根木皮や動物体そのものが薬として用いられたが，有効成分の量や質が個体によってまちまちであり，薬としての有効性の保証の点で問題がある．このような意味から微量の有効成分を単離・精製し，化学構造と薬理作用の関係を明らかにすることが薬学の大きな課題の一つとなっている．例えば，ドイツのブテナント（A. Butenandt）は，多量の妊婦尿から卵胞ホルモンとしてのエストロンをはじめて単離し，構造式を決定した．構造式の決定には高度な有機化学的知識が必要であるのはいうまでもない．

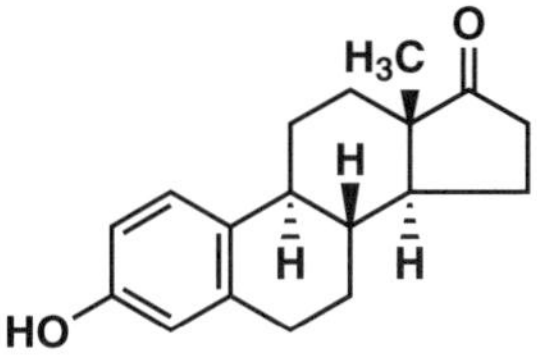

エストロン

　この方面の技術の進歩により今日では，さらに化学的に不安定なプロスタグランジンのような超微量生理活性物質の単離と構造決定が可能となり，これを手掛かりとして新しい薬物の合成開発やこれまで原因不明とされてきた疾病の解明へと展開がなされている．

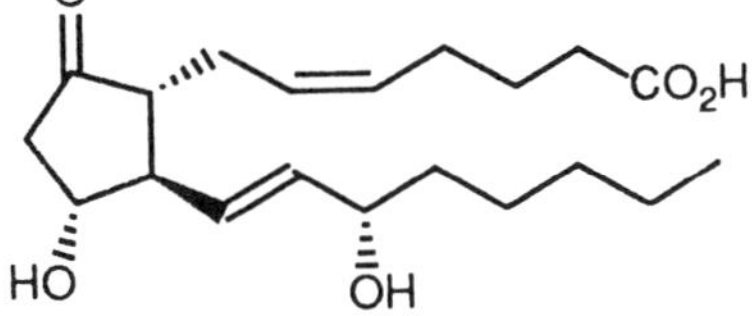

プロスタグランジン E_2

(3) 有機化合物としての薬の三次元構造式を知ること

　薬が我々の体の中で作用を発揮する様式として様々なものがある．例えば，

細胞膜の表面の特殊な部分に取り付いて作用を発揮するものや，ある酵素に特異的に取り込まれてその働きを阻害するものなどがある．このとき，例えば，アドレナリン（エピネフリン）という物質は，三次元構造式の異なる異性体（立体異性体という）ではほとんど薬理活性を示さない．

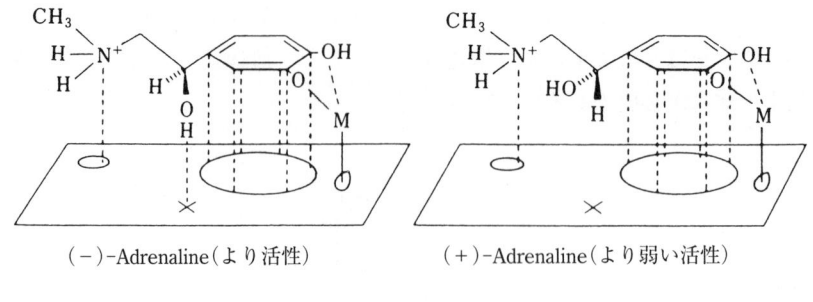

（−）-Adrenaline（より活性）　　　　（＋）-Adrenaline（より弱い活性）

薬となる　　　　　　　　　　薬とならない

図 1-1　三次元構造式と薬物活性
○×○は，生体側の薬との作用点を示し，全て結合すると作用を示す．

(4) 有機化合物としての薬の性質について知ること

　薬は化学物質であるから，その分子構造に応じた化学的性質を示す．我々の体に投与された薬は，主としてその官能基の部分で種々の代謝を受けて変化し，ついには生体外に排泄される．有効な構造を維持し，代謝変化に抵抗する分子構造をもつものは効力が長時間持続することになる．また，服用により胃酸で分解を受けるような構造のものは胃で溶けないカプセルに入れた製剤としなければならない．一方，薬の化学物質としての安定性を増すことも重要で，保存中に空気酸化や水分による分解が速い構造のものはそれなりの対策をたてなければならない．このように，薬の分子構造から有機化学的な性質を知り，理解することはより優れた薬を開発するうえで大切なことである．

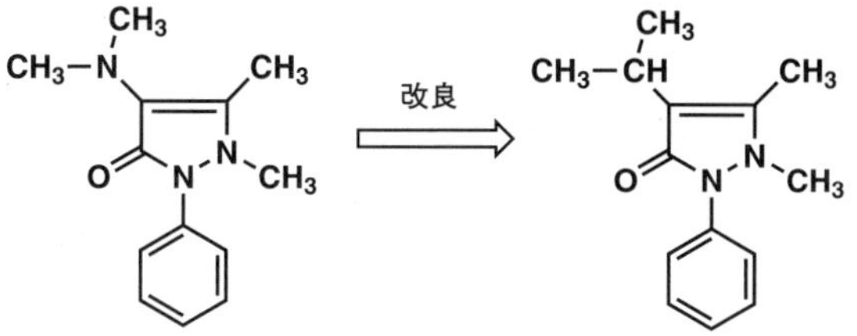

アミノピリン
（生体内変化で（CH₃)₂N-Cの
部分が分解し毒性を示す）

イソプロピルアンチピリン
((CH₃)₂CH-Cの部分が安定)

(5) 薬の中に含まれる有機化合物としての有効成分を確認すること
（定性分析）

　薬は製造されてから治療に供せられるまでに，多数の人手を経由する．その間，取り違えなどの過ちがないように厳重な管理が義務付けられている．日本薬局方の確認試験は薬物管理の信頼性を確保する上で重要な意味をもっている．薬は固有の物理的性質（例えば融点やスペクトル）をもち，またその分子構造により独自の化学反応を示すから，これらを利用して有効成分の確認をすることができる．これらの試験法は，日本薬局方に記載されているが，その理解には有機化学の知識が不可欠である．例えば，アスピリンの日本薬局方（第15改正）での確認試験では次のような記述がある．

「確認試験　本品0.5 gに炭酸ナトリウム試液10 mLを加えて5分間煮沸し，希硫酸10 mLを加えるとき，酢酸のにおいを発し，白色の沈殿を生じる．また，この沈殿をろ過して除き，ろ液にエタノール3 mL及び硫酸3 mLを加えて加熱するとき，酢酸エチルのにおいを発する．」

　これらは次に記した化学反応式に従っているのである．

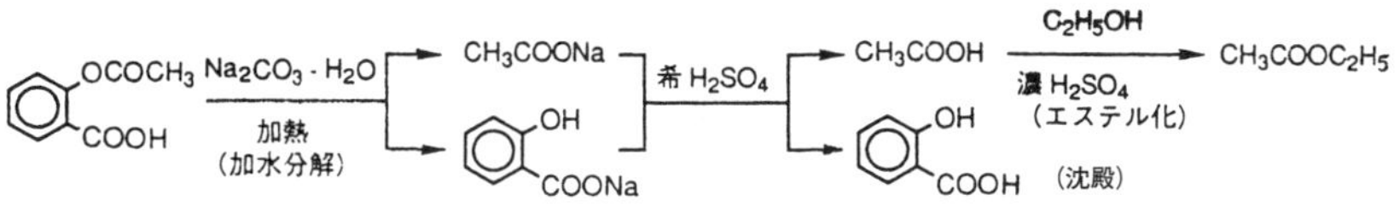

(6) **薬の中に含まれる有機化合物としての有効成分の量を確認すること（定量分析）**

　薬の純度や製剤中の含有量を知ることは，薬の安全と有効性の保証を期す上で大切なことである．薬の製造では信頼性の高い分析法により含有量を知る工程が義務付けられており，一定の品質をもった製品が得られるように常に管理されている（品質管理）．このような定量分析法を理解したり，考察するためにはやはりその分子構造に基づく有機化学的な性質を理解することが基本である．

(7) **有効成分がなぜ薬として効くかを知ること**

　例えば，抗菌剤としてのペニシリン系の抗生物質は，細菌の細胞壁を合成する酵素に取り込まれ，酵素（便宜上，Enz-OH とする）のヒドロキシ基と次のように反応して結合する．その結果，酵素の働きを止め，細胞壁の形成を妨害して菌の増殖を停止させる．

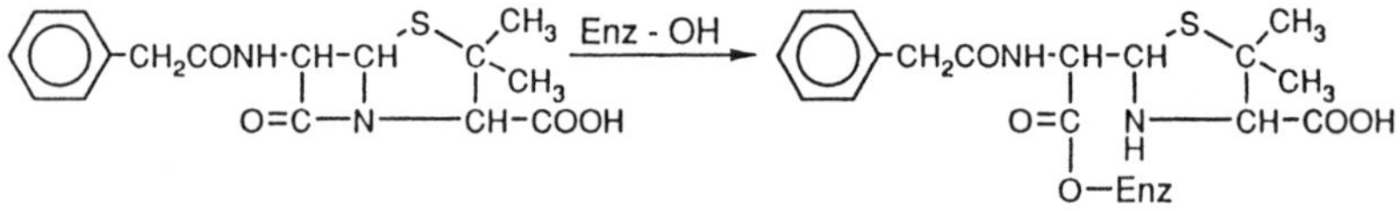

　薬の作用するしくみ（作用機作という）と化学構造式との関係を知ることは薬学者が最も興味をもつ問題であると同時に，それを基にして更に新しい薬剤を開発する理論的根拠を提供する．

(8) **生命を維持する生化学反応について知ること**

　薬学は生体を対象にした学問領域であるから，生化学反応を理解することは重要である．病気の原因や症状の多くは生化学反応の異常と密接に関係しているし，薬物の代謝もまた生化学反応である．生化学反応といえども厳密に有機化学の法則に従って起こっているのであって，特別のものではありえない．

(9) 新しい薬の候補物質を考案し，有機合成すること

　種々の知識や情報の蓄積から，ある疾患に有効な薬の分子構造が作業仮説として設定される．この分子構造を最短工程で，収率よく合成するルートを考案する．

　現在の有機化学はまだまだ多くの解決しなければならない問題を抱えている．例えば，ある化合物を合成したいとき，必要な物質だけを得ることはむずかしく，場合によっては人や地球に有害な化合物が副生することもある．これまではその有害物質をどう処分するかが課題とされてきたが，最初から有害物質を出さない合成法が求められるようになってきている．これが「環境にやさしい化学」すなわちグリーンケミストリー（green chemistry）（「コーヒーブレーク」参照）の考え方である．グリーンケミストリーの探索は，これからの有機化学者の重要な課題となるだろう．

　境界領域の科学の進歩とあいまって，今後これらの問題は次第に解決されていくだろう．これからの若い研究者にそれがたくされている．

コーヒーブレイク

(1) 化学（Chemistry）の語源

　化学（Chemistry）の語源は，直接的にはアラビア語の alchemy（錬金術）から由来している（al はアラビア語の冠詞である）．その元となると，いろいろな説に分かれる．エジプト語 chemi（黒）だという説（「岩波理化学辞典」），ギリシャ語の khemeia（金属変成術）という説，あるいは中国語の「金」という説など．日本では，江戸時代にはオランダ語の Chemie の音訳「舎密（セーミ）」が使われていた．日本で最初に化学という語を使ったのは 1860 年，川本幸民（コウミン）であるといわれている．

(2) 日本薬局方 (Pharmacopoeia of Japan)

　日本薬局方というのは，医療に供される重要な医薬品の性状および品質などについて国家が定めた規格書である．内容は通則，生薬総則，製剤総則，一般試験法，医薬品各条，からなっている．明治19年（1886年）に初めて公布され，その後医学および薬学の進歩に合わせて，5年ごとの大改正とその間に1年半ごとに追補改正がある．平成20年現在，第15改正が出ている．「局方」という言葉は中国北宋時代に公布された「和剤局方」に由来し，江戸時代に蘭学者が「和蘭局方」と翻訳したことによる．

(3) グリーンケミストリー

　グリーンケミストリー（green chemistry）はグリーンサステイナブルケミストリー（green sustainable chemistry）ともいい，「持続可能な人と環境にやさしい化学」のことである．これまで多くの化学製品や医薬品の製造に関わる企業は，製品をいかに安く，効率よく，大量につくるかを第一の目標に掲げ，生じた不要な副生成物は別に処理方法を考えてきた．これからの有機合成化学のあり方として，「有害物質を出してからどう処理するかではなく，最初から有害物質を出さない方法」を考えようというのがグリーンケミストリーの基本的な考え方である．「グリーンケミストリー12か条」という指針が提唱されている．そのうちわかりやすいものだけを選んで挙げておこう．

1. 廃棄物は「出してから処理」するのではなく，出さない．
2. 人体と環境に害のない物質を使って合成する．
3. 省エネを心がける．
4. 原料は化石燃料などの枯渇性資源ではなく，再生可能な資源から得る．
5. 触媒を利用する（触媒とは，反応速度を速めるが，自身は変化しない物質のことである）．
6. 化学製品は使用後に環境中で無害なものに分解するようなものを目指す（かつて，DDTやPCB，フロンなどがあった．まだ分解せずに地球上に残っているだろう）．

(4) セレンディピティ ―君にも大発見のチャンスはある―

　セレンディピティ（serendipity）というのは，ふとした偶然から幸運をつかむことをいう．ホレス・ウォルポール（H. Walpole）が1754年友人に宛てた手紙の中で初めて使って，それが再発見された言葉である．彼は「セレンディップの三人の王子たち（The Three Princes of Serendip）」という童話を読んで感心する．セレンディップというのは現在のスリランカの古称である．この王子たちが旅の途中，意外な出来事に遭遇し，もともと探していなかった何かを発見するという物語である．

　科学的な大発見も実はこのような偶然に遭遇して生まれた例が多い．そういう例をいくつか本書の「コーヒーブレイク」の項で紹介するつもりである．誰にでも大発見のチャンスがある．大切なことは，そういう偶然に出会ってもそれを発見に結びつける「心の準備」がなければ，その偶然はそのまま何もなかったかのように素通りして消えて行ってしまう．中国のことわざに「心ここに在らざれば，視れども見えず，聴けども聞こえず」とある．

(5) アドレナリンとエピネフリン

　副腎髄質から分泌されるホルモンで両者は同一物質（構造式は p. 4 参照）である．19世紀の終わり頃にはこの物質の存在は既に予測されていて，世界中の研究者がこの物質を純粋に取り出すことを競っていた．1900年に高峰譲吉とその助手の上中啓三がウシの副腎から取り出して結晶化に成功し，アドレナリン（adrenaline）［英語の adrenal（副腎）に由来］と命名した．同じ頃，ドイツのオットー・フェルト（O. von Fülth）はブタから単離してスプラレニン（suprarenin）［ラテン語の supra（上）と renin（腎臓）に由来］，またアメリカのジョン・エイベル（J. J. Abel）はウシから単離してエピネフリン（epinephrine）［ギリシャ語の epi（上）と nephres（腎臓）に由来］と命名した．結局，誰が最初に単離したかが問題となった．特に，エイベルは自分の研究室を訪問した高峰らが自分たちの実験方法を盗んだと主張し，アドレナリンの正当性を否定した．しかし，後年になって上中の残した実験ノートによって反証が示され，またエイベルの方法では結晶化できないこともわかり，高峰-

上中が最初の発見者であることが確定している．ヨーロッパではアドレナリンの名称が使われているが，アメリカでは現在でもエピネフリンが使われている．日本でも長くエピネフリンが使われてきたが，2006年に日本薬局方が改正され，エピネフリンからアドレナリンに変更された．高峰がすぐに米国特許を出し，また商標登録もしたためアドレナリンが商品名になったこともアドレナリンの名称が長く使われなかった一因と思われる．

ケシの花とケシ坊主

第 2 章

化学結合

　有機化学は炭素化合物（すなわち有機化合物）を研究する学問であると定義される．炭素化合物にはメタンのように簡単な化合物から DNA のように複雑なものまで多種多様の化合物が含まれる．現在までに知られている炭素化合物の数は 1600 万以上といわれている．しかし，炭素化合物のほとんどは炭素，水素，酸素，窒素，およびハロゲン原子などわずかな原子から構成されているにすぎない．なぜ，炭素化合物はこのように特別なのだろう．まず，炭素化合物はどのように成り立っているか，すなわちどのように炭素原子が結合しているかを調べることにしよう．

2.1　原子の構造

　原子は**原子核**（nucleus）と負電荷を帯びた**電子**（electron）からできていて，原子核はさらに正電荷を帯びた**陽子**（proton）と中性の**中性子**（neutron）からなっていることは誰でも知っている．ところで，原子から分子ができたり，分

第2章 化学結合

子が化学反応するとき，主役を演じるのは電子である．陽子や中性子に変化はない．その上，各原子がもっている電子の数が，その原子の性格そのものを決めている．そこで，まず電子の勉強から始めることにする．

ボーア（Bohr）の原子モデルによると，電子は原子核のまわりを特定の円軌道を描いて回っている．その軌道は原子核を中心に同心円となっていて，これを**電子殻**という．原子核に近い順にK殻，L殻，M殻と名付けられている．核から数えてn番目の電子殻には最高$2n^2$個まで電子が入り，それ以上は入れないことになっている．

K殻　　n = 1　　$2n^2 = 2$
L殻　　n = 2　　$2n^2 = 8$
M殻　　n = 3　　$2n^2 = 18$

水素（H）には1個，ヘリウム（He）には2個の電子しかないのでK殻だけで電子を収容できる．リチウム（Li）ではK殻が一杯になり，3個目の電子はL殻に入る．この後，周期表を右にいくにしたがって電子が1個ずつ増え，ついにネオン（Ne）でL殻も一杯になり，ナトリウム（Na）からはM殻も使うことになる．定数一杯になった電子殻を**閉殻**という．ヘリウム（K殻が一杯）やネオン（K殻とL殻が一杯）は閉殻だけをもち，化学的には安定で不活性であり，**希ガス**（rare gas）といわれる．

K殻はヘリウムおよびそれ以上のすべての元素で満たされている．電子で満たされた殻は化学結合や化学反応には何の役割も果たさない．重要なのは最外殻に含まれる電子である．これを**価電子**（または**最外殻電子**）という．例えば，炭素原子は6個の電子をもつが，そのうち2個はK殻に含まれ，残りの4個

表 2-1　原子番号と電子の数

原子番号*	1	2	3	4	5	6	7	8	9	10
	H	He	Li	Be	B	C	N	O	F	Ne
K殻	1	2	2	2	2	2	2	2	2	2
L殻			1	2	3	4	5	6	7	8

* 原子番号と電子の数は同じである．

が価電子としてL殻に含まれる．希ガス構造との電子の不足分がその原子の**原子価**となっている．代表的な原子の価電子を黒点・で示すと次のようになる．

表2-2　価電子と原子価

	H	He	C	N	O	F	Ne
価　電　子	-1	-2	-4	-5	-6	-7	-8
価電子に相当する陽子の数	+1	+2	+4	+5	+6	+7	+8
原　子　価	1	0	4	3	2	1	0

2.2　電気陰性度

電気陰性度（electronegativity）というのは，原子が電子をどのくらい強く自分のほうに引きつけることができるかを数字で表した尺度である．周期表の横の列では右にいくほど大きくなる．それは陽子が多くなることによってまわりの電子がより強く引きつけられるからである．縦の列では下にいくほど小さくなる．陽子の数は多くなるが，その代わり電子は核から遠くなり，さらに内側の電子が陽子の引きつける力を弱めてしまうからである．

2.3　イオン結合と共有結合

希ガス構造をもたない原子は，安定な希ガスの電子配置をとろうとする傾向がある．希ガスの電子配置をとる方法には2種類ある．その一つは，他の原子と電子をやりとりして希ガス構造をもったイオンとなる方法，もう一つは複数の原子が互いに電子を共有する方法である．

表 2-3　ポーリングによる元素の電気陰性度

小 → 大

			H 2.2			
Li 1.0	Be 1.5	B 2.0	C 2.5	N 3.0	O 3.5	F 4.0
Na 0.9	Mg 1.2	Al 1.5	Si 1.8	P 2.1	S 2.5	Cl 3.0
K 0.8						Br 2.8
						I 2.5

大 ↑ ↓ 小

(1) イオン結合

　電気陰性度の大きく離れた原子の間では電子のやりとりが容易で，一方の原子から他の原子に1個またはそれ以上の電子が移動し，それぞれ希ガス構造をとる．

　例えば，リチウム原子は価電子を1個もっているが，その電子を放出すればヘリウムの電子配置をとることができる．一方，フッ素原子は価電子を7個もっているので，あと1個の電子をもらえばネオンの電子配置をもつことになる．実際にそうしたとすると，どうなるだろう．電子の数と陽子の数がちょうどつり合っていたリチウム原子は，電子1個放出することによってそのつり合いがこわれ，リチウム陽イオン（Li^+）となる．同様にフッ素原子も，電子1個を受けとることによって，電子のほうが陽子の数よりも1個多くなりフッ化物イオン（F^-）になる．このように，電子をやりとりするとイオンができる．こうしてできたリチウム陽イオン（Li^+）とフッ化物イオン（F^-）は静電気的な力が働いて結合をつくる．このような結合を**イオン結合**（ionic bond）という．

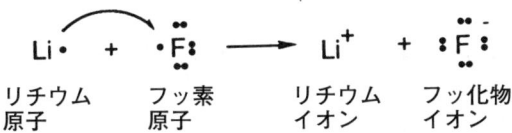

フッ化リチウムはLiFで表されるが，実際には結晶中ではLi$^+$のまわりをF$^-$イオンが，F$^-$イオンのまわりをLi$^+$イオンが正と負の電荷の引力で取り囲んで結晶格子をつくっているし，また，水溶液中では各イオンが水分子によって取り囲まれバラバラになって自由に動き回っている．

(2) **共有結合**

　電気陰性度が同じか，あまり違わない原子同士は，電子を完全に移動させる代わりに電子を共有して結合をつくり，それぞれの原子は希ガス構造をとる．このようにしてできた結合を**共有結合**（covalent bond）という．有機化合物はそのほとんどが共有結合でできている．

$$H\cdot \; + \; H\cdot \longrightarrow H:H$$

　例えば，2個の水素原子は1個ずつ電子を出し合い共有結合し，水素分子をつくる．こうすることによって，それぞれの水素原子はヘリウム型電子配置をとる．また，炭素原子は4個の価電子をもっているから，あと4個の電子を共有するとネオン型電子配置をとることができる．4個の水素と電子を1個ずつ出し合って4組の電子対をつくり共有結合するとメタン分子ができる．他の炭素原子とも電子を共有することもでき，エタンやもっと多くの炭素原子のつながった分子ができる．さらに，2個の炭素原子の間で4個または6個の電子を共有することによって二重結合や三重結合もつくることができる．

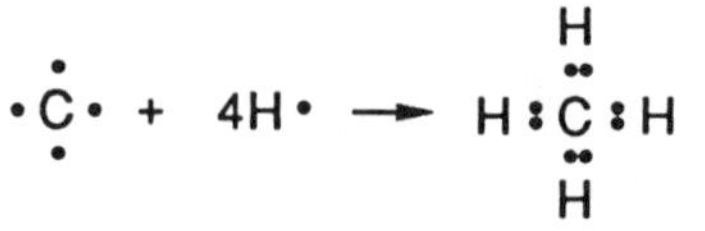

16　第2章　化学結合

·C· + 4H· → H:C:H （メタン）

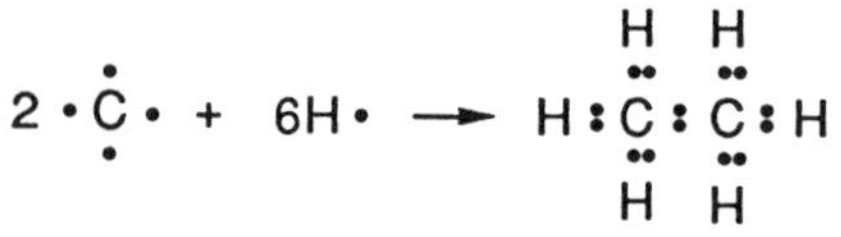

2·C· + 6H· → H:C:C:H （エタン）

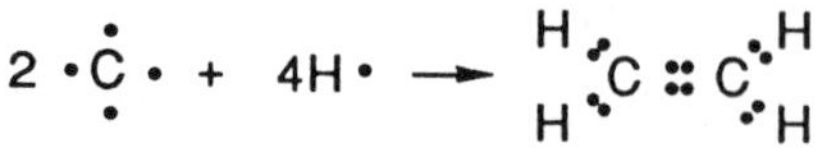

2·C· + 4H· → H:C::C:H （エチレン）

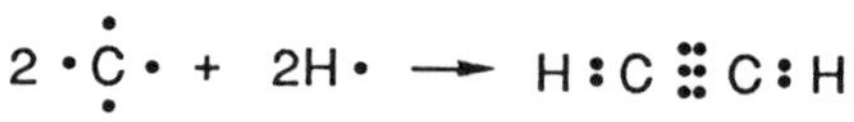

2·C· + 2H· → H:C:::C:H （アセチレン）

　構成原子と価電子だけを用いて分子やイオンを書き表した式を**ルイス**(Lewis)**構造**という．

　共有結合をつくっている電子対を**結合電子対**，共有結合に関係していない電子対を**非共有電子対**（unshared electron pair）または**孤立電子対**（lone pair）という．

例題 2-1

次の分子のルイス構造を書け．また，非共有電子対の数はいくつか．
(a) NH_3　(b) H_2O　(c) CCl_4

解答

(a) H:N:H のH付き構造

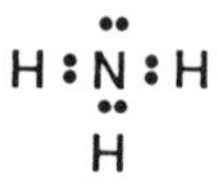

(b) H:O:H

(c) Cl を中心Cの周囲に4つ配した構造

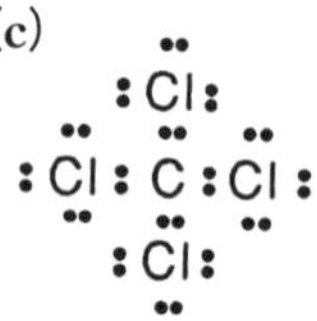

非共有電子対　Nに1個　　Oに2個　　Clに各3個

2.4 共有結合の分極

　同一原子同士か，異なる原子同士であっても電気陰性度の差があまり大きくないときには共有結合がつくられる．同じ原子同士が共有結合しているときは，その結合電子対は両者に均等に共有されていると考えてよい．しかし，異なる原子が結合しているときは，その結合電子対はその電気陰性度の大きい原子のほうに幾分引き寄せられる．その結果，結合している原子は部分的に正または負の電荷を帯びることになる．例えば，H：Cl の結合電子対は電気陰性度の大きい Cl 原子のほうに片寄り，その結果 $\overset{\delta+}{H}:\overset{\delta-}{Cl}$ のように塩素は若干負電荷を帯び，水素は若干正電荷を帯びることになる．これを**分極**といい，δ＋（デルタプラス），δ－（デルタマイナス）という符号をつけて示される．炭素原子に電気陰性度の大きい窒素，酸素，ハロゲンがつくと，いずれも炭素原子上に部分正電荷ができる．炭素原子に水素原子が結合している場合はその電気陰性度にあまり差がないので，ごくわずかしか分極は起きていない．

　H–H のように同じ原子が結合したほぼ完全な共有結合と，一方の原子のほ

例題 2-2

　次の結合の分極のようすを δ＋，δ－ を使って示せ．また，分極の大きい順に並べよ．

(a) C–N　　(b) C–O　　(c) C–F

解答

　電気陰性度の差が大きいほど分極が大きいから，その順は次のようになる．

$$\overset{\delta+}{C}–\overset{\delta-}{F} > \overset{\delta+}{C}–\overset{\delta-}{O} > \overset{\delta+}{C}–\overset{\delta-}{N}$$

うに電子対が完全に移動してしまったイオン結合とが両極になって，その中間に分極した共有結合があるということである．分極した共有結合というのは，イオン結合性の混じった共有結合とみなすことができる．

$$共有結合 \Longleftarrow 分極した共有結合 \Longrightarrow イオン結合$$

2.5 形式電荷

各原子がその原子価を満たしているときは，陽子の数と電子の数がつり合い，電荷はゼロである．しかし，原子価を満たしていないときや，非共有電子対を使って共有結合をつくると，全体として陽子の数と電子の数のつり合いがこわれ，陽イオンまたは陰イオンになる．実際には電荷はそのイオン全体に広がっているが，一つ一つの原子について陽子と電子のつり合いを計算し，各原子に電荷の割り振りをする．これを**形式電荷**（formal charge）という．

―― 形式電荷の求め方 ――
(1) 共有結合をしている電子対をそれぞれの原子に二等分する．
(2) 非共有電子対はそのままその原子の持ち分とする．
(3) 各原子の電子の数を原子ごとに合計する．
(4) 各中性原子の価電子数との差を求める．これが形式電荷である［ゼロのときは何も書かない．＋1または−1のときは1を省略する］．

例題 2-3

次のイオンに形式電荷を付けて正しい式にせよ．
(a) H₃O (b) NH₄ (c) :OH (d) CH₃ :

解答

(a)

H : −1 + 1 = 0
O : −5 + 6 = +1   H₃O⁺

2.5 形式電荷 **19**

(b) H:−1+1=0
N:−4+5=+1   NH₄⁺

(c) H:−1+1=0
O:−7+6=−1   ⁻OH

(d) H:−1+1=0
C:−5+4=−1   ⁻CH₃

実際にはその度に計算していられないから，よく出てくるイオンは覚えておこう（−1や+1の1は省略する）．

1) +1の形式電荷をもつイオンの代表例

カルボカチオン　　アンモニウムイオン　　オキソニウムイオン　　ハロニウムイオン

2) 形式電荷をもたない分子の代表例

3) −1の形式電荷をもつイオンの代表例

カルボアニオン　　アミドアニオン　　オキシドアニオン　ハロゲン化物イオン

2.6　分子軌道法に基づく化学結合

　これまで述べてきた議論はほとんど電子の数だけで事が足りた．実際の分子の形を考えるには分子軌道法の考え方を取り入れなければならない．この考えによると，電子は，太陽のまわりを回っている惑星のように原子核のまわりを回っているのではなく，ある特定の範囲内に存在するものと考える．電子がある瞬間に存在する点をプロットし，それを重ねあわせると，電子の存在する確率の大きいところは濃く，少ないところは薄くなる．濃い部分を囲って得られた空間を**軌道**または**オービタル**（orbital）という．

(1)　**軌道の形**

　軌道の形はs, p, dという文字で表される．s軌道の形は球状であり，p軌道の形は二つの球（または，だ円球）がくっついた形をしている．d軌道はもっと複雑な形をしているが，幸いわれわれがC, H, N, O, Fなどの第1周期と第2周期の原子だけを取り扱うときはsとpだけで用が足りるので話が簡単になる．

　K殻はs軌道のみからなり，これを1s軌道という．L殻はsとp軌道から

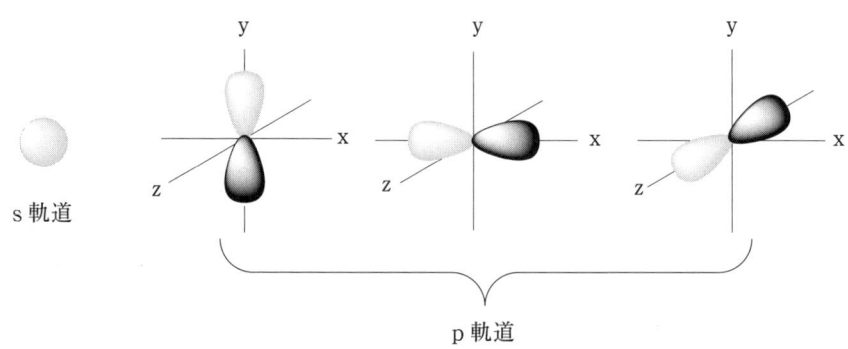

図2-1　s軌道とp軌道の形

なり，これを 2s および 2p 軌道という（K や L の代わりに数字を用いる）．1s と 2s の軌道の形はいずれも球形であるが，その大きさが異なる．2p 軌道には方向性があり，x, y, z 軸の三つの方向に出ている（図 2-1）．

核に近い軌道ほどエネルギーが低い．低い順に軌道を並べると，1s < 2s < 2p となる．電子はエネルギーの低い軌道から順番に入っていくが，一つの軌道には最高 2 個までしか入れないという厳しいおきてがある［**パウリ**（Pauli）**の規則**という］．これによって，水素原子からホウ素原子までの電子配置図を次のように書くことができる．

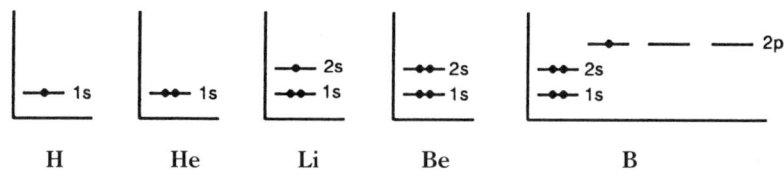

炭素原子からは新たな問題が生じる．すなわち，三つの p 軌道のエネルギーは同じである．このようなときは，負電荷を帯びた電子同士の反発を避けるように，別々の軌道に入る．三つとも電子が 1 個ずつ入ってから初めて 2 個目が入る［**フント**（Hund）**の規則**という］．

例題 2-4

炭素原子，窒素原子，酸素原子の電子配置図を書け．

解答

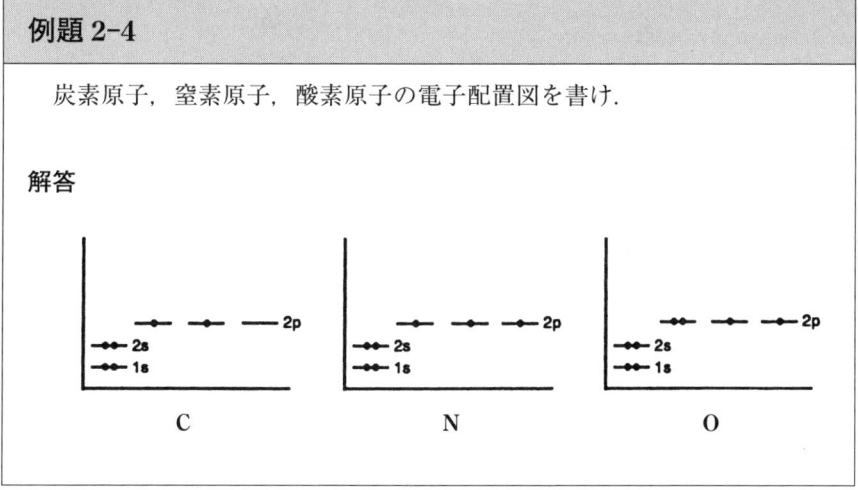

軌道というのは電子が入って初めて軌道といえるのであって，電子の入っていない軌道は何の役割ももっていない．

フントの規則は，乗客が二人掛けシートのバスに乗り込むときにも見られる．知らない人同士がそのバスに乗り込むとき，まず出口に近い前のほうの座席から，一人ずつ座っていくだろう．空いた座席がなくなって初めて二人掛けが始まる．

(2) 軌道の混成

炭素原子は4個の価電子をもち，その電子配置は2sに2個，$2p_x$，$2p_y$に各1個ずつ入った状態になっている．この状態を原子軌道図で示すと図2-2の左の図のようになる．

しかし，このような電子配置では，炭素原子は2個の2p軌道の電子を使って2個の水素原子としか結合できない．2s軌道には既に2個の電子が入っており，$2p_z$軌道には電子がないので共有結合をつくるのに役立たないからである．しかし，実際の炭素原子は4価であり，メタン分子は4個の水素原子と共有結合している．このような結合様式を説明するために，1個の2s軌道と

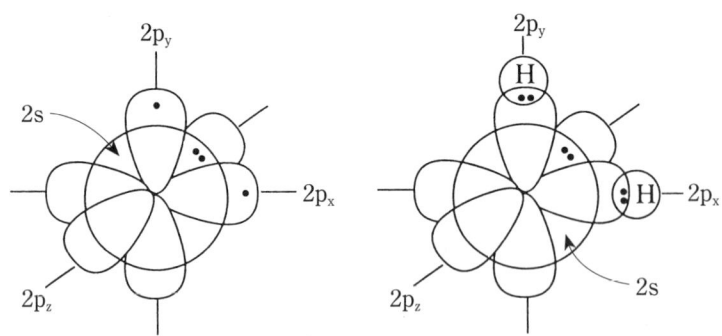

水素原子2個と共有結合している様子

図2-2　炭素原子の混成していない原子軌道図
1s軌道は省略してある．

2.6 分子軌道法に基づく化学結合   **23**

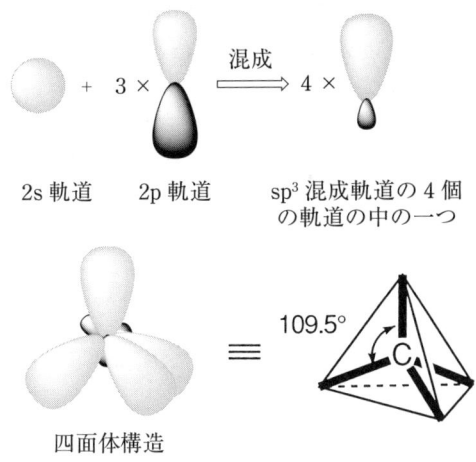

図 2-3 sp³ 混成軌道

3 個の 2p 軌道（合計 4 個の軌道）が混じりあい，**sp³ 混成軌道**という新しい 4 個の軌道をつくると考える．この新しい軌道の形は p 軌道の形に幾分似ているが，一方が大きくふくらんでいる．また，それぞれ 4 個の軌道は互いにできるだけ遠く離れるように四面体の頂点に向かって突き出ている．このとき各軌道間の角度は 109.5°となる．この新しい 4 個の軌道の中に電子が 1 個ずつ入る．

化学結合はこれらの軌道が重なり合うことによってつくられる．これらの重なった軌道の中に 2 個の電子が入り，核と核をくっつける"のり"の役目を果

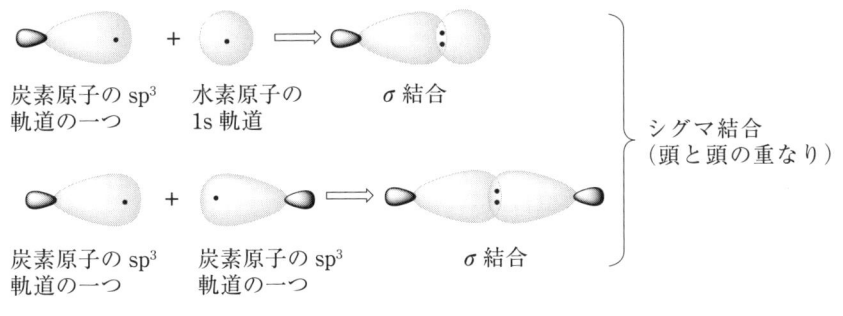

図 2-4 シグマ結合

たす．その重なり方に2種類ある．その一つは頭と頭が重なる重なり方である．このようにして得られた結合を**シグマ（σ）結合**という（図2-4）．シグマ結合は強くて，分子の骨組みをつくる．

したがって，**メタン**分子は次のように表される．

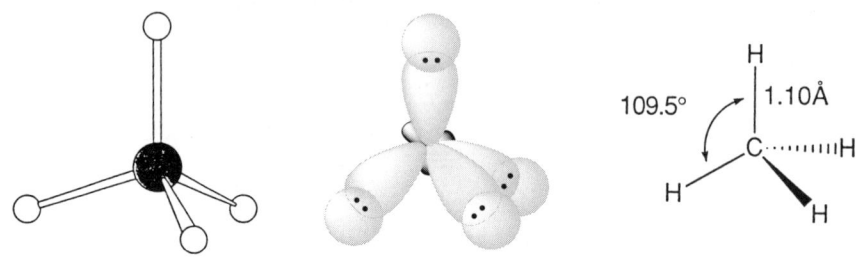

図2-5　メタンの構造

同様に，**エタン**分子の構造は次のように表される．

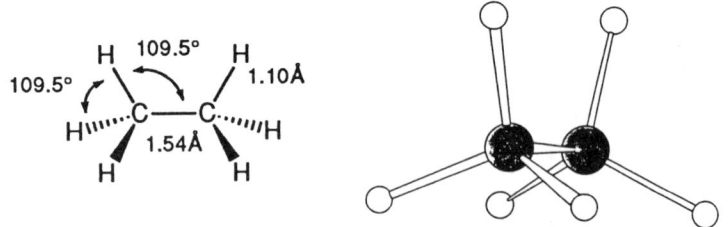

エチレンをつくる1個の炭素原子は，1個の2s軌道と2個の2p軌道（合計3個の軌道）を使って**sp²混成軌道**という新しい3個の軌道をつくっている．3個のsp²混成軌道は互いに最も遠く離れるように三角形の頂点に向かって突き出ている．したがって，その軌道間の角度は120°である．残った1個の2p軌道はこの三角形の面に垂直に出ている．

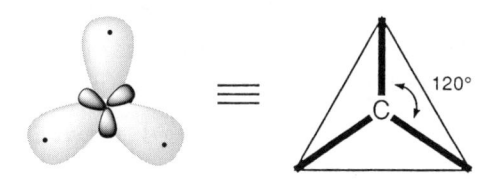

2.6 分子軌道法に基づく化学結合   **25**

平面正三角形構造

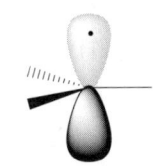

sp² 混成軌道（直線とくさび）と p 軌道

図 2-6 sp² 混成軌道と p 軌道

　sp² 混成軌道は他の原子とシグマ結合をつくるのに使われる．p 軌道はもう一つの炭素の p 軌道と側面で重なる．このようにしてできた結合を**パイ（π）結合**という．この結合では面の上下 2 か所で重なっているが，電子は全体で 2 個しか入れない．

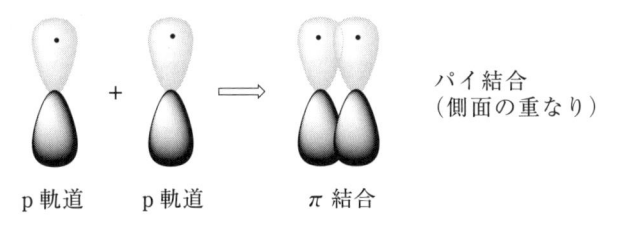

p 軌道　　p 軌道　　π 結合

パイ結合
（側面の重なり）

図 2-7 パイ結合

　炭素-炭素二重結合は下図右のように 2 本の線で表されるが，そのうち 1 本はシグマ結合であり，もう 1 本はパイ結合である．エチレン分子の構造は次のように表される．

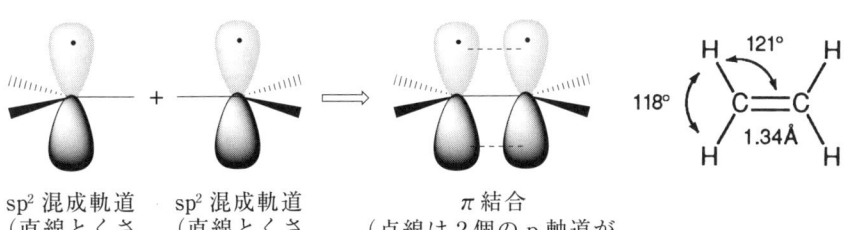

sp² 混成軌道
（直線とくさび）と p 軌道

sp² 混成軌道
（直線とくさび）と p 軌道

π 結合
（点線は 2 個の p 軌道が図 2-7 のように重なっていることを表す）

アセチレンをつくる1個の炭素原子は，1個の2s軌道と1個の2p軌道（合計2個の軌道）を使って**sp混成軌道**という新しい2個の軌道をつくる．それぞれが最も遠く離れるように直線状に広がり，互いの軌道間の角度は180°になっている．sp混成軌道は他の原子とシグマ結合をつくるのに使われる．残った2個のp軌道は他の2個の炭素の2p軌道と側面をくっつけて，2個のパイ結合をつくる．アセチレンは3本の線で示されるが，そのうち1本がシグマ結合であり，他の2本はパイ結合である．

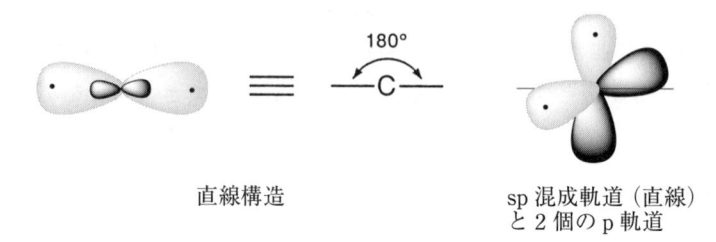

直線構造　　　　　sp混成軌道（直線）と2個のp軌道

図2-8　sp混成軌道と2個のp軌道

したがって，アセチレン分子の構造は次のように表される．

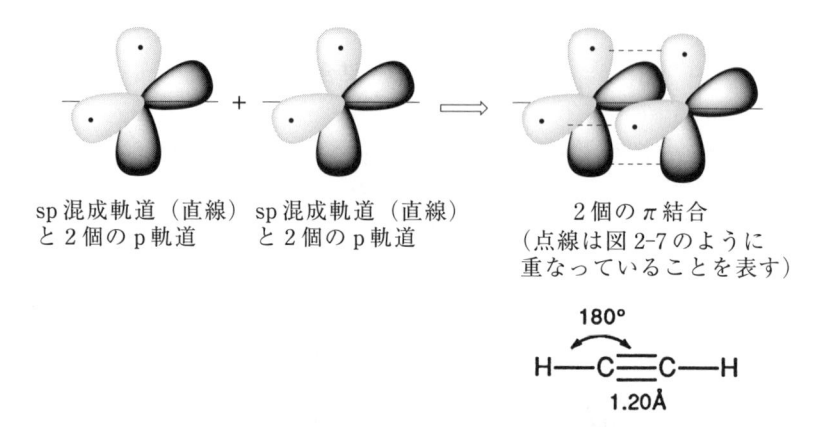

sp混成軌道（直線）と2個のp軌道　　sp混成軌道（直線）と2個のp軌道　　2個のπ結合（点線は図2-7のように重なっていることを表す）

180°
H—C≡C—H
1.20Å

また，水やアンモニアの酸素原子と窒素原子も炭素原子と同様にsp^{3}混成をしている．すなわち，H–O–H（105°）とH–N–H（107°）の結合角は，ともに混成していないときの角度（90°）よりもsp^{3}混成の角度（109.5°）に近い．

sp³ 炭素　　　sp² 炭素　　　sp 炭素

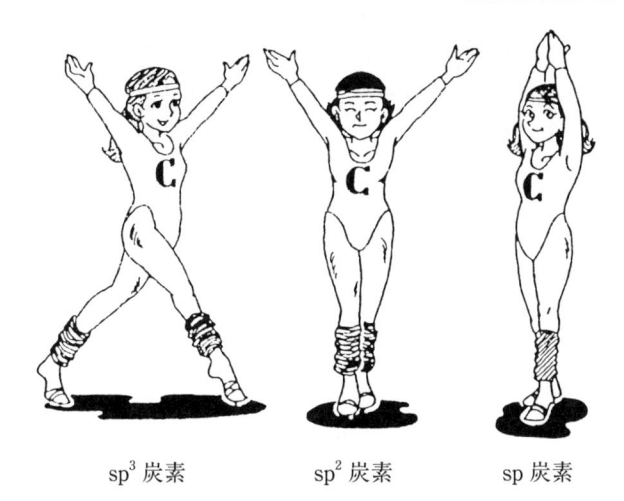

図 2-9　エスピーダンス
実際の軌道の形は p. 22 〜 26 を参照.

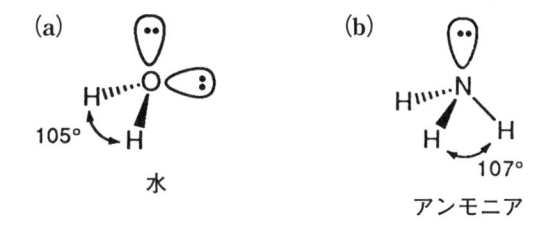

(a) 水　105°

(b) アンモニア　107°

2.7　構造式の書き方

　ある化合物の分子式はその分子中に含まれる原子の種類と数を示すだけであるが，構造式はそれらの原子の結合の順序や，書き方によっては空間配列までも表す．例えば，エチルアルコールとジメチルエーテルはどちらも C_2H_6O という同一の分子式をもつが，結合順序が異なる．このように同一の分子式をもつが異なった化合物を互いに**異性体**（isomer）であるといい，このうち原子の結合順序が異なる異性体を**構造異性体**（constitutional isomer）という．

28　第2章　化学結合

```
    H   H                      H       H
    ..  ..                     ..      ..
 H :C: :C: :O: H           H :C: :O: :C: H
    ..  ..                     ..      ..
    H   H                      H       H
```
　　エチルアルコール　　　　　　ジメチルエーテル

　構造式は明確にこれらの異性体を区別する．この書き方にはその目的に応じていろいろ便利なように工夫されている．電子を点で示すルイス構造では煩雑であるので，：を線（—）で表すといくらかは改善される．—は共有結合で電子対（2個の電子）を示す．線も省略するとかなり簡単になる．しかし，最も簡単な式は線のみを使って炭素骨格を示すものである．この式では直線の両端に炭素原子があることを示している．水素原子は書かれていないが，炭素が4価であることを考えればそれぞれ幾つの水素が付いているかはすぐにわかる．ただし，酸素や窒素に付いた水素は省略できない．これらの構造式はいずれも結合順序を示すだけで実際の分子の形を示したものではないことに注意しよう．次にブチルアルコールを例にとって，いろいろな構造式の書き方を示す．

```
     H H H H
     | | | |
  H-C-C-C-C-O-H  ⇒  CH3-CH2-CH2-CH2-OH  ⇒
     | | | |
     H H H H

            CH3CH2CH2CH2OH  ⇒   ⌒⌒OH
```

例題 2-5

次の構造式を線のみを使って書け．

(a) $CH_3CH_2CH_2CH_2CH_3$ (b) $CH_3CH(CH_3)CH_2CH_3$ (c)

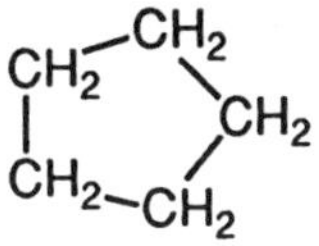

解答

(a)

(b)

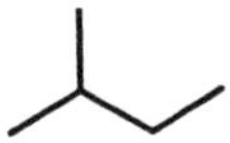

(c)

ほとんどの有機化合物は三次元的な広がりをもっている．先の二次元的な表示法は原子の空間配列を示す目的には用いられない．実際の三次元の構造を二次元の紙面上に書くために，いろいろな工夫がされている．その一つは実線（—），くさび（◀），点線（┉）を用いるもので，実線は紙面上，くさびは紙面より手前に出ている結合，また，点線は紙面より向う側に出ている結合を表す．例えば，エタノールは次のように表される．

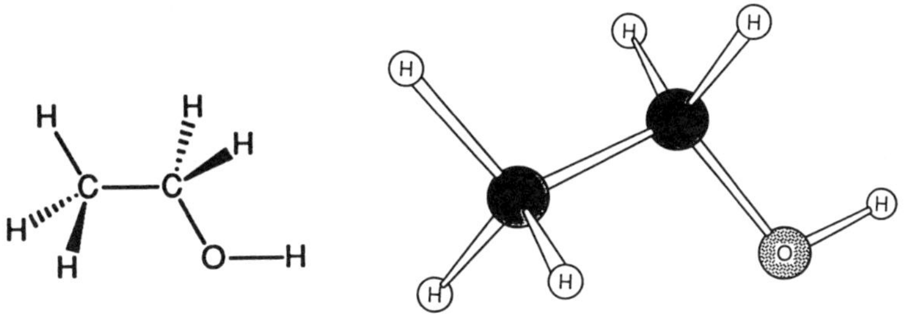

エタノール分子の三次元構造式と分子模型図

このように実際の分子の形と紙の上に書かれた式との間には約束がある．その約束を身につけないと実際の分子の姿が浮かび上がってこない．その手助けをするのが「**分子模型**」である．手頃な値段の分子模型が市販されているので，ぜひ購入して活用してほしい．

その他の表示法は必要なときに述べることにする．

2.8　有機化合物と官能基

既に人工的に合成されたり，天然から見出されたりした有機化合物の数は1600万以上になるといわれている．そして，これから合成されるであろう化合物の数は無限大といわれる．有機化合物を構成している原子の種類は無機化合物のようには多くはない．それなのに有機化合物の数はどうしてこれほど多いのだろう．その理由はこれまでの議論である程度は理解できたと思うが，まとめてみると，

(1)　炭素原子は他の炭素原子と強い結合をつくることができる．
　　ケイ素-ケイ素，酸素-酸素，窒素-窒素の結合は，炭素-炭素結合よりずっと弱い．
(2)　炭素原子は他の原子，水素，酸素，窒素などとも強い結合をつくることができる．
(3)　異性体の数が多い（第3章と第4章参照）などが考えられる．

この膨大な数の有機化合物を全部覚える必要はないし，また不可能なことである．幸い，アルカンを除けば，大抵の有機化合物は**官能基**（functional group）といって，その化合物の物理的性質や化学的性質を決める構造部分をもっている．例えば，R-OHで示されるアルコールは，Rがメチルからエチルにかわってもよく似た性質を示す．したがって，官能基それぞれの特徴をつかめば，構造式を見ただけでその物質の性質なり，反応性なりが予測できるのである．この後の章では，有機化合物を官能基別に分類し，その特性を学ぶことにする．

問題

問題 1　次のイオンのルイス構造を書け．

(a) $CH_3OH_2^+$　　(b) $^+CH_3$　　(c) Cl^-　　(d) CH_3^-

問題 2 次の構造式の誤りを指摘せよ．

(a) 塩化アンモニウム

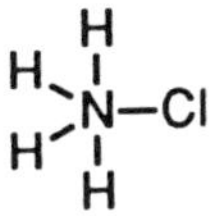

(b) Na—Cl （塩化ナトリウム）

(c) CH₃—C(=O)—O—Na （酢酸ナトリウム）

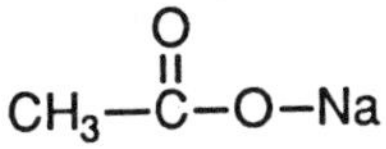

(d) （プロピルアルコール）

(e) （ブロモクロロメタン）

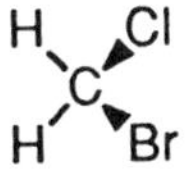

問題 3 次の化合物の―で示したシグマ結合の分極を δ+, δ- を用いて示せ．

(a) CH₃—Cl　(b) CH₃—OH　(c) CH₃—NH₂

問題 4 次の二つの化合物が同じか異なるかを判別せよ．

(a) CH₃CHClCH₃ と CH₃CH₂CH₂Cl
(b) CH₃CH(CH₃)CH₂CH₃ と CH₃CH₂CH(CH₃)₂
(c) H–C(CH₃)(H)–Cl と CH₃–C(H)(H)–Cl
(d) （分枝アルカンの構造式）と（分枝アルカンの構造式）

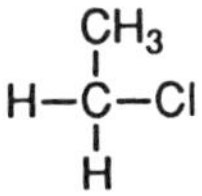

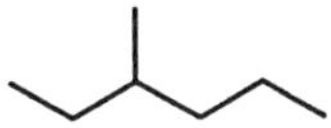

問題 5 次の化合物の矢印で示された部分のおよその結合角を示せ．

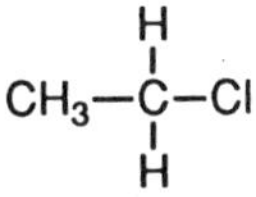

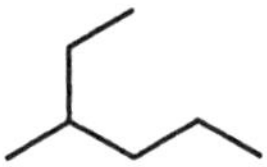

(a) CCl₄
(b) Cl₂C=CCl₂
(c) CH₃—C≡C—CH₃
(d) N(CH₃)₃

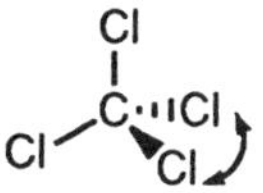

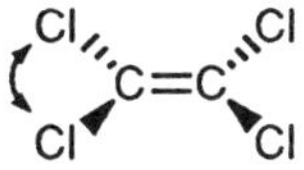

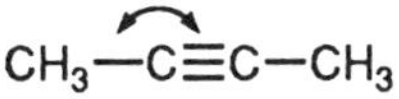

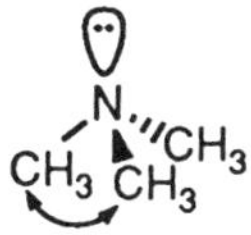

コーヒーブレイク

(1) 尿素の合成とヴェーラー

どの有機化学の教科書を開けても，有機化学はまずドイツのヴェーラー（F. Wöhler）（1800～1882）の尿素の合成から始まる．当時，有機化合物は生体すなわち植物や動物によってのみつくられるものと信じられていた．有機化合物の合成には生命力が不可欠であるとされていたのである．1828年，ベルリンの自分自身の実験室で，ヴェーラーは2種類の典型的な無機化合物であるシアン酸銀（AgOCN）と塩化アンモニウム（NH_4Cl）からシアン酸アンモニウム（$NH_4^+NCO^-$）をつくろうとしていた．両者を水に溶かし加熱したところ，その結果得られたものは目的の化合物ではなく，尿素であった．尿素は当時既に犬やヒトの尿中に見出され，典型的な有機化合物であると考えられていた．それが典型的な無機化合物から合成されたのであるから，当時の考えを覆す大発見となった．科学としての有機化学の幕開けである．

しかし，彼自身は鉱物のほうに興味があり，その後は無機化学の分野で研究を続けた．特に，その中でもカルシウムカーバイト（CaC_2）の合成に成功したことは，無機化合物と有機化合物をさらに広く結びつけることになった．なぜなら，このカルシウムカーバイトは水と反応することによってアセチレンを生成するからである．アセチレンは多くの有機化合物の原料となる．

$$CaC_2 \xrightarrow{2H_2O} HC \equiv CH + Ca(OH)_2$$

(2) もしも炭素原子が四面体ではなく，平面正方形であったとしたら？

オランダの化学者ファント・ホッフ（van't Hoff）（1852～1911）が1874年，炭素原子の四面体説を提唱するに至った一つの根拠は，(1) CH_3X型の化合物は1種類しかない，(2) CH_2X_2またはCH_2XY型の化合物にも1種類しかない，(3) CHXYZ型の化合物には2種類の異性体が存在するという事実からという．もし炭素が四面体ではなく平面正方形であったとしたら，どういう結論になる

だろうか.

　CH_3X 型の化合物は1種類しかないが，CH_2X_2 または CH_2XY 型の化合物には2種類存在することになるし，CHXYZ 型の化合物には3種類存在することになる．

CH_2X_2:

$$\underset{H}{\overset{H}{>}}C\underset{X}{\overset{X}{<}} \quad と \quad \underset{X}{\overset{H}{>}}C\underset{H}{\overset{X}{<}}$$

CH_2XY:

$$\underset{X}{\overset{H}{>}}C\underset{Y}{\overset{X}{<}} \quad と \quad \underset{Y}{\overset{H}{>}}C\underset{H}{\overset{X}{<}}$$

CHXYZ:

$$\underset{Z}{\overset{H}{>}}C\underset{Y}{\overset{X}{<}} , \quad \underset{Z}{\overset{H}{>}}C\underset{X}{\overset{Y}{<}} , \quad \underset{Y}{\overset{H}{>}}C\underset{Z}{\overset{X}{<}}$$

　ファント・ホッフが四面体説を提唱したのは，彼がまだ22歳のときであった．その後，浸透圧の研究など先駆的な研究を行い，ノーベル化学賞の受賞第一号（1901年）となった．

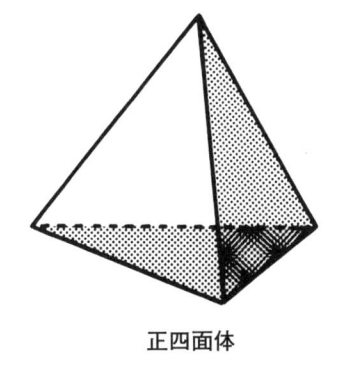

正四面体

第3章

アルカンとシクロアルカン

　炭素と水素だけからできている化合物を**炭化水素**（hydrocarbon）という．炭化水素はその分子中に含まれる炭素－炭素結合の種類によって，**飽和炭化水素**（saturated hydrocarbon），**不飽和炭化水素**（unsaturated hydrocarbon）と**芳香族炭化水素**（aromatic hydrocarbon）の三つに大別される．飽和というのは，炭化水素の不飽和結合（炭素－炭素二重結合や三重結合）がすべて水素でうめられているという意味である．したがって，飽和炭化水素は炭素－炭素単結合と炭素－水素結合だけでできている化合物であり，不飽和炭化水素は炭素－炭素二重結合や三重結合を含む化合物である．これらには鎖式と環式がある．芳香族炭化水素は環式不飽和炭化水素ではあるが，ベンゼンに代表されるように特別の性質をもつので別に扱われる．本章では飽和炭化水素について述べる．

　アルカン（alkane）というのは鎖式飽和炭化水素の総称で，一般式 C_nH_{2n+2} で表される化合物群である．メタン CH_4，エタン C_2H_6，プロパン C_3H_8 はこの代表的な化合物である．C4以上のアルカンには炭素鎖の枝分れによる異性体が存在し，その数は炭素数が増えるにつれて急激に増加する．例えば，C4

では2個，C5で3個，C6で5個，C10では75個，C20になるとなんと366,319個にもなる．

シクロアルカン（cycloalkane）は環式飽和炭化水素の総称である．アルカンの両端の炭素から1個ずつ水素をとりその炭素同士を結んだものである．したがって，一般式はアルカンより水素が2個少ないC_nH_{2n}となる．

アルカンやシクロアルカンは，官能基をもたない唯一の化合物群であり，したがって反応性に乏しい．主として，命名法の基本と炭素－炭素単結合の性質などについて学ぶことになる．

3.1　アルカンの命名法

古くは有機化合物の名称は，その化合物の発見者や研究者によって主としてその起源（植物が多い），におい，味などを表す学名やラテン語をもとに勝手につけられていた．このような名称を**慣用名**といい，その化合物の構造とは何の関係もないばかりか，個々の化合物同士の関係もほとんど見られない．しかし，有機化合物の数が増加するにつれて，この方法では次第に手に負えなくなり，1892年，**IUPAC命名法**(アイユーパック)と呼ばれる系統的な命名法が考案され，広く使われるようになった．以後，すべての有機化合物はこのIUPAC命名法によって命名できるし，また，その名称から構造式が書けるようになっている．しかし，簡単な化合物に対しては今でも慣用名のほうが多く用いられているのでこれにも慣れるようにしよう．

IUPAC命名法はまず，**直鎖**(チョクサ)**アルカン**の名前を覚えることから始まる．これは化学の数字というべきものであるから，すべての名称の基礎になるものである．とりあえず炭素数10までは覚えよう．これらの名称は飽和炭化水素を示すアン（-ane）という語尾で終わっている．ただ，直鎖アルカンといっても実際は分子模型を組んでみるとわかるように，炭素鎖はジグザグになっていて決して棒のようにまっすぐになっているわけではない．

3.1 アルカンの命名法   **37**

表 3-1 直鎖アルカンの名称と構造

炭素数	名 称		分子式	構 造 式
1	メタン	(methane)	CH_4	CH_4
2	エタン	(ethane)	C_2H_6	CH_3CH_3
3	プロパン	(propane)	C_3H_8	$CH_3CH_2CH_3$
4	ブタン	(butane)	C_4H_{10}	$CH_3CH_2CH_2CH_3$
5	ペンタン	(pentane)	C_5H_{12}	$CH_3CH_2CH_2CH_2CH_3$
6	ヘキサン	(hexane)	C_6H_{14}	$CH_3CH_2CH_2CH_2CH_2CH_3$
7	ヘプタン	(heptane)	C_7H_{16}	$CH_3CH_2CH_2CH_2CH_2CH_2CH_3$
8	オクタン	(octane)	C_8H_{18}	$CH_3CH_2CH_2CH_2CH_2CH_2CH_2CH_3$
9	ノナン	(nonane)	C_9H_{20}	$CH_3CH_2CH_2CH_2CH_2CH_2CH_2CH_2CH_3$
10	デカン	(decane)	$C_{10}H_{22}$	$CH_3CH_2CH_2CH_2CH_2CH_2CH_2CH_2CH_2CH_3$

枝分かれアルカンの名称は次の手順で行う．

(1) 分子中の最も長い炭素鎖（主鎖）を選び出し，主鎖の炭素数のアルカン (alkane) を基本名とする．

(例)
```
CH3-CH-CH2-CH2-CH2-CH3
    |
    CH3
```

主鎖は 6 個の炭素を含むのでヘキサン (hexane) とする．

(2) **主鎖についた基を置換基**という．飽和の置換基は**アルキル基** (alkyl group) と呼ばれる．基名はアルカンの語尾アン (-ane) をイル (-yl) に変えて命名する．

(3) **置換基の位置番号ができるだけ小さくなるように，主鎖の炭素に番号をつけ，この番号を置換基の位置を示すのに用いる．**

```
  6     5     4     3     2    1
CH3——CH2——CH2——CH2——CH——CH3
                         |
                         CH3
```

2-メチルヘキサン（5-メチルヘキサンではない）
(2-methylhexane)

38　第3章　アルカンとシクロアルカン

[数字と文字の間はハイフン (-) でつなぐ.]
(4)　同一置換基がついているときは，2個のときはジ (di)，3個のときはトリ (tri)，4個のときはテトラ (tetra) を用いる.
(5)　2個以上の置換基があるときは，**各置換基にその位置番号をつけ，置換基のアルファベット順に並べる**（位置番号の順ではない）.
（例）ethyl ＞ methyl　（＞は優先順位を示す）.

このとき，*sec-* や *tert-* のようにイタリックで書かれた接頭語や di, tri などは無視する．ただし，iso は特別である．
（例）*tert*-butyl ＞ ethyl；ethyl ＞ isobutyl

表 3-2　代表的なアルキル基

名　　称	構造式	略　号
メ　チ　ル (methyl)	CH_3-	Me
エ　チ　ル (ethyl)	CH_3CH_2-	Et
プ　ロ　ピ　ル (propyl)	$CH_3CH_2CH_2-$	Pr
イソプロピル (isopropyl)	$CH_3-\underset{\underset{CH_3}{\|}}{CH}-$	*i*-Pr
ブ　チ　ル (butyl)	$CH_3CH_2CH_2CH_2-$	Bu
sec-ブ　チ　ル (*sec*-butyl)	$CH_3CH_2\underset{\underset{CH_3}{\|}}{CH}-$	*s*-Bu
イソブチル (isobutyl)	$CH_3\underset{\underset{CH_3}{\|}}{CH}CH_2-$	*i*-Bu
tert-ブ　チ　ル (*tert*-butyl)	$\underset{\underset{CH_3}{\|}}{\overset{\overset{CH_3}{\|}}{CH_3C}}-$	*t*-Bu

例題 3-1

次の枝分れアルカンを命名せよ.

(a)　CH$_3$—CH—CH$_2$—CH$_2$—CH$_3$
　　　　　|
　　　　CH$_3$

(b)　CH$_3$—CH—CH$_2$—CH$_2$—CH$_3$
　　　　　|
　　　　CH$_3$—CH$_2$

(c)   CH₃—CH₂—CH₂—CH—CH—CH₃
                              | |
                              CH₃ CH—CH₃
                                   |
                                   CH₃

(d)   CH₃—CH—CH₂—CH—CH₃
           | |
           CH₃   CH₃

解答

(a) 主鎖は炭素数5であるのでペンタン（pentane）である．左から番号をつけ2-メチルペンタン（2-methylpentane）となる．4-メチルペンタンではない．

(b) 主鎖はいつも真っすぐ表示されているとは限らない．書きようによってはどれが置換基かわからないことがあるので，ごまかされないようにしよう．ただ，このような構造式の書き方は望ましくはない．主鎖はヘキサンである．したがって，正しい命名は3-メチルヘキサン（3-methylhexane）である．2-エチルペンタンと間違えやすい．

(c) 主鎖はヘキサンである．置換基の順番はアルファベット順であるから3-イソプロピル-2-メチルヘキサン（3-isopropyl-2-methylhexane）となる．

(d) 同じ置換基が2個ついているので，ジ（di）を用いる．数字が並ぶときはコンマで区切る．2,4-ジメチルペンタン（2,4-dimethylpentane）となる．

例題 3-2

2,2-ジメチルペンタン（2,2-dimethylpentane）の構造式を書け．

解答

(1) まず骨格を書く．ペンタンは炭素数5個であるから C-C-C-C-C
(2) 番号をつける．

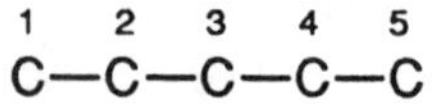

```
     1   2   3   4   5
     C — C — C — C — C
```

(3) 2つのメチル基をC2の炭素につける．

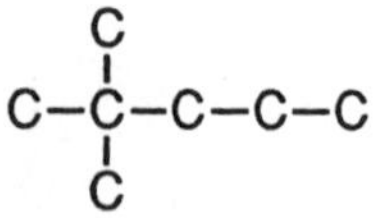

```
         C
         |
     C — C — C — C — C
         |
         C
```

(4) 必要な数の水素をつける．

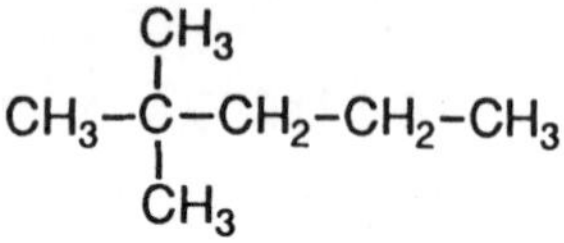

```
            CH₃
            |
     CH₃ — C — CH₂ — CH₂ — CH₃
            |
            CH₃
```

3.2 シクロアルカンの命名法

シクロアルカンは，環を構成する炭素原子数に対応するアルカンの名称の前にシクロ（cyclo-）という接頭語をつけて命名される．
（例）

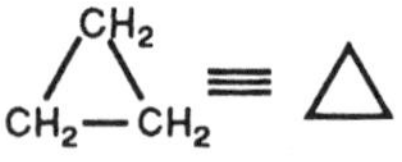

シクロプロパン
(cyclopropane)

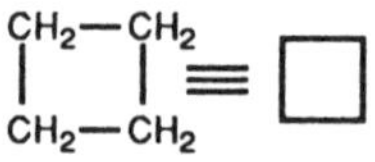

シクロブタン
(cyclobutane)

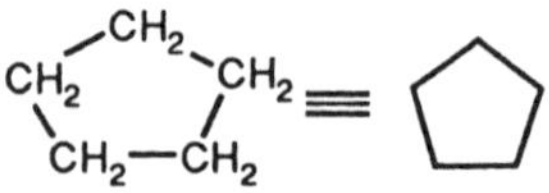

シクロペンタン
(cyclopentane)

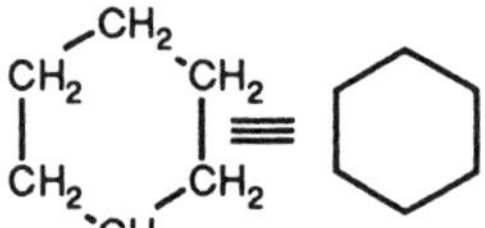

シクロヘキサン
(cyclohexane)

環上に置換基がついているときの命名法は次の通りである．
(1) 置換基が1個のときは位置番号を示す必要はない．
（例）

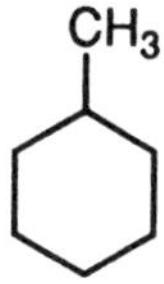

メチルシクロヘキサン
（methylcyclohexane）

(2) 置換基が2個以上あるときは，一方の置換基（アルファベット順）を1とし，他の置換基の番号ができるだけ小さくなるようにする．
（例）

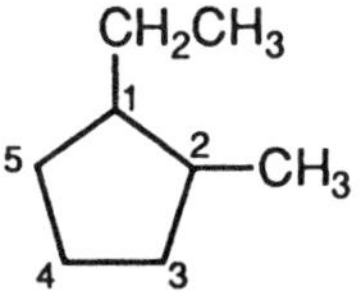

1-エチル-2-メチルシクロペンタン
（1-ethyl-2-methylcyclopentane）

例題 3-3

次のシクロアルカンを命名せよ．

(a)　(b)

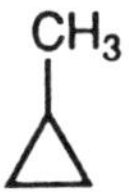

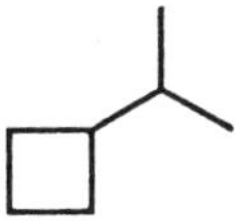

(c) 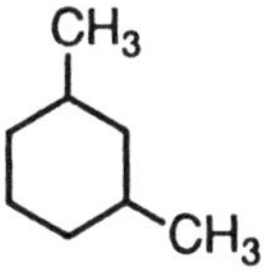　(d)

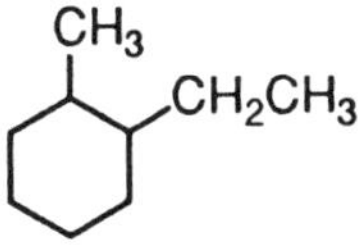

解答
- (a) methylcyclopropane
- (b) isopropylcyclobutane
- (c) 1,3-dimethylcyclohexane
- (d) 1-ethyl-2-methylcyclohexane

3.3 代表的なアルカン

(1) **メタン**（methane），CH_4（bp -164 ℃）

　無色無臭の気体である．沼地などでバクテリアがセルロース類を無酸素状態で分解すると発生する．棒で沼地の底をつつくと，メタンがブクブクと泡になって出てくる．しばしば，炭坑内でメタンがたまることがあり，坑内爆発の原因になる．工業的には天然ガスから分離したり，石油から得られるナフサを分解して得る．メタンは海底数百 m の堆積物や永久凍土中に氷状固体物質（メタンハイドレートという）として大量に存在していることがわかっている．日本近海は世界有数の埋蔵量を誇るとされ，石油や天然ガスに代わる新しいエネルギー資源として注目されているが，まだ商業化のメドはたっていない．

(2) **プロパン**（propane），$CH_3CH_2CH_3$（bp -42.1 ℃）

　無色無臭の気体である．主に燃料として用いられる．普通"プロパンガス"といわれている液化石油ガス（LPG）はプロパンが主成分である．

3.4 アルカンとシクロアルカンの物理的性質

　C 4 までのアルカンは室温で気体である．C 5 から C 19 までは液体で，C 20 以上になると固体になる．アルカンは同じ位の分子量をもつ他種の有機化合物に比べて沸点が低い．それは，分子間力（14.8 節参照）が弱くアルカン分子をバラバラに引き離す（液体から気体になる）のに大きなエネルギーを必要としないからである．シクロアルカンは同数の炭素原子をもつアルカンより沸点が高い．

表 3-3 アルカンとシクロアルカンの物理的性質

炭素原子数	名称	bp(℃)(1気圧)	mp(℃)	密度(d_4^{20})(g/mL)
1	Methane	−161.5	−183	
2	Ethane	−88.6	−172	
3	Propane	−42.1	−188	
4	Butane	−0.5	−138	
5	Pentane	36.1	−130	0.626
6	Hexane	68.7	−95	0.659
7	Heptane	98.4	−91	0.684
8	Octane	125.7	−57	0.703
9	Nonane	150.8	−54	0.718
10	Decane	174.1	−30	0.730
3	Cyclopropane	−33	−126.6	
4	Cyclobutane	13	−50	
5	Cyclopentane	49	−94	0.751
6	Cyclohexane	81	6.5	0.779
7	Cycloheptane	118.5	−13	0.811
8	Cyclooctane	149	13.5	0.834

　アルカンは水に不溶である．水は水素結合（9.4節参照）によって強く結ばれている．アルカンが水に溶けるためには，その水素結合を切り水の分子の間に割り込まなくてはならないが，無極性のアルカンにその力はない．

3.5　アルカンの立体配座

　エタンは炭素–炭素のシグマ（σ）結合のまわりで回転することができる．回転によって2個の炭素についている水素は相対的にいろいろな空間配列をとることになる．このような単結合の回転によって生じるいろいろな空間配列を**立体配座**（conformation）という．立体配座の異なる異性体を**配座異性体**（conformational isomer）または**コンホーマー**（conformer）という．

　配座異性体を表す便利な方法として，ニューマン（Newman）式がある．ニューマン式は2個の隣り合った炭素原子についた置換基の空間的な関係を示す

ねじれ形　　　　　　重なり形

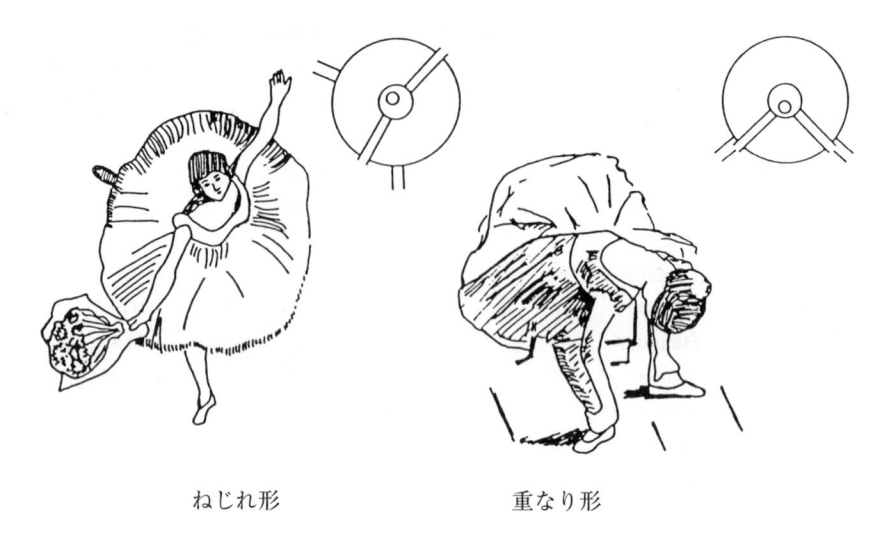

図 3-1　ドガの踊り子と回転異性
踊り子のスカートが Newman 式の円となる．ただし，結合手が前後一本ずつ足りない．
〔I. Hargittai, *J. Chem. Educ.*, **60**, 94 (1983)〕

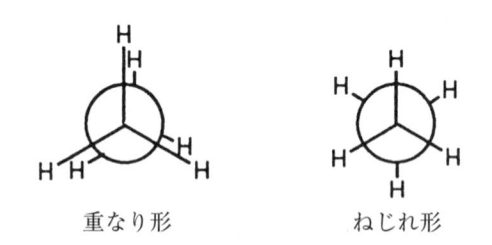

重なり形　　　　　　ねじれ形

図 3-2　エタンの重なり形とねじれ形配座

のに便利である．ニューマン式では C–C 結合の軸の一方から眺め，手前の炭素の結合を Y で表し，後方の炭素の結合を ♀ のように円の縁から出す（このとき，H–C–H の結合角は 120° になっているかのように見えるが，実際はもちろん 109.5° である）．

　エタンの無限にある立体配座のうち代表的なものを二つ示す．すべての C–H 結合が重なっている立体配座を**重なり形配座**（eclipsed conformation）という．

重なり形配座の一方の炭素を60°回転するとC-H結合が最も離れた配座となる．これを**ねじれ形配座**（staggered conformation）という．この二つの配座のほかにも無数の立体配座が存在する．しかし，それぞれの立体配座同士の間のエネルギー差は小さいので，これらの配座異性体を別々に取り出すことはできない．ねじれ形配座はC-H結合が互いに最も離れているため最も安定であり，すべてのC-H結合が重なっている重なり形配座は最も不安定である．エタンの重なり形配座にみられるひずみを**ねじれひずみ**という．室温ではエタン分子の99%以上はねじれ形配座で存在する．しかし，1個の分子をとってみれば，ねじれ形配座に固定されているのではなく，その状態でいる時間が長いということである．

例題 3-4

プロパンの重なり形とねじれ形配座をニューマン式を用いて書け．

解答

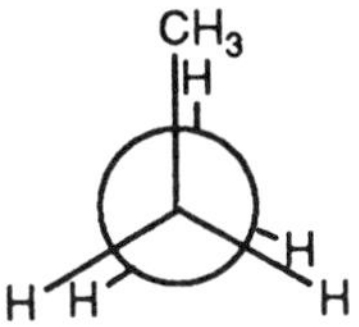

重なり形 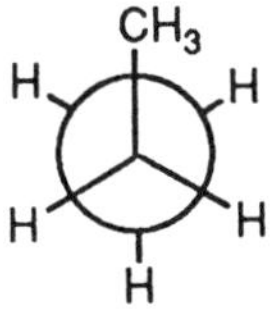　　　　　　　ねじれ形

3.6　シクロアルカンの立体配座

(1)　シクロプロパン

シクロプロパンは炭素原子3個でできているので，平面構造をとらざるを得ない．環の内角は60°であり，四面体構造の109.5°より49.5°も小さい．このように正常な結合角からずれているために生じるひずみを**角度ひずみ**という．

また，隣り合ったC-H結合はすべて重なり合っている（エタンの不安定な重なり形配座にみられたねじれひずみと同じである）．この二つの理由で環のC-C結合は弱く，シクロアルカンの中では最も不安定である．

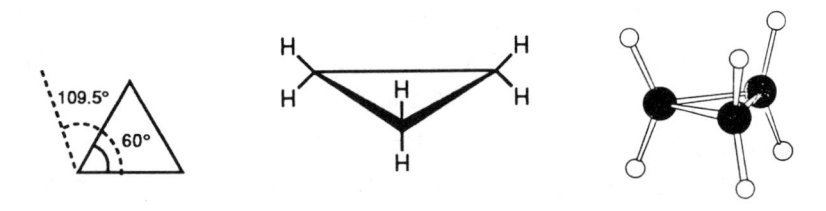

(2) シクロブタン

シクロブタンが平面構造をとっているとすると，環の内角は90°でやはり109.5°より19.5°も小さくかなりの角度ひずみをもつ．その上，隣り同士のC-H結合がすべて重なる．そこで，1個のCH$_2$が面からずれ非平面構造をとると，内角は88°と少し小さくなるがC-H結合の重なりはかなり改善される．それでもシクロプロパンに次いで不安定である．

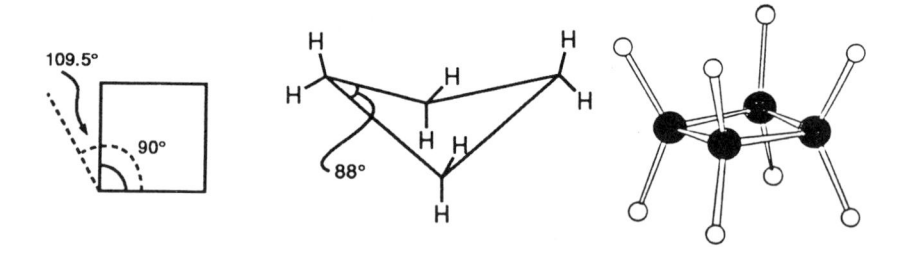

(3) シクロペンタン

シクロペンタンは平面構造をとっても内角は108°で109.5°に非常に近く，角度ひずみはほとんどない．しかし，この平面構造には隣り同士のC-H結合の重なりがあり，これを避けるために1個のCH$_2$が平面からずれる．そうなることによって環の内角は少し小さくなるが，完全にC-H結合が重なっている炭素原子は2個に減少する．この非平面構造は開いた封筒の形をしているので封筒形といわれる．

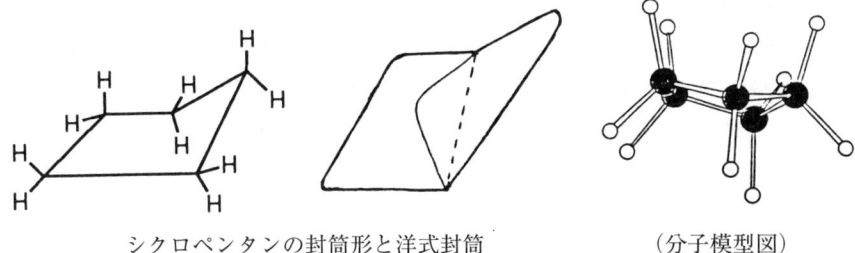

シクロペンタンの封筒形と洋式封筒　　　　　（分子模型図）

(4) シクロヘキサン

　シクロヘキサンが平面構造をとっているとすると内角は120°となり，角度ひずみはかえって大きくなり，そのため実際には非平面構造をとる．この構造はいすに似ているので**いす形配座**（chair conformation）といわれる．この構造ではすべてのC-C-C結合の結合角は109.5°となり角度ひずみは完全になくなり，またすべてのC-H結合はねじれ形構造となってねじれひずみもなくなる．

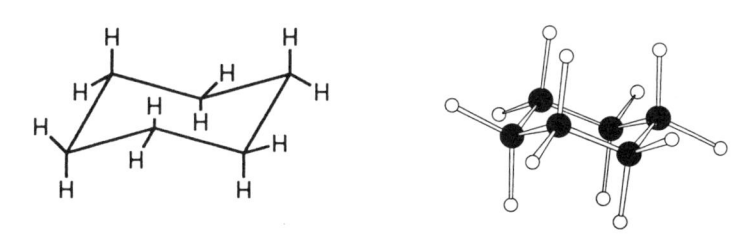

いす形配座の書き方

(1)　平行四辺形をうすく書く．
(2)　向かいどうしの結合が互いに平行になるように書き入れる．
(3)　上下の横線を消す．

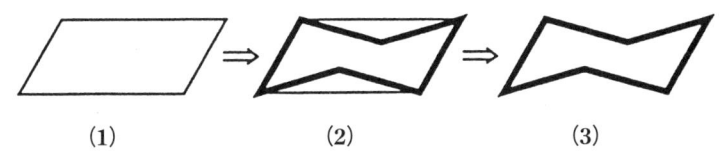

(1)　　⇒　　(2)　　⇒　　(3)

いす形配座には図に示すように2種類のC–H結合がある．一方は環の面に対して垂直方向に上下に出ている結合で，これを**アキシアル**（axial，"軸の"という意味である）**結合**という．もう一つの結合は面に対してほぼ水平に出ている結合で，これを**エクアトリアル**（equatorial，"赤道の"という意味である）**結合**という．そして，これらの結合についている水素をそれぞれアキシアル水素，エクアトリアル水素という．

アキシアル結合とエクアトリアル結合の書き方

アキシアル結合は，上下一つおきに，Y字と逆Y字に6本書く．

エクアトリアル結合は，両方向の向かい側の結合同士が平行になるように6本書く．

C1の炭素が下がり，C4の炭素が上がるともう一つの等価ないす形配座に変わる．このような変換を**環の反転**という．このときすべてのアキシアル結合はエクアトリアル結合に，またすべてのエクアトリアル結合はアキシアル結合に変わることに注意しよう．シクロヘキサンは室温では素早く環の反転をしている．

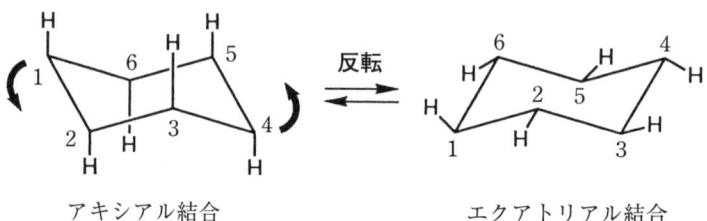

アキシアル結合　　　　　　エクアトリアル結合

シクロヘキサンにはもう一つの非平面構造として，**舟形配座**（boat confor-

3.6 シクロアルカンの立体配座

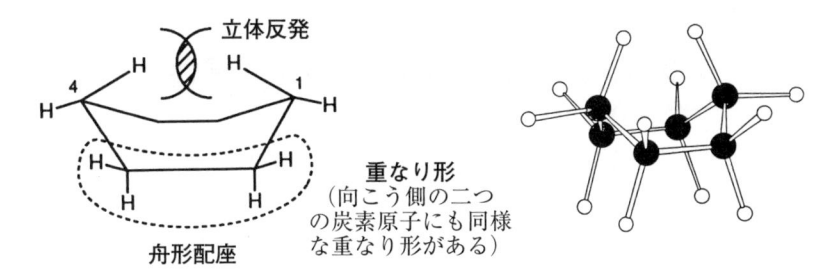

mation）という舟の形をした配座が考えられる．しかし，この配座には各 C－C－C 結合の角度ひずみはないものの，C－H 結合の重なり形がみられ，また舟の先端同士の水素が接触するまで接近し，そのためいす形配座に比べてはるかに不安定である．したがって，シクロヘキサンは一般にいす形配座で存在すると考えてよい．

例題 3-5

　メチルシクロヘキサンの 2 種のいす形配座を書き，どちらがより安定か述べよ．

解答

　メチル基がアキシアルのものとエクアトリアルのものが存在する．環の反転によって相互変換される．アキシアルメチル基と C3 と C5 位のアキシアル水素との間に，不安定要因となる **1,3-ジアキシアル相互作用** がある．エクアトリアルメチル基にはそのような不安定化要因はない．そのため置換基がエクアトリアル位に付いているほうが安定形である．

アキシアルメチル基　　　　エクアトリアルメチル基

3.7　シクロアルカンのシス-トランス異性

　シクロアルカンの環上に2個の置換基がつくと，その置換基が環の面に関して同じ側にある場合と反対側にある場合の二通りが可能である．1,2-ジメチルシクロプロパンを例にとって考えてみよう．2個のメチル基が平面のシクロプロパン環の同じ側についている場合と反対側についている場合が考えられる．同じ側にある場合を**シス**（*cis*）といい，反対側にある場合を**トランス**（*trans*）という．シス体からトランス体への変換は単にC−C結合を回転させただけではできない．このような異性体は**立体配置**（configuration）が異なるという．一般にシス-トランス異性体はそれぞれ別々に取り出すことができ，また物理的および化学的性質は異なる．

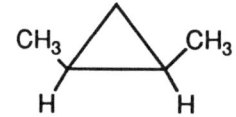

cis-1,2-dimethylcyclopropane 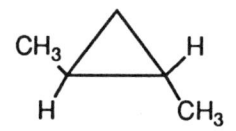　　　　　*trans*-1,2-dimethylcyclopropane

例題 3-6

　1,2-ジメチルシクロペンタンのシスおよびトランス異性体の構造式を，シクロペンタン環をほぼ平面として書け．

解答

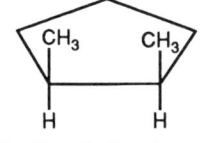

cis-1,2-dimethylcyclopentane 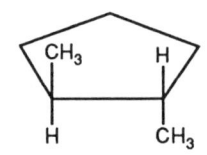　　　　　*trans*-1,2-dimethylcyclopentane

3.8　アルカンの反応

アルカンはC-C単結合とC-H結合のみからできているので，無極性で反応性は低い．古くからパラフィン（paraffin）と呼ばれているが，これは親和性がないというラテン語 *parum affinis* に由来している．

アルカンは一般の試薬，例えば酸，塩基，酸化剤，還元剤とは反応しないので，実験室では主として抽出溶媒または反応溶媒として用いられる．しかし，ある条件では酸素やハロゲンと激しく反応する．

(1)　燃　焼

アルカンは酸素と反応して二酸化炭素と水になる．このとき多量の熱を発生するから，我々はアルカンを燃料として用いている．

$$CH_4 + 2O_2 \longrightarrow CO_2 + 2H_2O + 886 \text{ kJ/mol}$$

(2)　アルカンのハロゲン化

アルカンは塩素や臭素と低温暗所では反応しないが，光をあてるか高温にすると反応してハロゲン化アルキルを生成する．例えば，メタンは塩素と反応して塩化メチルを生成する．

$$CH_4 + Cl_2 \xrightarrow[\text{または光}]{\text{熱}} CH_3Cl + HCl$$

過剰の塩素が存在すると，さらに塩素化が進み，塩化メチレン（CH_2Cl_2），クロロホルム（$CHCl_3$），四塩化炭素（CCl_4）を与える．この反応は形式的にはハロゲン原子による水素原子の置換反応と考えることができるが，その過程は非常に複雑であるので，本書では説明を省略する．

問　題

問題 1　次の化合物を IUPAC 命名法に従って命名せよ．

(a) CH₃-C(CH₃)(CH₃)-CH₂-CH(CH₃)-CH₃

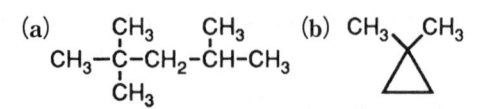

(b) 1,1-ジメチルシクロプロパン構造

(c) シクロヘキシル-C(CH₃)₃構造

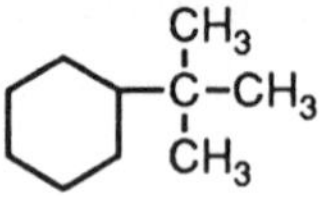

(d) cis-1,2-ジメチルシクロプロパン構造

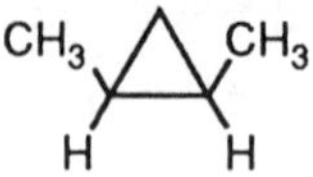

問題 2　次の化合物の構造式を書け．
- (a) 2,3-dimethylheptane
- (b) 3-isopropyloctane
- (c) 2,2,4-trimethylpentane
- (d) cis-1,3-dimethylcyclobutane

問題 3　ブタンのＣ2とＣ3の結合についてニューマン式を書くと，2種類の重なり形，アンチ形（2個のメチル基が最も遠く離れたねじれ形配座）およびもう1種類のねじれ形が存在する．これらの立体配座を書け．

問題 4　次のメチルシクロヘキサンのいす形配座式は誤っている．正しい立体配座式に直せ．

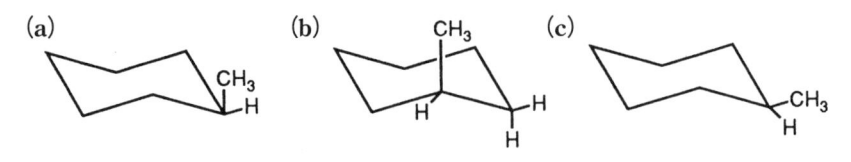

(a)　(b)　(c)

問題 5　立体配座と立体配置の違いについて説明せよ．

コーヒーブレイク

(1) レギュラーガソリンとかハイオクガソリンって何？

　ガソリン用エンジンの燃料は，その炭化水素の組成比によってエンジンの調子が変わる．一般に直鎖アルカンはノッキングを起こしやすく，枝分れの多いアルカンは起こしにくい．イソオクタンはこの点燃料として最も優れている．そこで，ヘプタンを0，イソオクタンを100としてオクタン価という尺度が決められている．あるガソリンを使って標準1気筒エンジンが回転したとき，イソオクタン80％とヘプタン20％を混合したものと同じ調子ならばそのガソリンのオクタン価は80であるという．ハイオクガソリンはオクタン価が98～100で高価であるが，これに比べてレギュラーガソリンはオクタン価がやや小さく90～92で安価である．レギュラー仕様エンジンにハイオクガソリンを入れてもほとんど意味がない．逆にハイオク仕様エンジンにレギュラーガソリンを入れるのはパワーも燃費も落ちるのでやめたほうがよい．

$CH_3CH_2CH_2CH_2CH_2CH_2CH_3$　　　　　$CH_3-C(CH_3)_2-CH_2-CH(CH_3)CH_3$

heptane　　　　　　　　　　　　　　　isooctane（慣用名）

F1レースにはハイオクガソリンが不可欠である

(2) 見目うるわしい分子

　姿や形の美しい分子を作ろうという試みがある．ちょっと見たところとても

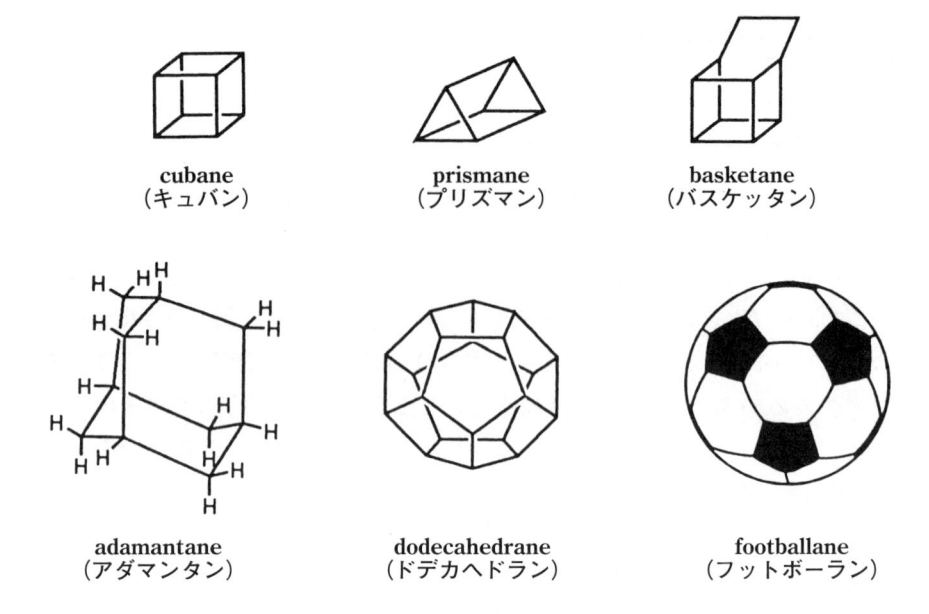

54　第3章　アルカンとシクロアルカン

cubane　　　　　　prismane　　　　　　basketane
（キュバン）　　　（プリズマン）　　　（バスケッタン）

adamantane　　　　dodecahedrane　　　footballane
（アダマンタン）　（ドデカヘドラン）　（フットボーラン）

合成できそうにもないような構造をしているが，合成技術が進んで次第に可能になってきている．「クラム有機化学」という教科書（第四版まで）には，表表紙の見開きの右側のページに既に合成された化合物，左側にはまだ合成されていない化合物が載せられていた．その中から合成された珍しい化合物を上に示す．これらの化合物に IUPAC 命名法で名前をつけるとなるととんでもなく長いものになってしまう．それでちょっぴりユーモアも含めてその分子の形から慣用名がつけられている．

アダマンタンは硬いものというラテン語 *adamas* に由来し，ダイヤモンドと同源．英語の辞書では adamant とは「頑固な」とか「硬い」となっている．ドデカヘドランとは 12 面体という意味である．

まだ合成されてはいないが，フットボーラン（footballane）とかサッカーラン（soccerane）（注：この化合物はフラーレン（C_{60}）（p. 147 参照）とは異なる）という名前のついた分子式 $C_{60}H_{60}$（32 面体で 12 個の正五角形と 20 個の正六角形からなる）の化合物には次のような正式の IUPAC 名がつけられて

いる．Hentriacontacyclo[29.29.0.0^{2,14}.0^{3,29}.0^{4,27}.0^{5,13}.0^{6,25}.0^{7,12}.0^{8,23}.0^{9,21}.0^{10,18}.0^{11,16}.0^{15,60}.0^{17,58}.0^{19,56}.0^{20,54}.0^{22,52}.0^{24,50}.0^{26,49}.0^{28,47}.0^{30,45}.0^{32,44}.0^{33,59}.0^{34,57}.0^{35,43}.0^{36,55}.0^{37,42}.0^{38,53}.0^{39,51}.0^{40,48}.0^{41,46}]hexacontane.

上のアダマンタン以外の構造式には水素原子が省略されている．

第 4 章

立体化学－光学異性体

　立体異性体（stereoisomer）というのは，原子の結合順序は同じであるが，空間配列の異なる化合物のことである．単結合の回転による配座異性体（3.5節），環状化合物のシス-トランス異性体（3.6節）については既に述べた．第7章で二重結合のシス-トランス異性体（7.2節）について述べる．ここでは光学異性体について述べる．

4.1　鏡像体

　四面体構造をとっている sp^3 炭素に，4個の異なる置換基がついているとき，二通りの立体配置が可能である．例えば，2-クロロブタンを書いてみよう．
　この二つは，例えば Cl と CH_3CH_2 基を重ねてみると，H と CH_3 基は逆の位置にきて互いに重ね合わすことができないことがわかる．この二つの関係はよく右手と左手の関係にたとえられるように，鏡像の関係にある．このような分子を**キラル**（chiral）であるという．2-クロロブタンはキラルな化合物である．

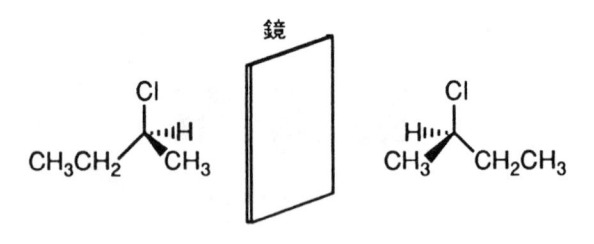

図4-1 2-クロロブタンの鏡像体

この中心炭素を**キラル中心**（または**キラル炭素**）という．以前は**不斉炭素**と呼ばれていたものである．

これに対して，sp^3炭素上の置換基の少なくとも2個が同じである場合には，その分子は分子の中に対称面をもつ．一見，鏡像の関係にあるように二つの構造式を書いてみても，少し動かすだけで二つは重ね合わせることができる．このような分子を**アキラル**（achiral）であるといい，鏡像体は存在しない．例えば，2-クロロプロパンはアキラルである．

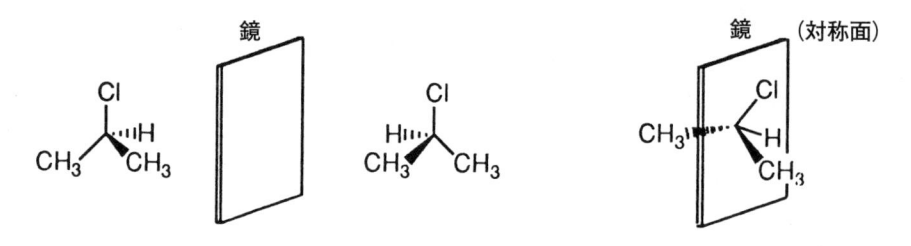

図4-2 この二つの2-クロロプロパンは重ね合わせることができる．

したがって，キラル中心（4個の異なる置換基をもつ中心）をもつ化合物には，必ず1対の**鏡像体**または**エナンチオマー**（enantiomer）が存在する．

例題 4-1

次の化合物の中でキラルなものはどれか．また，そのキラル中心に＊印を付けよ．

(a) 2-butanol　　　(b) 2-propanol　　　(c) cyclohexanol

解答
　(a), (b) については構造式を書き，一つの炭素に4種類の置換基がついているかどうか調べる．2-butanol のC2の炭素原子は4個の異なる置換基（H, CH_3, CH_2CH_3, OH）がついているので，キラル中心である．2-propanol や cyclohexanol にはそのような中心はない．

(a)　$CH_3CH_2-\overset{\overset{OH}{|}}{\underset{\underset{H}{|}}{C^*}}-CH_3$

4.2　鏡像体の性質

　2-クロロブタンの二つの鏡像体の性質を比べてみよう．一方の鏡像体ともう一方の鏡像体は，融点，沸点，密度，溶媒に対する溶解度などすべて同じである．
　唯一異なる物理的性質は，平面偏光に対する挙動だけである．平面偏光とは，ある一平面内でのみ振動する光である．このような光は，自然光をポラロイドサングラスや特殊なプリズムに通すことによって得られる．平面偏光をキラル

表4-1　2-クロロブタンの物理的性質

	(R)-2-クロロブタン	(S)-2-クロロブタン	(±)-2-クロロブタン[a]
沸　点（℃）	68〜70	68〜70	68〜70
屈折率	1.396	1.396	1.396
密　度（d_4^{20}）	0.873	0.873	0.873
比旋光度（$[\alpha]_D^{25}$）	−36.00	+36.00	0

[a]　(±)-2-クロロブタンはラセミ体である（4.5節参照）

分子を含む溶液の中を通過させると，その偏光の振動面が回転させられる．この回転角を**旋光度**といい，一方の異性体が偏光面を右に回転するならば，もう一方の異性体は同じだけ左に回転する．旋光度の大きさは，キラル分子の入った溶液の濃度，温度，波長，溶媒の種類，試料管の長さによって変わる．そこでこれを標準化するために比旋光度 $[\alpha]_D^{25}$ という値に換算する．通常，ナトリウムのD線（波長：589.6 nm）の光線を用い，25℃で旋光度を測定し，1 mL当たり1 gの化合物を溶解した試料を10 cmの試料管を用いて測定した値に換算する．例えば，$[\alpha]_D^{25} = +3.3$ というのは，上の条件で測定したとき，観測者から見て右方向（時計回り）に 3.3°回転させたということである．このような物質を，右旋性であるといい，＋符号で示す（＋3.3）．逆に左方向（反時計回り）に回転させる物質を左旋性といい，－符号で示す（－3.3）．〔注：比旋光度の数字には（°）をつけない〕．

4.3　絶対配置と命名法

　二つの鏡像体は互いに異性体であるから別々の名称を付けなければならない．しかし，例えば $[\alpha]_D^{25} = +10$ を示すほうの鏡像体がどちらの立体構造に相当するのか，$[\alpha]_D^{25}$ の符号だけではわからない．旋光度の符号と構造の間にはっきりとした関係がないからである．幸い，現在まで，多くの化合物の立体構造がいろいろな手段を用いて決められている．鏡像体の立体構造を**絶対配置**（absolute configuration）と呼んでいる．それぞれ絶対配置の異なる異性体は異なる化合物であるから，当然別々の名称をもつことになる．化合物の名称の前に，その絶対配置を示す（R）か（S）（注：カッコで囲みイタリック体で表す）を付けてこれを区別する．絶対配置がわかっている場合は（***R-S***）**規則**によって命名される．この規則は，

(1) キラル炭素に結合している4個の原子に，原子番号の大きいものから①→④の順位を付ける．同じ原子の場合にはその次の原子の原子番号を比較して順位を付ける．二重結合は同じ置換基が2個付いているものと見なす．
(2) 最下位の置換基④を，自動車のハンドルに見立てて，向う側に置き，置換

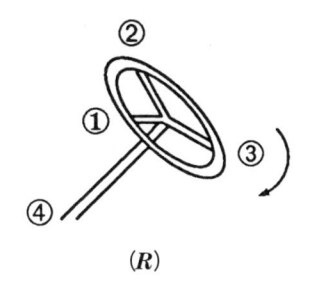

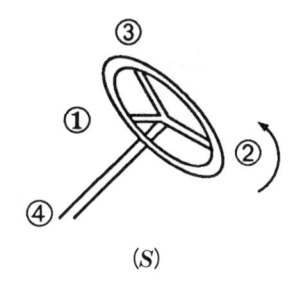

基①, ②, ③が右回りに並んでいる (R) か, 左回りに並んでいる (S) かを判定する. 〔(R) や (S) はラテン語に由来しているが, (R) は英語の right (右) で覚えておこう. (S) はその逆の左である.〕

例題 4-2

次の置換基の優先順位を付けよ.
(a) -Cl, -Br, -F, -I   (b) -CH$_3$, -CH$_2$CH$_3$, -CH=CH$_2$

解答
(a) 単純に原子番号の順になる. -I > -Br > -Cl > -F
(b) -CH=CH$_2$ は -CH-CH$_2$ と考える. 最初の原子はすべて炭素原子で
          | |
         (C) (C)

あるから, 2番目の原子を比較する. その結果,
-CH=CH$_2$ > -CH$_2$CH$_3$ > -CH$_3$

例題 4-3

次の化合物のキラル炭素の絶対配置を (R-S) 表示法を用いて命名せよ.

62 第4章 立体化学－光学異性体

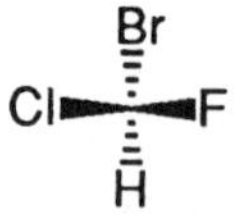

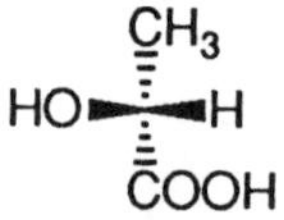

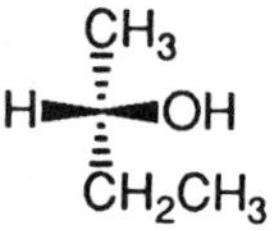

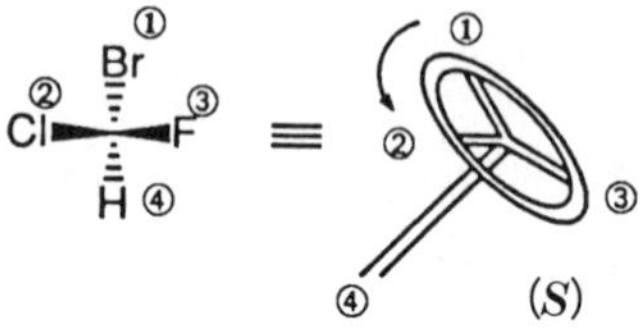

(a), (b), 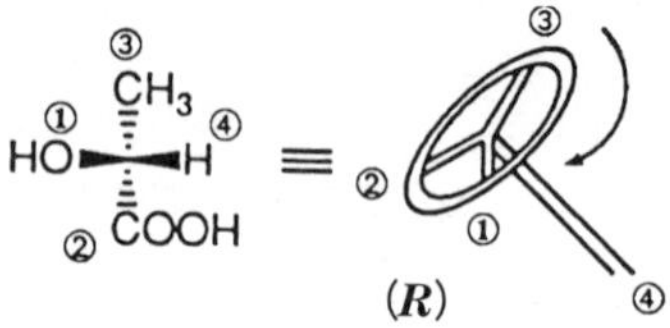 (c) の構造式

(b) (乳酸)

解答

(a) (S)

(b) (R)

(c) (S)

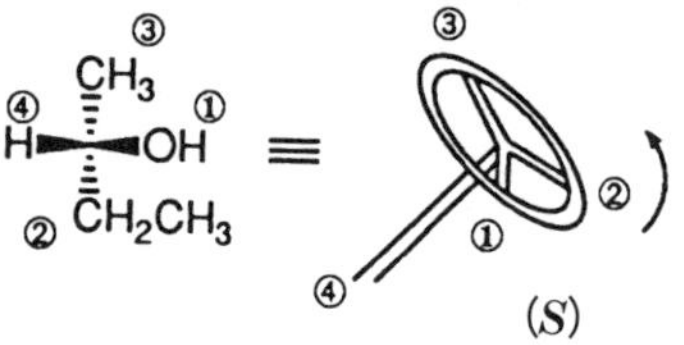

4.4 　2個のキラル中心をもつ化合物：ジアステレオマー

　一つの分子中に2個のキラル中心があるときには，異性体の種類はいくつになるだろうか．2,3-ジヒドロキシブタナールの場合を考えてみよう．任意に三次元構造式を**A**のように書いてみる．次に**A**の鏡像体を書くと**B**が得られる．**A**の2個のキラル中心は，**B**ではちょうど逆になっている．

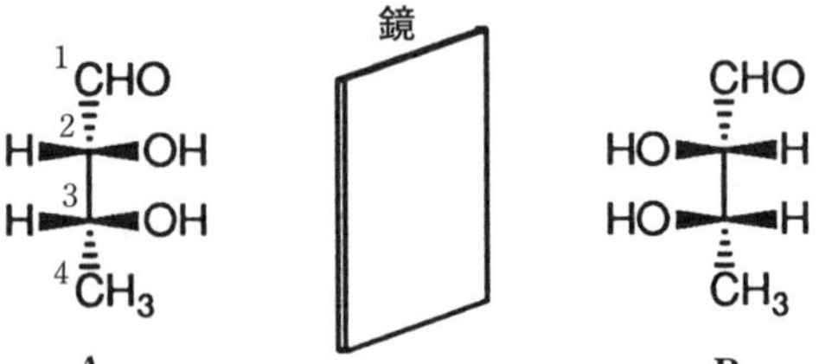

A　　　鏡　　　B

4.4 2個のキラル中心をもつ化合物：ジアステレオマー **63**

今度はAの2個のキラル中心の一方だけ（仮にC3としよう）を逆にして，もう一方（C2）はそのままにしよう．これによってCが得られる．Cにはまたこの鏡像体Dが書ける．

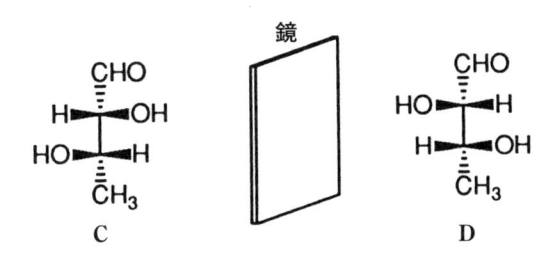

全部で4種類の立体異性体が書ける．それぞれのキラル中心を（R-S）表示法で示すと次のようになる．

	A	B	C	D
	2R	2S	2R	2S
	3R	3S	3S	3R

AとB，CとDはそれぞれ鏡像の関係にあるが，AとC，AとD，BとC，BとDは鏡像の関係にはない．このように，鏡像の関係にない立体異性体を**ジアステレオマー**（diastereomer）という．鏡像体同士は平面偏光の回転方向が異なる以外は性質が同じであるのに対して，ジアステレオマーは旋光度の絶対値はもちろん，融点，沸点，密度，溶解度などすべての点で異なる．

これまで，三次元構造式をくさびと実線と点線を用いて表してきた．キラル中心が多くなってくると，この式は大変煩雑になってくる．そこでもう一つの表示法として，**フィッシャー**（Fischer）**式**というのがしばしば用いられる．この式を書くときの約束は，1）炭素骨格を縦線（背骨に相当する）に書く，2）横線はくさび（あばら骨に相当する）を表す，の二点である．2,3-ジヒドロキシブタナールの異性体Aをフィッシャー式で書いてみよう．

第4章 立体化学-光学異性体

$$\begin{array}{c} \text{CHO} \\ \text{H}\text{---}\text{OH} \\ \text{H}\text{---}\text{OH} \\ \text{CH}_3 \end{array} \equiv \begin{array}{c} \text{CHO} \\ \text{H}\text{---}\text{OH} \\ \text{H}\text{---}\text{OH} \\ \text{CH}_3 \end{array}$$

例題 4-4

次の化合物の立体構造をフィッシャー式で書け．

(a) HO—C(COOH)(CH₃)—H　(b) H—C(CH₂OH)(CH₃)—OH　(c) (R)-glyceraldehyde (HOCH₂-CH(OH)-CHO)

解答

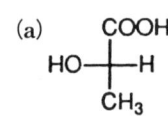

(a)
```
     COOH
HO——|——H
     CH₃
```
(b)
```
     CH₂OH
HO——|——H
     CH₃
```
(c)
```
     CH₂OH
HO——|——H
     CHO
```

4.5　メソ化合物とラセミ体

　一般に n 個のキラル中心をもつ化合物は 2^n 個の立体異性体が可能である．キラル中心が2個あれば4種類の立体異性体が存在する．ところが，そのキラル中心のそれぞれに付いている置換基が同じときは，異性体の数は3個になる．2,3-ブタンジオールの場合を考えてみよう．先と同じように4種類の立体構造式を書いてみると次のようになる．

4.5 メソ化合物とラセミ体

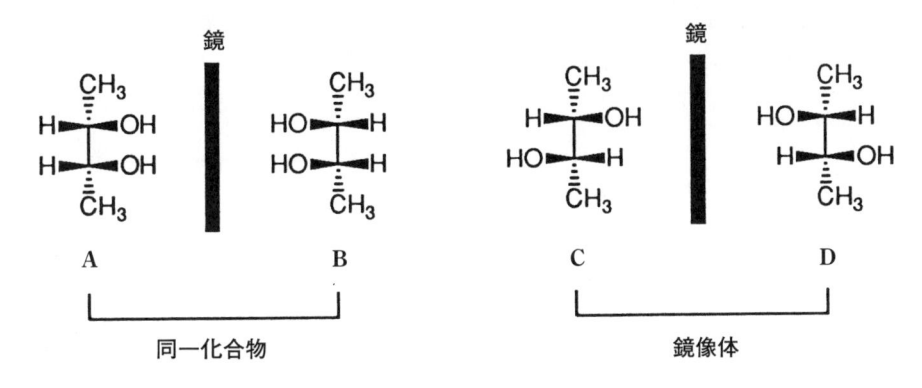

AとBは一見鏡像の関係にあるように見える．しかし，Bを紙面上で上下回転してみるとAになってしまう．すなわち，AとBは同じ化合物である．Dを回転してもこれはCにはならない．すなわち，CとDは鏡像体である．したがって，この化合物にはA（= B）とC，Dの3種類しか異性体が存在しない．Aのような化合物を**メソ化合物**（meso compound）という．メソ化合物の特徴は，分子の中に対称面（鏡面）をもつことである．そのため，2個のキラル中心はその旋光性を互いに打ち消しあう結果，旋光度は0で光学不活性である．

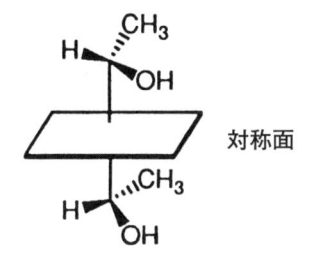

一方，2個の鏡像体が1：1の比で混じっている混合物を**ラセミ体**（racemic form）または**ラセミ混合物**（racemic mixture）という．化合物名の前に（±）-をつけて示す．ラセミ体は（R）体と（S）体が1：1で混じりあっているので互いに旋光度を打ち消しあい，光学不活性（$[\alpha]_D = 0$）である．しかし，この場合には適当な方法によってそれぞれ純粋で光学活性な鏡像体に分けることがで

きる（**光学分割**という）．ラセミ体とその光学活性体とは，沸点や屈折率，密度は同じであるが（表 4.1 参照），融点は一般に異なる．

例題 4-5

次の文章の中で正しいものはどれか．
(a) キラル中心があるにもかかわらず，光学不活性（$[\alpha]_D = 0$）の化合物はすべてラセミ体である．
(b) キラル中心が n 個ある化合物には，必ず 2^n 個の光学異性体がある．
(c) 一つのキラル中心をもつ鏡像体のうち，(R)体の旋光度はいつも右旋性である．
(d) 一つのキラル中心をもつ化合物で，(S)体の鏡像体は必ず (R)体である．

解答
(a) メソ化合物も旋光度がゼロであるから，間違い．
(b) メソ化合物が存在するときは 2^n 個より少なくなるから，間違い．
(c) 絶対配置の (R)，(S) と旋光度の符合は関係がないから，間違い．
(d) 正しい．

ここで異性体についてまとめておこう．

異性体
（同じ分子式をもつが異なる化合物）

- **構造異性体**（2.7 節）
  （原子の結合順序が異なる異性体）
- **立体異性体**（p. 55）
  （原子の結合順序は同じであるが空間的配列が異なる異性体）
  - **鏡像体（エナンチオマー）**
    （互いに鏡像の関係にある立体異性体）
  - **ジアステレオマー**
    （互いに鏡像の関係にない立体異性体）

問　題

問題 1　次の化合物を (R-S) 命名法で命名せよ．

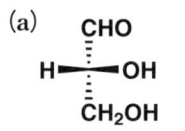

(a) CHO–H–OH–CH₂OH 構造

(b) CO₂H–H–OH–CH₃ 構造

(c) CO₂H–H₂N–H–CH₂C₆H₅ 構造

(d) シクロヘキセン環にH, OH が付いた構造

問題 2　2-ブタノールについて次の問に答えよ．
(a) (R)-2-ブタノールの三次元構造式を書け．
(b) (R)-2-ブタノールの沸点は 99.5 ℃で，$[\alpha]_D = -12.5$ である．(S)-2-ブタノールの沸点および $[\alpha]_D$ はいくらか．

問題 3　消炎鎮痛剤イブプロフェンの(S)体の三次元構造式を書け．

問題 4　リモネンの(S)体と(R)体の三次元構造式を書け．

問題 5 天然から mp 206 ℃ と mp 140 ℃ の二つの光学不活性な酒石酸 [HO$_2$CCH(OH)CH(OH)CO$_2$H] が得られる．mp 206 ℃の光学不活性な酒石酸は，同じ融点（170 ℃）をもつ二つの光学活性な酒石酸に分けることができた．このうちの一方は $[\alpha]_D$ = +12 を示した．mp 140 ℃の酒石酸はこれ以上分けることができなかった．

(a) mp 140 ℃の酒石酸の重なり形を三次元構造式とニューマン式で書け．

(b) mp 170 ℃のもう一方のエナンチオマーの比旋光度はいくらか．また，これだけのデータから，それぞれのエナンチオマーの絶対構造を書くことができるか．

(c) mp 206 ℃の酒石酸はどのようなものか．

コーヒーブレイク

(1) **ルイ・パスツールによる最初の光学分割**

ルイ・パスツール（L. Pasteur）（1822～1895）は，酒石酸のラセミ体の試料をもらい，その酒石酸の塩（ナトリウムアンモニウム）の結晶をつくり，結晶構造の研究を行っていた．ある寒い朝，窓際に置いてあった結晶をよく調べていると，その形が非対称になっていてそれぞれが鏡像になっていることに気が付いた．彼はピンセットと拡大鏡を用いて，それをていねいに分離して2種類の酒石酸の塩を得た．それぞれを水溶液にして旋光度を測定すると，一方の塩の溶液は偏光面を時計回りに回転させるのに対して，他方は反時計回りに同じだけ回転させた．これら2種類を等量混ぜ合わせたものは旋光度はゼロであった．溶液中でも光学活性が残ったことから，酒石酸の結晶の鏡像によるものではなく，分子自体が左手と右手のように互いに鏡像の関係にあると推定した．まだ炭素原子が四面体構造をとっていることがわかっていなかった時代である．これは最初の光学分割であるが，結晶がこのように鏡像の形で結晶化するものは極めてまれであることや，また，この塩も通常行われる熱溶液を冷やして結晶を得る方法ではこのような別々の結晶は得られなかったであろうとい

われている．偶然が二度も重なって成功したものである．したがって，彼の方法は一般的な光学分割の方法にはならないが，この発見は後のファント・ホッフとル・ベルによる炭素の四面体説の提案の基となった．

パスツールは最初化学を専攻し，光学異性に関する業績をあげたが，後に生化学や医学のほうに進み，生物の自然発生説の否定，ワインなどの低温殺菌法，狂犬病のワクチンの開発など，大きな業績をあげた．

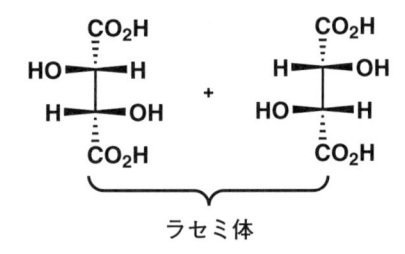

$$\underbrace{\begin{matrix} CO_2H \\ HO-H \\ H-OH \\ CO_2H \end{matrix} + \begin{matrix} CO_2H \\ H-OH \\ HO-H \\ CO_2H \end{matrix}}_{\text{ラセミ体}}$$

(2) サリドマイド

サリドマイド (**1**) は 1957 年にドイツのグリュネンタール社が催眠薬として開発した薬である．副作用が少なく，毒性は動物実験で致死量が測定できないくらい低く，安全性を信じて多くの人々が使用した．妊婦のつわりの鎮静薬としても用いられ，特に妊娠初期の女性が服用した場合に手足の短い子供が生まれるという悲惨な事実が明らかになり，発売中止になった．

この化合物にはキラル中心が 1 個あり，(R)体と (S)体の鏡像異性体が存在する．このうち (R)体のほうは，つわりを和らげる作用をもつが，(S)異性体には催奇性のあることがわかった．当時は光学分割して (R)体のみを得ることや，(R)体のみを合成する技術がなかったためにラセミ体として発売された．ただ，その後この化合物は体内で(R)体と(S)体が相互変換することがわかったから，仮に (R)異性体のみで発売されていたとしても，被害は防げなかったかもしれない．なぜ，この化合物が相互変換しやすいのだろう？　それは，キラル中心にある水素原子がカルボニル基の隣にあるために，離れやすくなっているからである（酸性度が大きい）．

第4章 立体化学－光学異性体

サリドマイド (1) 〔(R)体〕

　こうして，一度この薬は世の中から姿を消したのであるが，その後ハンセン氏病の痛みの特効薬となることが発見され，アメリカでは厳しい管理下ではあるが，既に承認されている．その他，エイズやがんに対しても有効であるといわれ，2008年に日本においても多発性骨髄腫の治療薬として承認された．このように，一度消えた薬が再び日の目を見るというのは極めて珍しいケースである．

　この経験を契機にして，医薬品の開発の過程で催奇性の有無が検討項目の一つに加えられた．また，キラル中心をもつ医薬品は，それぞれの鏡像体で作用が異なったり，一方の鏡像体が好ましくない副作用をもったりすることがあるので，一方の望ましい薬効をもつ鏡像体だけで発売されることが多くなった．

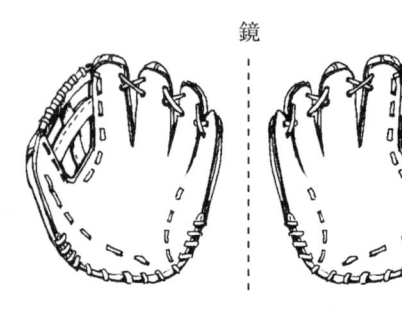

鏡

右利き用グローブ　　左利き用グローブ

第 5 章

酸 と 塩 基

　多くの有機反応の中に酸(acid)-塩基(base)反応が含まれている．したがって，酸と塩基の意味を正しく理解することはきわめて大切である．酸といえばすぐに硫酸や塩酸が，また塩基といえば水酸化ナトリウム水溶液が頭に浮かぶだろう．そして，リトマス試験紙を思い出す．しかし，有機化学では酸-塩基の定義はもっともっと範囲が広い．ここで頭の切り替えが必要である．通常使われる酸-塩基の定義には二つあって，プロトンのやりとりに基づくブレンステッド（Brønsted）の定義と，電子対のやりとりに基づくルイス（Lewis）の定義がある．

5.1　ブレンステッドの酸-塩基

　最も一般的な定義で，プロトン（H^+）を出す化合物を**酸**といい，プロトンを受け取る化合物を**塩基**という．例えば，塩化水素を水に溶かすと，塩化水素は瞬時にプロトンを水にわたす．このとき HCl は H_2O に H^+ を与えたので HCl

は酸として働き，H₂O はその非共有電子対を使って H⁺ を受け取り塩基として働いている．

$$HCl + H_2O \longrightarrow H_3O^+ + Cl^-$$
　　酸　　塩基　　　　　共役酸　共役塩基

このようにしてできた H₃O⁺ はプロトンを Cl⁻ に与えることができ，また Cl⁻ は H⁺ を H₃O⁺ から受け取ることができる．すなわち，上式の右辺（生成物）の側から見れば，H₃O⁺ が酸であり，Cl⁻ は塩基である．このとき，H₃O⁺ は H₂O の**共役酸**といい，Cl⁻ は HCl の**共役塩基**という．実際には塩化水素は強酸で，この反応は一方的に右方向に進行する．

アンモニアを水に溶かしたときはどうだろう．

$$NH_3 + H_2O \rightleftarrows {}^-OH + {}^+NH_4$$
　　塩基　　酸　　　　　共役塩基　共役酸

この場合には水が NH₃ にプロトンを与え酸として働き，共役塩基 ⁻OH を与えている．また，NH₃ は水からプロトンをもらい，塩基として働き，共役酸 ⁺NH₄ となる．

　基本的には，水素をもつ化合物は酸として働くことができ，一方，非共有電子対をもつ化合物は塩基として働くことができる．酸となるか塩基となるかは相手の化合物との相対的な強さによって決まる．例えば，水は相手によって，プロトンを相手に与え酸として働くこともあれば，非共有電子対を使って，塩基としても働くことができる．

　酸の強さは水中でどのくらいプロトンを与えるかによって示される．例えば，少量の酢酸を多量の水に溶かすと，瞬時に次のような平衡になる．

$$CH_3CO_2H + H_2O \rightleftarrows CH_3COO^- + H_3O^+$$

平衡になると，生成物の濃度と反応物の濃度の比は一定になる．希薄水溶液中では，水の濃度はほぼ一定であるので，

$$K_a = \frac{[\text{CH}_3\text{COO}^-][\text{H}_3\text{O}^+]}{[\text{CH}_3\text{COOH}]}$$

という関係がある．このとき K_a を**酸解離定数**といい，酸の相対的な強さを示す尺度として役立つ．強い酸というのは H^+ をより多く H_2O に与え，上式の分母は小さくなり，分子が大きくなる．したがって，K_a は大きな値になる．K_a が大きいほど強い酸である．大抵の有機化合物の酸は弱い酸であるので，K_a の値がきわめて小さく，例えば，酢酸のそれは 10^{-5} よりも小さい．そのため，負の対数で表される．

$$\text{p}K_a = -\log K_a$$

K_a の値が大きくなれば（より強い酸），pK_a の値が小さくなる．塩基の強さも酸と同じようにして比較することができる．その結論は，**酸が強いほどその共役塩基は弱く，塩基が強いほどその共役酸は弱い**，である．

例えば，塩化物イオン（Cl^-）は強酸の HCl の共役塩基であるので，弱い塩基である．水酸化物イオン（^-OH）は弱酸の水の共役塩基であるので強塩基である．また，CH_3COO^- は弱酸である CH_3COOH の共役塩基であるので比較的強い塩基である．

一般に重要な弱酸の酸性度の順序は次のようになる．

RCOOH > C$_6$H$_5$OH > H$_2$O > ROH > RC≡CH > NH$_3$ > RH
カルボン酸　フェノール　水　アルコール　アセチレン　アンモニア　アルカン

その共役塩基の強さの順序はこの逆になる．

R$^-$ > NH$_2^-$ > RC≡C$^-$ > RO$^-$ > $^-$OH > C$_6$H$_5$O$^-$ > RCOO$^-$

例題 5-1

次の酸の共役塩基を示せ．
(a) CH$_3$OH　　(b) H$_2$O　　(c) NH$_3$　　(d) CH$_3$COOH

解答
(a) CH_3O^- (b) ^-OH (c) $^-NH_2$ (d) CH_3COO^-

表 5-1 代表的な有機酸の酸性度

酸	pK_a	共役塩基
CH_3-CH_3	50	$CH_3-CH_2^-$
$CH_2=CH_2$	44	$CH_2=CH^-$
$CH_3CH_2NH_2$	35	$CH_3CH_2NH^-$
$CH\equiv CH$	25	$CH\equiv C^-$
CH_3CH_2OH	16	$CH_3CH_2O^-$
H_2O	15.7	OH^-
C_6H_5OH	10.0	$C_6H_5O^-$
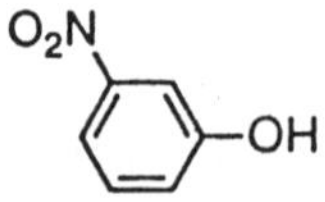 m-O_2N-C_6H_4-OH	9.3	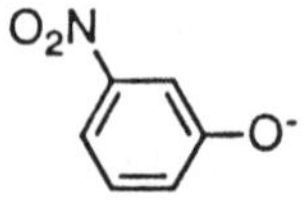 m-O_2N-C_6H_4-O^-
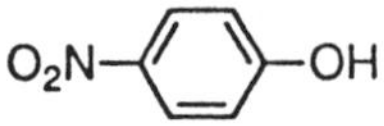 p-O_2N-C_6H_4-OH	7.2	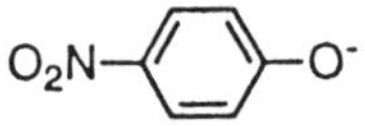 p-O_2N-C_6H_4-O^-
CH_3COOH	4.8	CH_3COO^-
$ClCH_2COOH$	2.9	$ClCH_2COO^-$
$Cl_2CHCOOH$	1.3	Cl_2CHCOO^-
Cl_3CCOOH	0.7	Cl_3CCOO^-

例題 5-2

次の塩基の共役酸を示せ.
(a) CH_3OH　　(b) H_2O　　(c) NH_3

解答
(a) $CH_3OH_2^+$　　(b) H_3O^+　　(c) NH_4^+

5.2　ルイス酸とルイス塩基

　塩基は非共有電子対を使ってプロトンをとり塩基性を示す．非共有電子対はプロトン以外にも，ホウ素化合物のように価電子を6個しかもたない化合物とも結合をつくる．

$$H-\overset{H}{\underset{H}{N}}: \;+\; \overset{F}{\underset{F}{B}}-F \longrightarrow H-\overset{H}{\underset{H}{N^+}}-\overset{F}{\underset{F}{B^-}}-F$$

　ルイス (Lewis) は電子対を与える物質を塩基，電子対を受け取る物質を酸と定義した．これによって，三フッ化ホウ素 BF_3 や塩化アルミニウム $AlCl_3$ のような化合物が酸の仲間入りをすることになった．BF_3 のホウ素原子や $AlCl_3$ のアルミニウム原子は最外殻には6個の電子しかないが，アンモニアの非共有電子対を受け取ることによって8個の価電子をもつことになる．その結果，ホウ素原子やアルミニウム原子は負の形式電荷をもち，窒素原子は正の形式電荷をもつことになる．この定義によって塩基の範囲は変わっていない．
　有機化学では通常，酸といえばプロトン酸であり，塩基といえばプロトン受容体である．ルイス酸というときは特に BF_3 や $AlCl_3$ のようなプロトン以外の酸に対して用いる．

5.3 カーブした矢印の使い方

カーブした矢印は非共有電子対やパイ結合の2個の電子の移動を示すのに用いられる．新しい結合ができることを示すときと，結合が切れることを示すときに用いられる．矢印は電子のあるところからないところに向かって書かれる．

(例)

結合が切れることを示す矢印　結合が生成することを示す矢印　　結合が切れることを示す矢印　結合が生成することを示す矢印

CH₃COO─H ＋ H₂O:　⇌　H─O⁺H─H ＋ CH₃COO⁻

　　酸　　　　　塩基　　　　　　共役酸　　　　共役塩基

図5-1　カーブした矢印は電子対（2個の電子）の移動を表す．

例題 5-3

次の酸塩基反応にカーブした矢印を入れよ．可逆反応の場合は逆反応にもカーブした矢印を入れよ．それぞれに酸，塩基，共役酸，共役塩基を書き入れよ．

5.3 カーブした矢印の使い方

(a) H$_2$O: + H—Cl ⟶ H$_3$O$^+$ + Cl$^-$

(b) HO—H + CH$_3$N̈H$_2$ ⇌ CH$_3$—N$^+$H(H)(H) + $^-$OH

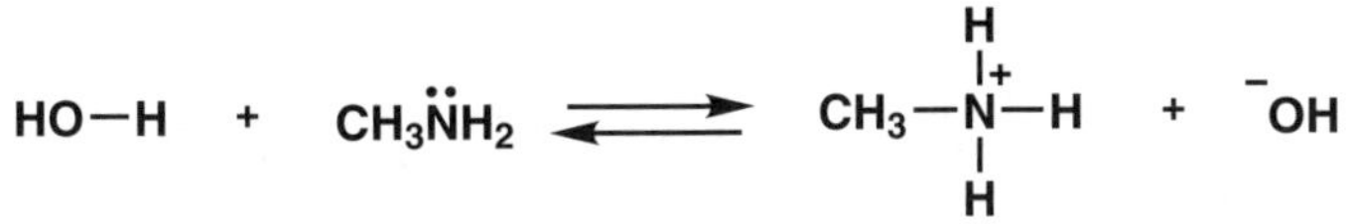

(c) (CH$_3$)(CH$_3$)C=O: + AlCl$_3$ ⟶ (CH$_3$)(CH$_3$)C=O$^+$—AlCl$_3$$^-$

解答

(a) H$_2$O: + H—Cl ⟶ H—Ö—H (H$^+$) + Cl$^-$
　　塩基　　酸　　　　　共役酸　　共役塩基

(b) HO—H + CH$_3$N̈H$_2$ ⇌ CH$_3$—N$^+$H(H)(H) + $^-$OH
　　酸　　　塩基　　　　　共役酸　　共役塩基

(c) (CH$_3$)(CH$_3$)C=O: + AlCl$_3$ ⟶ (CH$_3$)(CH$_3$)C=O$^+$—AlCl$_3$$^-$
　　塩基　　　　酸

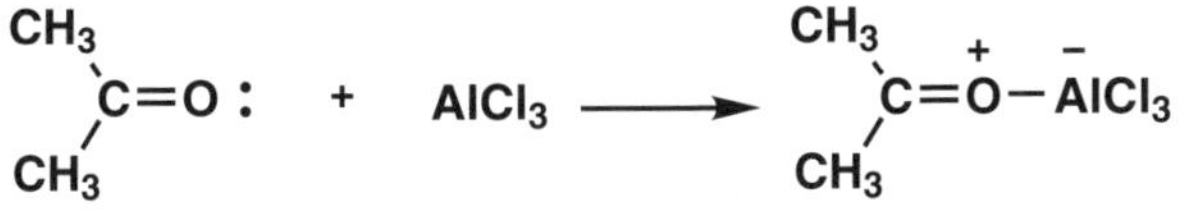

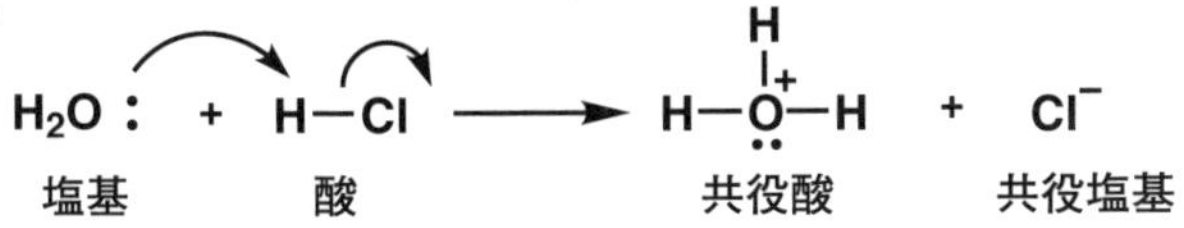

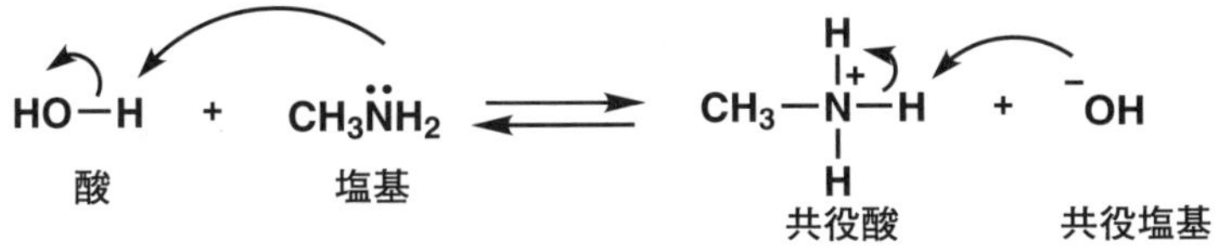

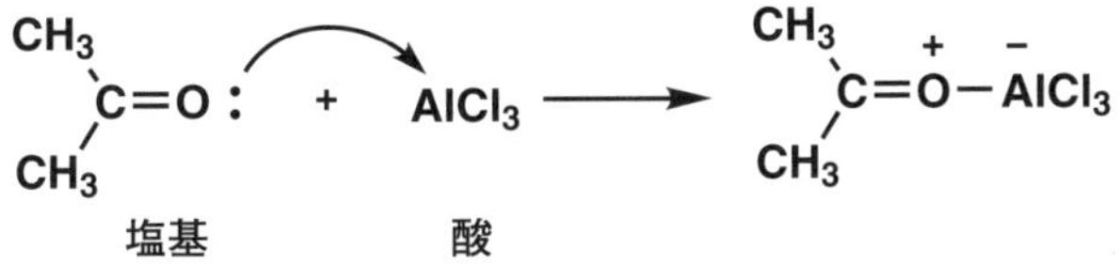

問題

問題 1 次の酸を強い順に並べよ.

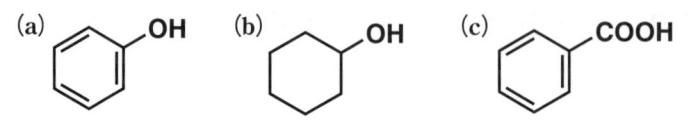

(a) フェノール (C₆H₅-OH)　(b) シクロヘキサノール　(c) 安息香酸 (C₆H₅-COOH)

問題 2 次の塩基を強い順に並べよ.

(a) CH₃ONa　(b) NaNH₂　(c) CH₃CH₂Li　(d) NaOH

問題 3 次の各組のどちらが大きな値をもつか.

(a) 強酸の pK_a と弱酸の pK_a
(b) 強酸の K_a と弱酸の K_a

問題 4 次の酸-塩基反応を，カーブした矢印を用いて完成せよ.

(a) テトラヒドロフラン + BF₃ ⟶

(b) (CH₃)₂CH-Cl + AlCl₃ ⟶

● コーヒーブレイク ●

(1) **酸性雨**

　工場や火力発電所などの石油や石炭などの化石燃料の燃焼や火山活動，自動車や飛行機から発生する硫黄酸化物（SO_x）や窒素酸化物（NO_x），塩化水素などが，大気中の水や酸素と反応して，硫酸や硝酸，塩酸などの強酸を生成し，雨を酸性にする．このために湖沼を酸性化し魚類の生息を不可能にしたり，森林を枯らしたり，コンクリートの建物や金属の像を腐食したりする．これは国

境を越えて影響が及ぶだけに，自国だけでは解決できない大きな環境問題となっている．国際的な協力が必須である．

(2) アジサイの七変化

アジサイは6月の梅雨時分に赤色や青色に変化して目を楽しませてくれる日本原産の植物である．花言葉は色が次々と変わることから「移り気」とか．一般的にはその土壌が酸性のとき青色になり，アルカリ性のとき赤色になるといわれている．ちょうどリトマス試験紙の色の変化の逆である．もう少し化学的にいえば，アジサイの色は，アジサイ自身がもっているアントシアニン［デルフィニジン-3-グルコシド（1）］と数種の助色素［キナ酸エステル（2）］，そして根から吸収されるアルミニウムイオン（Al^{3+}）の三者の組合せで決まる．土壌の酸性度は吸収されるアルミニウムイオンの量に影響し，pHが3.2だと吸収されるアルミニウムイオンの量が多くなり，アントシアニンと錯イオンをつくって青色になるが，pHが4になるとアルミニウムイオンの量が少なくなり赤くなる．この化学は非常にむずかしい．詳しく知りたい人は次の文献をご覧下さい［近藤忠雄，吉田久美「現代化学」No.376, p.25〜31（2002）］．

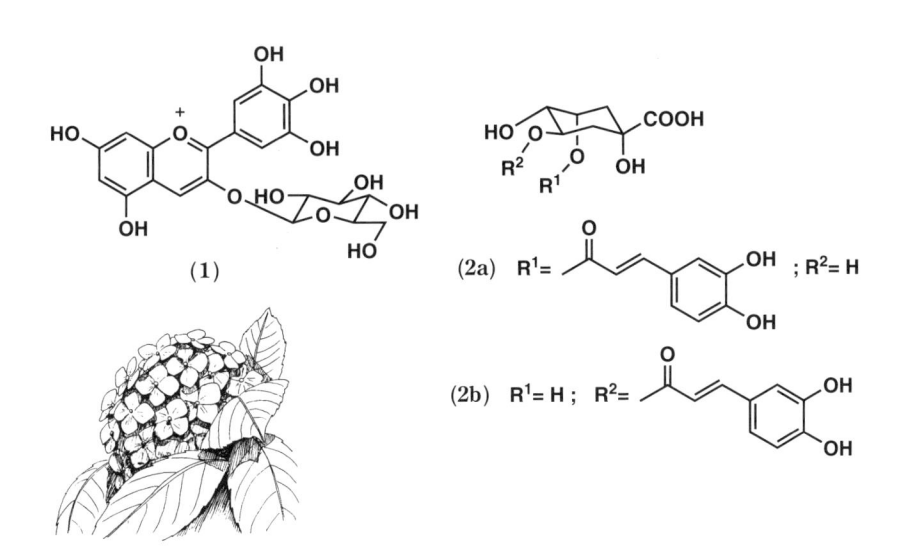

第6章

ハロゲン化アルキル

アルカンの水素原子の一つがハロゲン原子（フッ素，塩素，臭素，またはヨウ素）で置換された化合物を**ハロゲン化アルキル**（alkyl halide）という．CH_3Cl（塩化メチル）や CH_3CH_2Br（臭化エチル）はハロゲン化アルキルの代表例である．ハロゲン化アルキルは溶媒として，また他の有用な有機化合物の合成原料としても重要である．

ハロゲン化アルキルの反応性は，C–X結合が $\overset{\delta+}{C}-\overset{\delta-}{X}$ のように分極していることとハロゲン（X）が脱離しやすいという特性に基づいている．

6.1　命名法

IUPAC命名法では，簡単な化合物に対しては**ハロゲン化アルキル**（alkyl halide）として命名される．この命名法では日本語名と英語名とで順序が逆になるので注意しよう．

第6章 ハロゲン化アルキル

ハロゲン	日本語名	英語名
F –	フッ化	fluoride
Cl –	塩 化	chloride
Br –	臭 化	bromide
I –	ヨウ化	iodide

より一般的には**ハロアルカン**（haloalkane）として命名される．この命名法ではハロゲンは置換基として命名され，先に述べた枝分かれアルカンと同じ手順で行う．

ハロゲン	日本語名	英語名
F –	フルオロ	fluoro-
Cl –	クロロ	chloro-
Br –	ブロモ	bromo-
I –	ヨード	iodo-

ハロゲン化アルキルはハロゲンのついている炭素上の水素（またはアルキル基）の数によって，第一級，第二級，第三級に分類される．すなわち，

RCH_2-X　　第一級ハロゲン化アルキル（primary alkyl halide）

R_2CH-X　　第二級ハロゲン化アルキル（secondary alkyl halide）

R_3C-X　　第三級ハロゲン化アルキル（tertiary alkyl halide）

例題 6-1

次の化合物を2通りの方法で命名し，分類せよ．

(a)　$CH_3CH_2CH_2CH_2Br$

(b)　CH_3CHBr
　　　　|
　　　CH_3

(c)　$(CH_3)_3C-Br$

解答

(a) butyl bromide, 1-bromobutane（第一級）

(b) isopropyl bromide, 2-bromopropane（第二級）

(c) *tert*-butyl bromide, 2-bromo-2-methylpropane（第三級）

CHX$_3$型の化合物には**ハロホルム**（haloform）という慣用名が用いられる．

    CHCl$_3$ クロロホルム   chloroform
    CHBr$_3$ ブロモホルム   bromoform
    CHI$_3$ ヨードホルム   iodoform

また，CCl$_4$ は四塩化炭素（carbon tetrachloride）と呼ばれる．

6.2　代表的なハロゲン化アルキル

(1)　**クロロホルム**（chloroform），CHCl$_3$（bp 61.2 ℃）

芳香をもつ無色の液体．水に不溶．比重 1.492．溶媒として用いられる．メタンの塩素化によって製造される．かつては麻酔剤として用いられたが，肝臓毒性や発がん性を示すことがわかってからは用いられなくなった．

(2)　**塩化メチレン**（methylene dichloride, dichloromethane），CH$_2$Cl$_2$
　　（bp 39.8 ～ 40 ℃）

無色の液体で，水に不溶．比重 1.325．塩化メチル（CH$_3$Cl）の塩素化によって製造される．毒性の強いクロロホルムの代わりに溶媒として用いられる．

(3)　**ヨードホルム**（iodoform），CHI$_3$（mp 119 ℃）

特異な臭気をもつ黄色の結晶．殺菌剤として用いられる．このもの自身には殺菌作用はないが傷口からでる血液や分泌液にとけて徐々に分解し，ヨウ素を遊離して殺菌作用を示す．防腐作用を有するので医薬品として用いられる．

6.3　ハロゲン化アルキルの構造

ハロゲン化アルキルは C‒X 結合の電気陰性度の差から結合電子対は幾分ハロゲン原子のほうに引き寄せられ，その結果炭素原子は部分的に正，ハロゲン原子は部分的に負の電荷を帯びている（**分極**という）．ハロゲン原子の付いている炭素原子はもちろん sp^3 混成をしている．

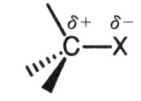

図 6-1　ハロゲン化アルキル
アルキル基「横綱（ハロゲン），私のマワシ取らんで下さい！」

6.4　ハロゲン化アルキルの物理的性質

　ハロゲン化アルキルは水に対する溶解度は低い．塩化メチレン（CH_2Cl_2），クロロホルム（$CHCl_3$），四塩化炭素（CCl_4）は，有機化合物をよく溶かすので，溶媒として広く用いられる．モノハロゲン化メチルのうち，ヨウ化メチル（CH_3I）だけが室温で液体で，他は気体である．ハロゲン化アルキル（塩化，臭化およびヨウ化物）の沸点はそれとほぼ同じ位の分子量のアルカンに近い．

6.5　ハロゲン化アルキルの反応

　ハロゲン化アルキルの代表的な反応は，置換反応と脱離反応である．どちらも C–X 結合の開裂を含んでいる．置換反応を使えばハロゲンを他のいろいろ

表 6-1 代表的なハロゲン化アルキルの物理的性質

基	フッ化物 bp ℃	密度[a]	塩化物 bp ℃	密度[a]	臭化物 bp ℃	密度[a]	ヨウ化物 bp ℃	密度[a]
Methyl	−78.4	0.84[−60]	−23.8	0.92[20]	3.6	1.73[0]	42.5	2.28[20]
Ethyl	−37.7		13.1	0.91[15]	38.4	1.46[20]	72	1.95[20]
Propyl	−2.5	0.78[−3]	46.6	0.89[20]	70.8	1.35[20]	102	1.74[20]
Isopropyl	−9.4	0.72[20]	34	0.86[20]	59.4	1.31[20]	89.4	1.70[20]
Butyl	32	0.78[20]	78.4	0.89[20]	101	1.27[20]	130	1.61[20]
tert-Butyl	12	0.75[12]	51	0.84[20]	73.3	1.22[20]	100(分解)	1.57[0]
$C_6H_5CH_2-$	140	1.02[25]	179	1.10[25]	201	1.44[22]	93[10]	1.73[25]

[a] 密度 (g/mL) の右肩の数字は測定時の温度 (℃) を示す.

な置換基に変換できるし,脱離反応を使えば炭素-炭素二重結合を導入することができる.

反応の起こりやすさの順:

$$R-I > R-Br > R-Cl \gg R-F$$

6.5.1 求核置換反応

塩化メチルを水酸化ナトリウム水溶液中で加熱すると,メタノールと塩化ナトリウムが得られる.

$$CH_3-Cl + NaOH \longrightarrow CH_3-OH + NaCl$$

ナトリウムイオンは反応に直接関係しないので次のように書かれることが多い.

$$CH_3-Cl + {}^-OH \longrightarrow CH_3-OH + Cl^-$$

このとき塩化メチルを一般に**基質**(substrate)という.塩化メチルのC−Cl結合の結合電子対(シグマ結合を作っている電子対)は,電気陰性度の大きい塩素原子のほうに分極し,そのためこの炭素原子は幾分正電荷を帯びている.

$$H-\overset{H}{\underset{H}{C}}{}^{\delta+}-Cl^{\delta-}$$

(δ+,δ−は部分正電荷,部分負電荷を帯びていることを示すときに用いる)

一方，水酸化物イオンを**求核試薬**（nucleophile）と呼んでいる．求核試薬というのは核（nucleus）（正の中心）を好む（phile）試薬のことで，陰イオンであってもアンモニアや水のように中性分子であっても，**非共有電子対**をもつものであるなら求核試薬として働くことができる．この反応では非共有電子対をもつ水酸化物イオン（OH$^-$）が，分極によって幾分正に荷電した炭素原子を攻撃して塩素を塩化物イオン（Cl$^-$）として追い出す．脱離する置換基を**脱離基**（leaving group）という．ハロゲン化物イオンは脱離基として優れている．

例題 6-2

次の求核置換反応を完成せよ．

(a)　$CH_3CH_2Br + CH_3CH_2ONa \longrightarrow$　　(b)　$CH_3CH_2Br + NH_3$（過剰）$\longrightarrow$
(c)　$CH_3CH_2Br + NaCN \longrightarrow$　　(d)　$CH_3CH_2Br + CH_3COONa \longrightarrow$

解答

(a)　$CH_3CH_2OCH_2CH_3 + NaBr$　　(b)　$CH_3CH_2NH_2 + NH_4Br$
(c)　$CH_3CH_2CN + NaBr$　　(d)　$CH_3COOCH_2CH_3 + NaBr$

これらの求核置換反応は一体どのようにして起こっているのであろうか？反応式の上では単に Cl と OH が置き換わっているだけのように見えるが，実はそう単純ではないのである．基質が生成物に変わる過程を**反応機構**（reaction mechanism）（14.3 節参照）と呼んでいる．言い換えれば，反応式で簡単に矢印で示しているが，その矢印上で実際に起こっている現象のことである．誰も実際に見たことはないが，いろいろな証拠を集め，それらをつなぎ合わせることによって，その変化の様子をあたかも見てきたように絵に書いている．求核置換反応には 2 種類の反応様式のあることがわかっている．一つは S_N2 機構，もう一つは S_N1 機構と呼ばれている．どちらの様式で反応が進行するかはハロゲン化アルキルの構造，求核試薬の種類，反応条件などによって変わる．S_N というのは求核置換反応の英語 Nucleophilic Substitution の頭文字をとったものである．数字の意味は後で述べる．

(1) S_N2 反応

S_N2 反応というのは簡単である．塩化メチルと水酸化ナトリウムの反応を例にとってみると，次のように1段階で進行する反応である．手品のようにCl原子がOHにパッと置き換わるものではない．

$$^-\text{OH} + \overset{\delta+}{\text{CH}_3}-\overset{\delta-}{\text{Cl}} \longrightarrow \left[\overset{\delta-}{\text{HO}}\cdots\overset{\text{H H}}{\underset{\text{H}}{\text{C}}}\cdots\overset{\delta-}{\text{Cl}} \right] \longrightarrow \text{CH}_3-\text{OH} + \text{Cl}^-$$

遷移状態

スローモーションビデオでこの反応機構を再現すると，電子の豊富な水酸化物イオン（⁻OH）は部分的に正に荷電した炭素原子めがけて，C−Cl 結合の反対側から接近してくる〔もちろん，水酸化物イオンの中には，C−Cl 結合の反対側ではなく，横や上からぶつかるものもあるだろうし，また，中にはうまく反対側からぶつかったが，塩化物イオンを押し出すだけの力をもっていないものもあるだろう．そういう場合は反応には結びつかない．これはちょうど野球でホームランを打つ場合に似ている．バットがボールに正しい方向でぶつかり，かつ十分な力（エネルギー）が与えられなければ，ボールはスタンドまで飛んで行かない〕．そして，新しくできる C−O 結合もまだ完全にできていないし，切れていく C−Cl 結合もまだ完全に切れてしまってはいない状態，すなわち，どちらも中央の炭素原子にかろうじてくっついている状態を通る〔このような結合を破線（┄┄┄）で示す〕．こういう状態を**遷移状態**（transition state）（14.5節参照）と呼んでいる．このとき3個のC−H結合の結合角も変化しているし，求核試薬と脱離基の電荷も変化していることに注意しよう．更に反応が進むとC−O結合が強くなり完全な共有結合に変わっていくと同時に，C−Cl 結合は完全に切れて塩化物イオン（Cl⁻）として離れていく．言い換えると，C−O 結合の生成とC−Cl 結合の切断が同時に起こっている．また，求核試薬は脱離基の反対側から入ってくるので，基質と生成物では立体化学がひっくりかえる（**反転** inversion という）．

塩化メチルと水酸化ナトリウムの反応では立体化学が反転しているかどうかわからないが，光学活性な基質（第4章参照）を用いて S_N2 反応を行うと，

立体化学の反転したアルコールが得られる．例えば，

$$\underset{\substack{\text{光学活性な}\\\text{2-クロロブタン}}}{\overset{CH_3CH_2}{\underset{CH_3}{H\cdots C-Cl}}} + {}^-OH \longrightarrow \left[\underset{\text{遷移状態}}{\overset{CH_2CH_3}{HO\cdots\overset{\delta-}{C}\cdots Cl}}\right] \longrightarrow \underset{\substack{\text{光学活性な}\\\text{2-ブチルアルコール}}}{\overset{CH_2CH_3}{\underset{CH_3}{HO-C\cdots H}}} + Cl^-$$

基質と生成物の関係はちょうどカサがひっくり返ったような関係になる．

図 6-2 S$_N$2 反応に見られる立体配置の反転

── S$_N$2 反応のまとめ ──

(1) **C–Cl 結合の切断と C–O 結合の生成が同時に起こる（1 段階反応）**．
(2) **立体配置の反転**が起こる．
(3) ハロゲン化アルキルの反応のしやすさの順序は，ハロゲンのついている炭素の立体的な混み合いが少ないほど，求核試薬がその炭素を攻撃しやすいので早く進行する．したがって，そのしやすさは

$CH_3-X > CH_3CH_2-X > (CH_3)_2CH-X$ の順である．

(4) 水酸化物イオン（^-OH）やアルコキシドイオン（RO^-）のように強い求核試薬が必要である．したがって，一般に**反応条件は塩基性**である．

S_N2 の 2 という数字は，この反応の遷移状態で基質と求核試薬の 2 分子が関係しているということを示している．

例題 6-3

次の S_N2 反応の遷移状態と生成物（有機化合物）の構造を書け．

(a) $CH_3CH_2CH_2-Br\ +\ {}^-OCH_3\ \longrightarrow$

(b)
$$\begin{array}{c}CH_3CH_2\\H\cdots C-Br\\CH_3\end{array}\ +\ {}^-OCH_3\ \longrightarrow$$

解答

(a)
$$\left[CH_3O\overset{\delta-}{\cdots\cdots\cdots}\underset{\underset{H}{\overset{CH_2CH_3}{\underset{|}{C}}}}{}\overset{\delta-}{\cdots\cdots\cdots}Br\right] \longrightarrow CH_3CH_2CH_2OCH_3$$
　　　　遷移状態　　　　　　　　　生成物

(b)
$$\left[CH_3O\overset{\delta-}{\cdots\cdots\cdots}\underset{\underset{CH_3}{\overset{CH_2CH_3}{\underset{|}{C}}}}{}\overset{\delta-}{\cdots\cdots\cdots}Br\right] \longrightarrow CH_3O-\underset{\underset{CH_3}{}}{\overset{CH_2CH_3}{C}}\cdots H$$
　　　　遷移状態　　　　　　　　　生成物

第三級ハロゲン化アルキルは S_N2 反応では反応しない．求核試薬が中心の炭素原子を攻撃するには，あまりに混み合っているからである．これは次の S_N1 機構といわれる様式で反応する．

(2) S_N1 反応

塩化 *tert*-ブチル（第三級ハロゲン化アルキル）を水とアセトン中で加熱すると，*tert*-ブチルアルコールが生成する．

第6章 ハロゲン化アルキル

$$CH_3-\underset{CH_3}{\overset{CH_3}{C}}-Cl \longrightarrow \left[CH_3-\underset{CH_3}{\overset{CH_3}{C}}\cdots \overset{\delta-}{Cl}\right] \xrightarrow{-Cl^-} \left[\underset{CH_3}{\overset{CH_3\ CH_3}{C^+}}\right] \xrightarrow{+H_2O} CH_3-\underset{CH_3}{\overset{CH_3}{C}}-OH$$

遷移状態　　　　tert-ブチル陽イオン

　この反応は，まず C−Cl 結合が切れる段階から始まる．このとき Cl は結合電子対をもって切れ，その結果 tert-ブチル陽イオンと塩化物イオン（Cl⁻）とになる．この場合にも C−Cl 結合の切れかけの状態，すなわち遷移状態を通る．水やアルコールなどの溶媒が塩化物イオンを水素結合によって安定化し，C−Cl 結合の切断を助けている．ここで生じた炭素陽イオンは，その中心炭素に6個の価電子しかもたない非常に不安定な反応性に富むイオンである．一般に，このように共有結合をしているけれども原子価を完全に満たしていないイオン種を**中間体**（intermediate）（14.5節参照）という．この陽イオンはまわりにある水分子（求核試薬の一種）の非共有電子対を取り込み，8個の電子をもち安定化する．この機構ではハロゲン化アルキルの C−Cl 結合の切断が求核試薬の攻撃の前に起こる．

　S_N1 反応の1の数字の意味は，この反応で最も重要な第1段階の遷移状態（C−Cl 結合が切れかけている状態）には，求核試薬は関係せず，基質のみが関係している．すなわち1分子的に起こっていることを意味している．

例題 6-4

　次のハロゲン化アルキルの C−X 結合が切れる反応をカーブした矢印で示し，生成する炭素陽イオンの構造を書け．また，それが第何級炭素陽イオンかを示せ．

(a) C₆H₅−CH₂−Cl

(b) (CH₃)₂CH−Br

(c) シクロヘキシル−Cl

(d) 1-メチルシクロペンチル−Br

解答

(a) C₆H₅-CH₂-Cl →(-Cl⁻)→ C₆H₅-CH₂⁺ （第一級）

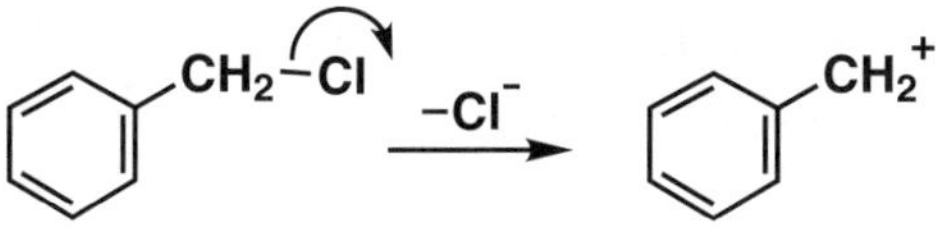

(b) (CH₃)₂CH-Br →(-Br⁻)→ (CH₃)₂CH⁺ （第二級）

(c) シクロヘキシル-Cl →(-Cl⁻)→ シクロヘキシル⁺ （第二級）

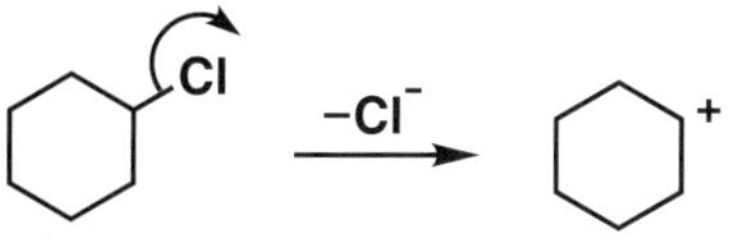

(d) 1-メチルシクロペンチル-Br →(-Br⁻)→ 1-メチルシクロペンチル⁺ （第三級）

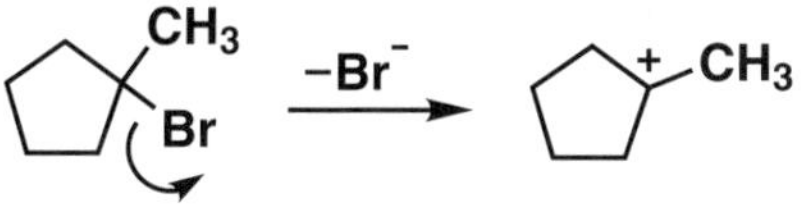

炭素陽イオンは三つの置換基しかもたないので，sp^2 混成をし，三つの結合は平面構造をとっている．残った p 軌道には電子は入っていなくて空である．炭素陽イオンは一般にアルキル置換基が多く付いているほど安定である．すなわち，

$$(CH_3)_3C^+ > (CH_3)_2CH^+ \gg CH_3CH_2^+ > CH_3^+$$

したがって，この陽イオンの出来やすい第三級ハロゲン化アルキルが最も S_N1 機構で反応しやすい．アルキル基は電子を供与する性質があり，その結果正電荷が分散される（非局在化するという）．一般に電荷が広がるほど，そのイオンは安定化される．アルキル基が多く付いているほど，安定化効果は大きい．

光学活性な第三級ハロゲン化アルキルを用いて，S_N1 反応を行うとその光学活性は失われる．

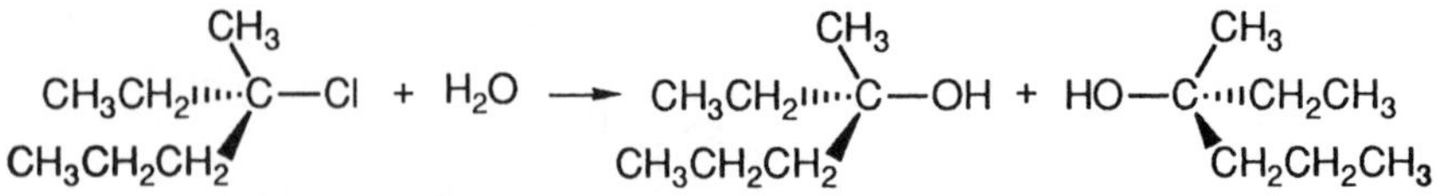

第6章　ハロゲン化アルキル

[反応式: 光学活性な第三級ハロゲン化アルキル + H₂O → 2つの鏡像体の混合物]

光学活性な第三級
ハロゲン化アルキル

中間体として生じた炭素陽イオンは平面構造をしている．この陽イオンに対して，求核試薬（水分子）が平面の前面と背面のいずれから攻撃するかは確率的には等しい．その結果，二つの鏡像体の1：1の混合物（ラセミ体）（4.5節参照）が得られる．

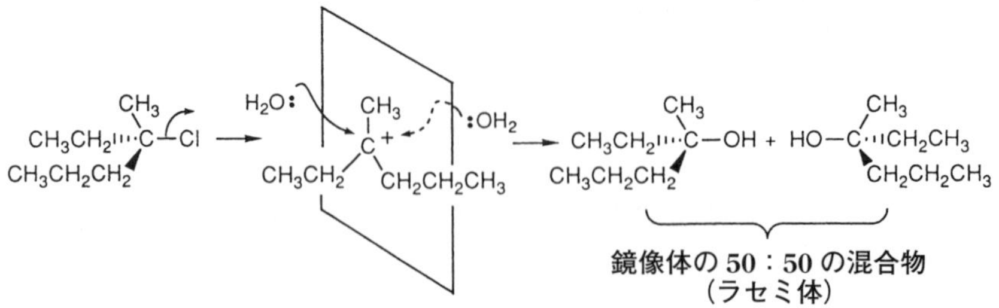

[反応機構図]

鏡像体の 50：50 の混合物
（ラセミ体）

── SN1 機構のまとめ ──

(1) C−Cl 結合の開裂が新しい結合の生成よりも先に起こり，**炭素陽イオン中間体**が生成する．その後に求核試薬（水分子）が陽イオンを攻撃し新しい結合ができる **2段階反応**である．

(2) 基質として光学活性体を用いると，**ラセミ化**が起こる．

(3) 第三級ハロゲン化アルキルで起こりやすい．安定な炭素陽イオン中間体ができやすい．

(4) 活性な炭素陽イオン中間体を経由するから，水やアルコールのように弱い求核試薬でも反応が進行する．したがって，**反応条件は一般に中性かまたは酸性である**．

以上述べた求核置換反応は，ハロゲン化ビニルやハロゲン化アリールのよう

にハロゲン原子が二重結合や芳香環に直接付いているときは起こらない．これらのC-ハロゲン結合は一般に切れにくいためである．

$$CH_2=CHCl \xrightarrow{^-OH} 反応しない \qquad C_6H_5Br \xrightarrow{^-OH} 反応しない$$

6.5.2 脱離反応

ハロゲン化アルキルは置換反応のほかに，ハロゲンと隣りの炭素に付いている水素を脱離してアルケンを生成する．この反応を**脱離反応**（elimination）といい，アルケンの合成法としてよく用いられる．この反応の機構にも置換反応と同じように2種類の反応様式がある．

$$\begin{array}{c}||\\-\overset{|}{\underset{H}{C}}-\overset{|}{\underset{X}{C}}-\end{array} \xrightarrow{-HX} \begin{array}{c}\diagdown\diagup\\C=C\\\diagup\diagdown\end{array}$$

(1) E2反応

塩化 *tert*-ブチルをエタノール中ナトリウムエトキシドと加熱すると，2-メチルプロペンを生成する．このとき，エトキシドイオンは塩基として働き，ハロゲンの付いている炭素の隣りの炭素に付いている水素を引き抜く．この水素は $C^{\delta+}$ の影響で部分正電荷を帯びているため強塩基によって引き抜かれやすくなっている．このとき S_N2 反応が起こらないのは，C-Clのまわりが立体的に混み合い，この炭素への攻撃が不利になっているからである．C-H結合の電子対は新たにできる二重結合のパイ結合電子対となり，塩素は電子対をもって脱離していく．この時の遷移状態は，すべての結合が出来かけと切れかけの状態になっている．ここで重要なことは脱離に関係する H-C-C-Cl の4個の原子がすべて，図に示すように同一平面上にのっていることである．ちょうど，S_N2 反応で求核試薬と脱離基が一直線に並ぶのとよく似ている．この脱離反応は，**E2反応**（elimination のEと2分子反応の2）と呼ばれる．

$CH_3-\underset{\underset{CH_3}{|}}{\overset{\overset{CH_3}{|}}{C}}-Cl + CH_3CH_2O^- \longrightarrow$ [遷移状態] $\longrightarrow CH_2=\underset{CH_3}{\overset{CH_3}{C}}$

例題 6-5

次の化合物に塩基を作用し，**E2脱離反応**を起こさせたときその生成物の構造式を書け．

(a) 3-bromopentane　　　(b) cyclohexyl bromide

解答

(a) $CH_3CH_2\underset{\underset{}{}}{\overset{\overset{Br}{|}}{C}}HCH_2CH_3 \xrightarrow{CH_3CH_2O^-} CH_3CH=CHCH_2CH_3$

(b) シクロヘキシルブロミド $\xrightarrow{CH_3CH_2O^-}$ シクロヘキセン

(2) E1反応

塩化 *tert*-ブチルを水とアセトンの溶媒中で加熱すると *tert*-ブチルアルコール（S_N1 反応生成物）とともに少量の 2-メチルプロペンを与える．

$CH_3-\underset{\underset{CH_3}{|}}{\overset{\overset{CH_3}{|}}{C}}-Cl \xrightarrow{-Cl^-} CH_3-\underset{\underset{CH_3}{|}}{\overset{\overset{CH_2-H}{|}}{C^+}} \overset{:OH_2}{\curvearrowleft} \longrightarrow CH_2=\underset{CH_3}{\overset{CH_3}{C}} + CH_3-\underset{\underset{CH_3}{|}}{\overset{\overset{CH_3}{|}}{C}}-OH$

この反応は S_N1 反応と同じように，ゆっくりと C–Cl 結合が切れ，*tert*-ブチ

ル陽イオンを生成する．この陽イオンに溶媒の水が求核攻撃すると tert-ブチルアルコールとなり（S$_N$1 反応），一方，隣りの炭素上の水素を引き抜くと 2-メチルプロペンを生じることになる．この水素は正電荷が隣接しているので酸性で，引き抜かれやすくなっている．このときの脱離反応を **E1 反応**という．

このように E1 脱離反応と S$_N$1 置換反応は競争的に起こり，どちらか一方のみを起こさせるのは難しい．2-メチルプロペンを得るには 1-クロロ-2-メチルプロパンに対する E2 反応を用いるほうが有利である．

6.6　ハロゲン化アルキルの合成法

(1)　**アルコールから**（9.5.2 節参照）

臭素化には，アルコールを臭化水素酸（HBr 水溶液）と加熱するか，アルコールに三臭化リン（PBr$_3$）を作用する．

（例）

CH$_3$CH$_2$CH$_2$CH$_2$OH ＋ HBr（または PBr$_3$）⟶ CH$_3$CH$_2$CH$_2$CH$_2$Br

塩素化には，通常はアルコールに塩化チオニル（SOCl$_2$）を作用する．

（例）

CH$_3$CH$_2$CH$_2$CH$_2$OH ＋ HCl（または SOCl$_2$）⟶ CH$_3$CH$_2$CH$_2$CH$_2$Cl

(2)　**アルケンにハロゲン化水素の付加**（7.6.1 節参照）

（例）

CH$_3$CH=CHCH$_3$ ＋ HBr ⟶ CH$_3$CH$_2$CHCH$_3$
　　　　　　　　　　　　　　　　　　　　｜
　　　　　　　　　　　　　　　　　　　　Br

シクロヘキセン ＋ HCl ⟶ クロロシクロヘキサン

問題

問題1 次の化合物を IUPAC 法および慣用名（もしあれば）で命名せよ．

(a) (CH₃)₃C-Cl　　(b) CHCl₃　　(c) シクロヘキシル-Br

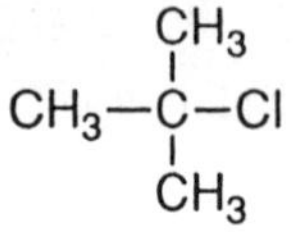

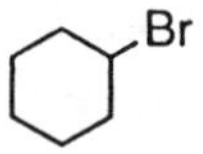

(d) CH₃-CH-CH₃
　　　　｜
　　（空欄）

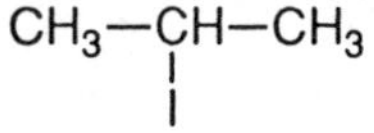

(e) CH₃-CH₂-CH-CH₂-CH₃
　　　　　　｜
　　　　　CH₂Cl

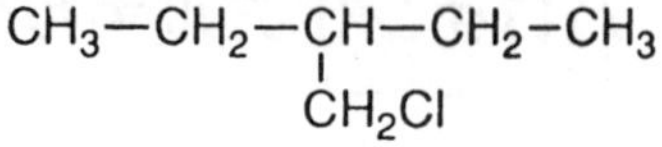

問題2 次の化合物の構造式を書き，第何級ハロゲン化アルキルかを示せ．

(a) 2-iodo-2-methylpropane　　(b) 2-bromobutane

(c) chlorocyclopropane　　(d) 1-bromo-1-methylcyclohexane

問題3 ヨウ化メチルを出発物質として次の化合物を合成するにはどのような求核試薬を用いればよいか．

(a) CH₃-OH　　(b) CH₃-O-CH₂CH₃

(c) CH₃COOCH₃　　(d) CH₃-CN

問題4 臭化ベンジル（C₆H₅CH₂Br）に次の試薬を反応させたとき，その生成物は何か．

(a) NaCN　　(b) NaI　　(c) NaOH

(d) NaOCH₂CH₃　　(e) NaOCOCH₃

問題5 次の反応で，実際に起こるのはどれか．

(a) $CH_3CH_2CH_2\text{-Br} + CH_3OH \longrightarrow CH_3CH_2CH_2\text{-OCH}_3$ （65 ℃）
(b) $CH_3CH_2CH_2\text{-Br} + CH_3O^-Na^+ \longrightarrow CH_3CH_2CH_2\text{-OCH}_3$ （室温）
(c) $(CH_3)_3C\text{-Br} + CH_3OH \longrightarrow (CH_3)_3C\text{-OCH}_3$ （65 ℃）
(d) $(CH_3)_3C\text{-Br} + CH_3O^-Na^+ \longrightarrow (CH_3)_3C\text{-OCH}_3$ （室温）

コーヒーブレイク

(1) **フレオン (Freons) とオゾン層**

フレオンとはクロロフルオロメタンやクロロフルオロエタンなどの総称である．代表的なフレオン（日本ではフロンと呼ばれている）には $CFCl_3$ や CF_2Cl_2 などがある．不燃性で，無毒，無臭，化学的に安定で，冷蔵庫の冷媒，エーロゾルスプレーの噴霧剤として用いられていた．しかし，空気中に拡散したフレオンが成層圏に達し，そこで地球を太陽の強い紫外線から守っているオゾン層を破壊することがわかり，世界的にその使用が禁止されている．

(2) **毒ガスから抗がん剤**

第一次世界大戦の末期，敗色濃いドイツ軍は毒ガスのイペリット **(1)**（マスタードガス）の使用に踏み切った．この毒ガスを吸い込むと肺はその機能を失い，皮膚は強くただれる．この化合物はニンニクやカラシに似た特有のくさいにおいをもち〔マスタード（カラシ）の名前の由来〕，毒性が強く化学兵器としては扱いにくかった．そこで戦後改良が加えられ，イペリットの硫黄原子を窒素原子に置き換えたナイトロジェンマスタード **(2)** が開発された．その

(1)
イペリット
（マスタードガス）

(2)
ナイトロジェン
マスタード

後これらの毒ガスの細胞毒性に着目して動物実験が行われ，悪性リンパ腫に対する抗がん剤第一号が誕生した．現在は副作用が強く，使われていないが，これをヒントにした改良薬が多数登場している．

　抗がん剤としての作用は，クロロエチル基がDNAの窒素原子をアルキル化することによってがん細胞の増殖を妨げ，抗腫瘍活性を示す．

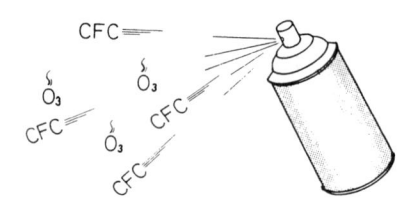

第 7 章

アルケンとアルキン

炭素−炭素二重結合を1個もつ化合物を**アルケン**（alkene）といい，炭素−炭素三重結合を1個もつ化合物を**アルキン**（alkyne）という．アルケンおよびアルキンはそれぞれ一般式 C_nH_{2n}，C_nH_{2n-2} で表される不飽和炭化水素の総称である．2個の二重結合をもつ化合物は**アルカジエン**（alkadiene）といわれる．これらの多重結合は反応性に富んでいる．**主役はパイ結合**である．その役割に注目しながら，アルケンとアルキンの特性を浮き彫りにしてみよう．

7.1　命名法

慣用名は次の化合物に用いられる．

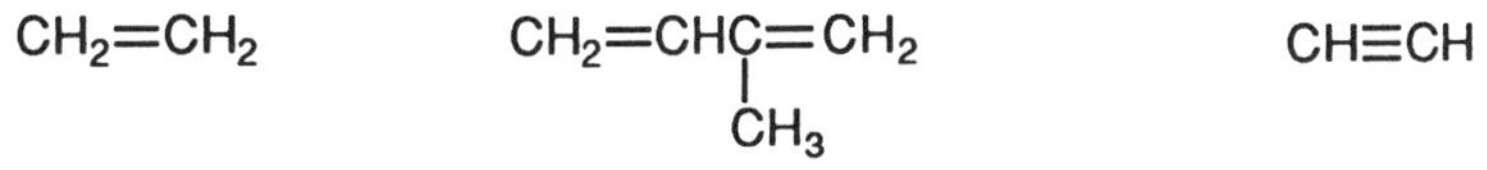

$$CH_2=CH_2 \qquad CH_2=CHC=CH_2 \qquad CH\equiv CH$$
$$\qquad\qquad\qquad\quad |$$
$$\qquad\qquad\qquad CH_3$$

　　エチレン　　　　　イソプレン　　　　アセチレン
　　(ethylene)　　　　(isoprene)　　　　(acetylene)

IUPAC名では

(1) **アルケン**は対応するアルカン（alkane）の語尾アン（-ane）をエン（-ene）に変える．**アルキン**はアン（-ane）をイン（-yne）に変える．

(2) 二重結合または三重結合の位置は，多重結合ができるだけ小さくなるように主鎖に番号を付ける．それらを作っている炭素原子の小さいほうの番号を用いて名称の前に付ける．

（例）

CH₃CH=CHCH₂CH₃
2-ペンテン
(2-pentene)

CH₃
 |
CH₃CHCH=CH₂
3-メチル-1-ブテン
(3-methyl-1-butene)

CH₂=CH−CH=CH₂
1,3-ブタジエン
(1,3-butadiene)

CH₃CH₂C≡CH
1-ブチン
(1-butyne)

(3) **シクロアルケン**（cycloalkene）は，二重結合の炭素原子に1と2がくるように，かつ置換基の位置を示す番号が最小になるように番号を付ける．

（例）

1-メチルシクロペンテン
(1-methylcyclopentene)

3-メチルシクロヘキセン
(3-methylcyclohexene)

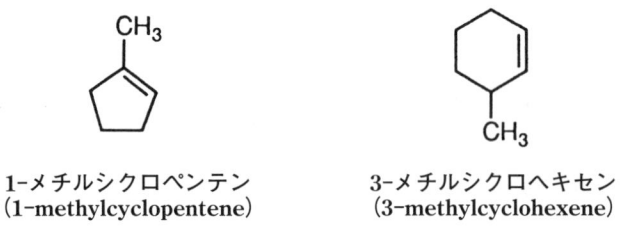

(4) 代表的な二重結合をもつ置換基名を示す．

CH₂=CH−　　ビニル（vinyl）
CH₂=CHCH₂−　　アリル（allyl）
CH₂=C(CH₃)−　　イソプロペニル（isopropenyl）

(例)

　　　　CH₂＝CHCl　　　　　　　　　CH₂＝CHCH₂Cl
　　　　塩化ビニル　　　　　　　　　　塩化アリル
　　　（vinyl chloride）　　　　　　　（allyl chloride）

例題 7-1

次の化合物を命名せよ（シス－トランス異性体は無視してよい）．

(a) CH₃CH₂CH₂CH＝CHCH₃　　(b) CH₃CHCH＝CHCH₂CH₃
　　　　　　　　　　　　　　　　　　　　｜
　　　　　　　　　　　　　　　　　　　　CH₃

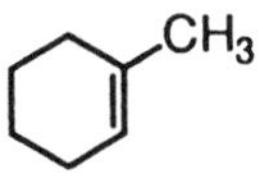

(c) [1-メチルシクロヘキセンの構造式]　(d) [1,4-シクロヘキサジエンの構造式]

解答

(a) 2-hexene　　　　　　　(b) 2-methyl-3-hexene
(c) 1-methylcyclohexene　　(d) 1,4-cyclohexadiene

7.2　代表的なアルケンとアルキン

(1) **エチレン**（ethylene），$CH_2=CH_2$（bp $-103.7\,°C$）

主として石油の**クラッキング**（熱分解）によって製造されている．実験室的にはエタノールを濃硫酸と 180 °C に加熱することによって得られる．

$$CH_3CH_2OH \xrightarrow[180\,°C]{H_2SO_4} CH_2=CH_2$$

ポリエチレン，エタノール，アセトアルデヒド，エチレングリコールなどの原料として用いられる．このほかに麻酔剤やバナナなどの果物の熟成にも用いられる（本章「コーヒーブレイク」参照）．

(2) **アセチレン**（acetylene），CH≡CH（bp −83.6℃）

実験室的にはカルシウムカーバイト（CaC_2）と水から合成される〔第2章コーヒーブレイク（1）参照〕が，工業的にはメタンやナフサなどの石油系炭化水素を高温で熱分解することによって製造されている．塩化ビニル，酢酸ビニル，酢酸エチルなどの原料として用いられるほか，鋼鉄の溶接用の燃料にも用いられる．

7.3 アルケンとアルキンの構造

最も簡単な**アルケン**はエチレンである．二重結合をつくっている2個の炭素は共に sp^2 混成であり，これらの混成軌道は2個の水素およびもう一方の炭素原子とシグマ（σ）結合をつくるのに使われている．残ったp軌道は隣の炭素のp軌道と側面で重なってパイ（π）結合を形成している．二重結合は2本の線で表されるが，そのうち1本はシグマ結合であり，もう1本はパイ結合である（2.6節参照）．

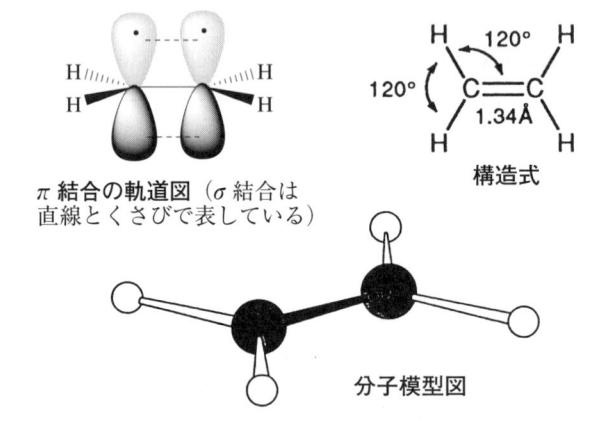

π結合の軌道図（σ結合は直線とくさびで表している）

構造式

分子模型図

2個のp軌道が最も効果的に重なるためには，互いに平行になることが必要で，したがって4個の水素，2個の炭素はすべて同一平面上にある．炭素−炭素二重結合の長さは1.34Åでエタンの炭素−炭素単結合（1.54Å）より短い．H−C−HとH−C=Cの結合角は共に約120°である．

アルケンの二重結合の一方の炭素原子を 90° ねじると，2 個の p 軌道の重なりはゼロになり，パイ結合が切れた状態になる．すなわち，二重結合が回転するためにはパイ結合を一度切らなくてはならない．したがって，二重結合の回転には単結合の回転（13 ～ 26 kJ/mol）に比べて約 10 倍の大きなエネルギー（264 kJ/mol）が必要である．一般に二重結合は通常の条件では回転しない．そのため 2-ブテンのように，それぞれの炭素原子に異なる置換基がつくとシス-トランス異性体が存在する．2 個のメチル基が二重結合の同じ側についている異性体を**シス**（*cis*）といい，反対側についている異性体を**トランス**（*trans*）という．それぞれの異性体は別々にとり出すことができ，異なった物理的性質を示す．

***cis*-2-ブテン** ***trans*-2-ブテン**

***cis*-2-ブテン** ***π* 結合の切断** ***trans*-2-ブテン**

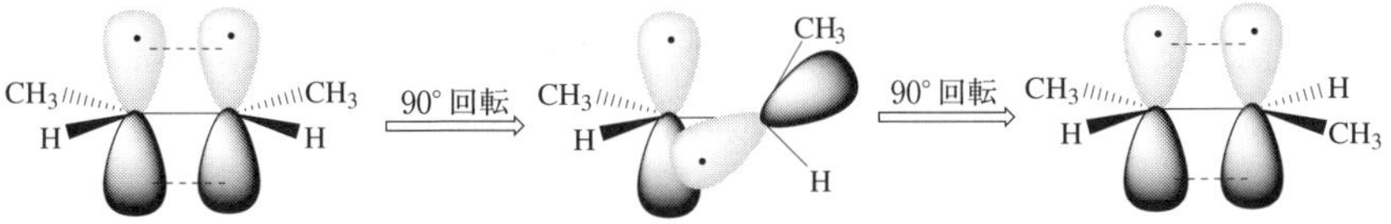

表 7-1 *cis*-および *trans*-2-ブテンの物理的性質

	mp（℃）	bp（℃）	密度（d_4^{20}）(g/mL)
cis-2-ブテン	−139	3.7	0.631
trans-2-ブテン	−106	0.9	0.604

例題 7-2

次のアルケンでシス-トランス異性体の存在するものはどれか．存在するときはそれぞれの構造式を書き，IUPAC 命名法で命名せよ．

(a)　ClCH=CHCl　　(b)　CH₃CH=CHCl　　(c)　Cl₂C=CH₂

解答
(a) と (b) にシス-トランス異性体が存在する．

(a)

cis-1,2-ジクロロエテン
(*cis*-1,2-dichloroethene)

trans-1,2-ジクロロエテン
(*trans*-1,2-dichloroethene)

(b)

cis-1-クロロ-1-プロペン
(*cis*-1-chloro-1-propene)

trans-1-クロロ-1-プロペン
(*trans*-1-chloro-1-propene)

最も簡単な**アルキン**はアセチレンである．三重結合をつくっている2個の炭素原子は共に sp 混成であり，これらの混成軌道は1個の水素およびもう一方の炭素原子とのシグマ結合をつくるのに使われている．残った2個のp軌道は隣の2個のp軌道と側面で重なって2個のパイ結合をつくっている（2.6節参照）．アルキンには当然シス-トランス異性体はない．

アセチレンの炭素–炭素三重結合の長さは 1.20 Å で，二重結合の長さよりさらに短くなっている．H–C–C の結合角は 180° で直線状になっている．

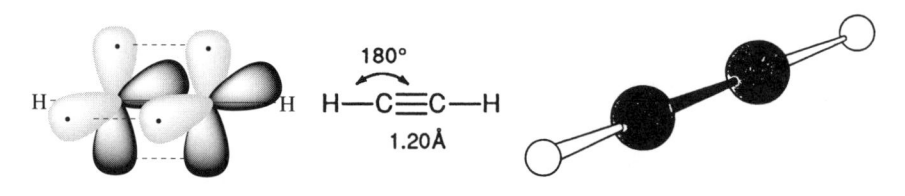

H–C≡C–H　180°　1.20Å

7.4 アルケンとアルキンの物理的性質

アルケンとアルキンは対応するアルカンと似た物理的性質を示す．これらは無極性であるので，水には溶けにくい．

表 7-2　代表的なアルケンとアルキンの物理的性質

名称	構造式	mp (℃)	bp (℃)	密度 (d_4^{20}) (g/mL)
ethene（エテン）	$CH_2=CH_2$	-169	-104	0.384^a
propene（プロペン）	$CH_3CH=CH_2$	-185	-47	0.514
1-butene（1-ブテン）	$CH_3CH_2CH=CH_2$	-185	-6.3	0.595
acetylene（アセチレン）	$HC\equiv CH$	-81.8	-83.6	－
propyne（プロピン）	$CH_3C\equiv CH$	-101.51	-23.8	－

[a] -10 ℃での値

7.5 アルケンの安定性

アルケンは，その二重結合に付いているアルキル置換基の数と位置によって区別される．すなわち，エチレンの4個の水素原子のうち，1個の水素がアルキル基によって置換されたものを一置換アルケン，2個置換されたものを二置換アルケン（3種類存在する），3個置換されたものを三置換アルケン，4個置換されたものを四置換アルケンという．

無置換　一置換　　　二置換　　　三置換　四置換

一般にアルケンはアルキル置換基が多く付いているほど安定である．すなわ

ち，多置換アルケンほど安定である．これは異性体同士の場合，実験的には燃焼熱や水素化熱を測定することによって簡単に証明できるが，その理由についても必ずしも簡単ではない．二置換アルケンの中で，シス体とトランス体では一般にトランス体のほうが安定である．シス体は同じ側にある2個の大きなアルキル基の立体的な混みあいのために不安定になる．

例題 7-3

次の2種類のアルケンの安定性を比較せよ．
(a) 1-butene と *cis*-2-butene
(b) *trans*-2-pentene と 2-methyl-2-butene

解答
(a) 1-butene は一置換アルケンであるのに対して，*cis*-2-butene は二置換アルケンである．したがって，*cis*-2-butene のほうが安定である．
(b) *trans*-2-pentene は二置換アルケンであり，2-methyl-2-butene は三置換アルケンである．したがって，2-methyl-2-butene のほうが安定である．

7.6 アルケンの反応

アルカンに比べて，アルケンは非常に反応性が高い．種々の試薬に対して付加，酸化，重合反応を行う．これらの反応の主役はすべて炭素-炭素二重結合のパイ結合である．パイ結合はむき出しになっていて，電子密度が高く，さらにパイ結合はシグマ結合に比べて比較的弱いことなどによる．

7.6.1 付加反応

炭素-炭素二重結合にハロゲン化水素，ハロゲンなどの試薬（X－Y）が**付加**（addition）する反応である．

7.6 アルケンの反応　　**107**

図 7-1　主役はパイ結合である

付加反応では，
(1)　試薬 X^+Y^- が付加するとき，一般にまず X^+ がアルケンのパイ結合につかまることによって始まる．
(2)　アルケンが非対称のとき，X と Y がアルケンのどちらの炭素に入るか（配向性）という問題と，
(3)　X と Y が二重結合に対して同じ側から入るか（**シン付加**という），反対側から入るか（**アンチ付加**という）という立体化学の問題が生じる．

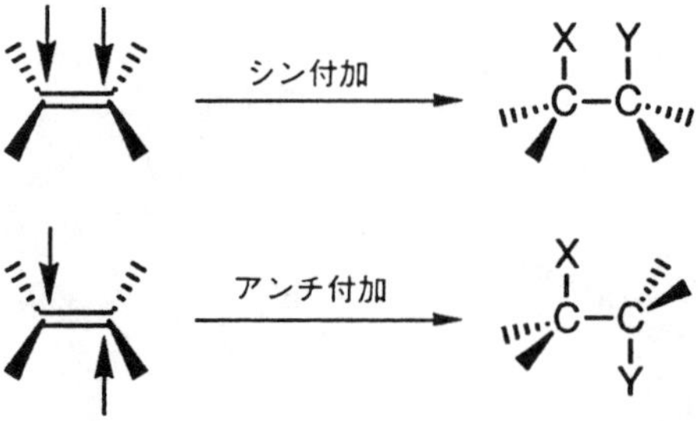

(1) 塩化水素の付加

エチレンに塩化水素を作用すると，塩素と水素が付加し塩化エチルが生成する．

$$CH_2=CH_2 \xrightarrow{HCl} CH_3CH_2Cl$$

もし，非対称なアルケンに反応させると，2種類の付加の仕方が考えられる．
一般に水素の多く付いた炭素に水素が付加した塩化アルキルが生成物として得られる．この規則は発見者のロシアの化学者マルコフニコフ（Markovnikov）にちなんで**マルコフニコフの法則**と呼ばれている．

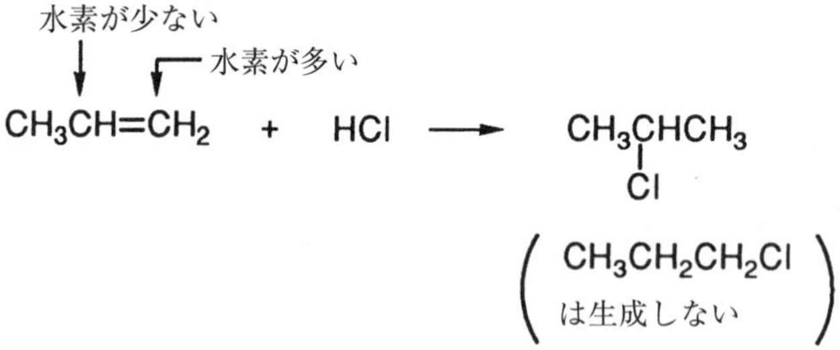

$$CH_3CH=CH_2 + HCl \longrightarrow \underset{Cl}{CH_3CHCH_3}$$

（$CH_3CH_2CH_2Cl$ は生成しない）

この反応の第1段階は，プロペンのパイ結合にプロトン（H^+）がつかまる．このとき，末端炭素につくと第二級炭素陽イオン（**A**）が生成し，もし逆に中央の炭素につくと第一級炭素陽イオン（**B**）が生成することになる．第二級炭素陽イオン（**A**）のほうが第一級炭素陽イオン（**B**）より安定で（p.91参照）できやすいことから，反応はもっぱら（**A**）を経て進行することになる．この陽イオン中心に塩化物イオン（Cl^-）が攻撃すると付加反応が完結するととも

に，生成物である 2-クロロプロパンが生成する．塩化物イオンが攻撃する第 2 段階は S_N1 反応に含まれるものと同じである．

$$CH_3-CH=CH_2 \xrightarrow{H^+} CH_3-\overset{+}{C}H-CH_3 \xrightarrow{Cl^-} CH_3-CH-CH_3$$
$$（第二級炭素陽イオン） \quad\quad Cl$$
$$(A)$$

$$\not\rightarrow CH_3-CH_2-\overset{+}{C}H_2 \xrightarrow{Cl^-} CH_3CH_2CH_2Cl$$
$$（第一級炭素陽イオン） \quad （生成しない）$$
$$(B)$$

(2) 水 和

エチレンにリン酸や希硫酸を反応させると，水が付加してエチルアルコールが得られる．

$$CH_2=CH_2 \xrightarrow[H_2O]{H_2SO_4} CH_3CH_2OH$$

この場合にも非対称アルケンと反応させると，2 種類の付加の仕方が考えられる．しかし，実際にはマルコフニコフの法則にしたがって，水素の多く付いた炭素に水素が付加する．

この反応もプロトンが付いて炭素陽イオンができるところまでは塩化水素の付加の場合と同じである．この後，第 2 段階で塩化物イオンの代わりに水が攻撃してアルコールになる．

$$CH_3-CH=CH_2 \xrightarrow[H_2O]{H_2SO_4} CH_3-\overset{+}{C}H-CH_3 \rightarrow CH_3-\overset{\overset{H\;\overset{+}{O}\;H}{|}}{CH}-CH_3 \rightarrow CH_3-\overset{\overset{OH}{|}}{CH}-CH_3$$
$$（第二級炭素陽イオン）$$

$$\not\rightarrow CH_3-CH_2-\overset{+}{C}H_2 \longrightarrow CH_3-CH_2-CH_2-OH$$
$$（第一級炭素陽イオン） \quad （生成しない）$$

例題 7-4

次の反応の生成物を予想せよ．

(a) $(CH_3)_2C=CH_2 \xrightarrow{HCl}$

(b) $(CH_3)_2C=CH_2 \xrightarrow[H_2O]{H_2SO_4}$

解答

(a) $CH_3-\underset{\underset{CH_3}{|}}{\overset{\overset{CH_3}{|}}{C}}-Cl$

(b) $CH_3-\underset{\underset{CH_3}{|}}{\overset{\overset{CH_3}{|}}{C}}-OH$

(3) 臭素化

エチレンに四塩化炭素中，臭素を反応させると，室温で速やかに付加して1,2-ジブロモエタンが生成する．この反応は古くからアルケンの検出反応として用いられてきた．すなわち，二重結合をもつ化合物の四塩化炭素溶液に少量の臭素を加えると，臭素の赤褐色の色が直ちに消失する．

$$CH_2=CH_2 + Br_2 \longrightarrow \underset{\underset{H}{|}\;\underset{Br}{|}}{\overset{\overset{Br}{|}\;\overset{H}{|}}{H-C-C-H}}$$

この付加反応では，2個の臭素原子は二重結合に対してそれぞれ反対側から付加するという特徴がある．一般にこのような付加の仕方を**アンチ（anti）付加**という．例えば，シクロペンテンに Br_2 を付加させると *trans*-1,2-ジブロモシクロペンタンが得られる．この付加反応はまず Br^+ がパイ結合と反応し，中間に環状のブロモニウムイオンを生成する．次に臭化物イオン（Br^-）が先に付いている臭素の反対側から攻撃して，トランス体を与えるものと考えられている．この反応の第2段階は S_N2 反応である．

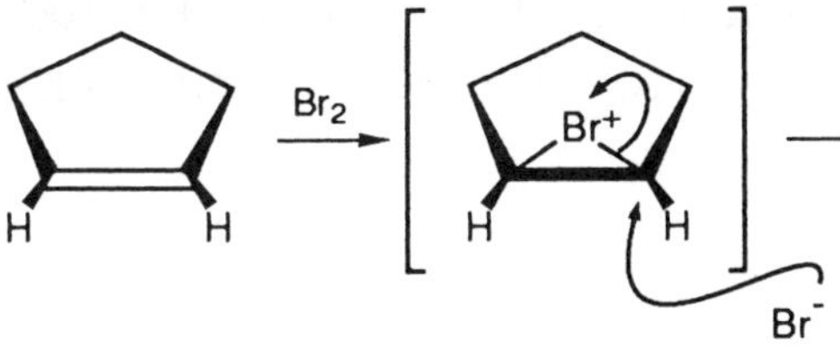

7.6 アルケンの反応　**111**

ブロモニウムイオン　　*trans*-1,2-ジブロモシクロペンタン

例題 7-5

シクロヘキセンに塩素を付加させたとき，生成物の構造式を書け．また，中間体のクロロニウムイオンの構造も示せ．

解答

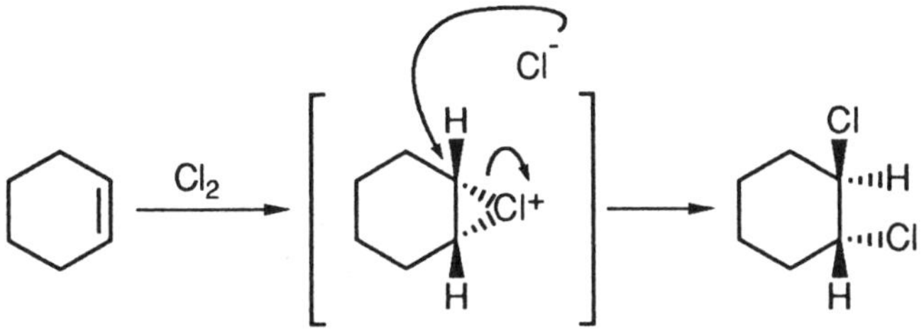

クロロニウムイオン

---

(4) ヒドロホウ素化

アルケンにボラン（BH_3）を反応させると，アルキルボランといわれる付加物が得られる．この反応は，二重結合に水素とホウ素が付加するところから，**ヒドロホウ素化**（hydroboration）と呼ばれる．

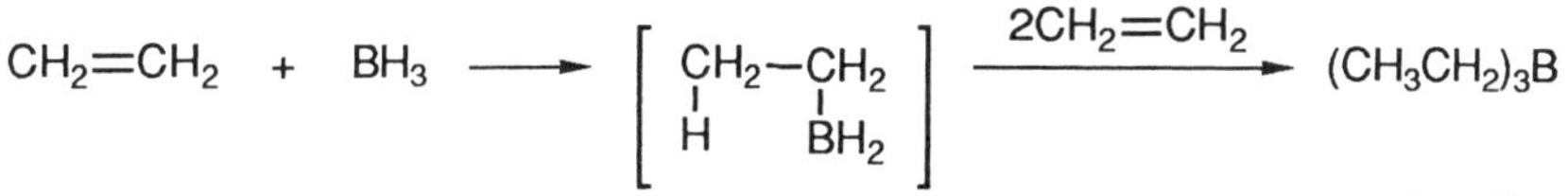

$$CH_2=CH_2 + BH_3 \longrightarrow \begin{bmatrix} CH_2-CH_2 \\ | \quad\quad | \\ H \quad\quad BH_2 \end{bmatrix} \xrightarrow{2CH_2=CH_2} (CH_3CH_2)_3B$$

エチルボラン　　　　　　　　トリエチルボラン

非対称なアルケンへの付加は，ホウ素が置換基の少ないほうの炭素に付くよ

うに起こる．言い換えると，水素は水素の少ないほうの炭素に付加する（**逆マルコフニコフ付加**）．例えば，1-プロペンはボランと反応するとプロピルボランを与える．

```
         置換基が多い
              ↓       置換基が少ない
                    ↙
    CH₃—CH=CH₂  +  BH₃  ──→  [CH₃CH₂CH₂BH₂]  ──→  (CH₃CH₂CH₂)₃B
```

この反応では，ボランのホウ素原子は最外殻に6個しか電子をもっていないので，これが電子不足の求電子試薬としてアルケンのパイ結合と反応し，1位の炭素原子と結合しはじめる．すると2位の炭素は次第に陽イオンの性格を帯びてくる（ホウ素がプロペンの1位に付いたほうがより安定な第二級陽イオンに似るが，もし逆に付くと，より不安定な第一級陽イオンに似ることになる）．部分的に正の電荷を帯びた炭素にホウ素から水素が移動する（このときボランの水素はH^+としてではなく，H^-として反応していることに注意してほしい）．実際にはホウ素の付加と水素の移動はほとんど同時に，すなわち次図に示すような四員環遷移状態を通って進行していると考えられている．逆マルコフニコフ付加をするもう一つの説明は，立体的な要因である．すなわち，ホウ素のほうが水素より大きいので，立体障害の小さいほうの炭素にホウ素が付くというものである．このホウ素にはまだ2個の水素が残っているので，さらに反応し，結局最終的には1モルのボランに対して3モルの1-プロペンが反応し，トリプロピルボラン（Pr₃B）を生成する．

```
    CH₃—CH=CH₂  ──→  [ CH₃—CH=CH₂ ]  ──→  CH₃—CH₂—CH₂
         ⌢ ⌢              ⋮    ⋮                    |
        H—BH₂             H----BH₂                  BH₂
                      遷移状態
```

このようにして得られたアルキルボランは，過酸化水素（H_2O_2）と水酸化ナトリウムによって容易にアルコールに変換される．

$$(CH_3CH_2CH_2)_3B \xrightarrow{H_2O_2\ +\ NaOH} 3CH_3CH_2CH_2OH\ +\ Na_3BO_3$$

この方法によって得られるアルコールは，アルケンの酸触媒水和反応によっては得られない逆マルコフニコフ型のアルコールである．

例題 7-6

次のアルケンに（1）酸触媒水和，および（2）ヒドロホウ素化-酸化によって得られるアルコールの構造式を書け．
(a) $CH_3CH_2CH=CH_2$ 　　(b) $C_6H_5CH=CH_2$

解答
酸触媒水和によってはマルコフニコフ型アルコールが得られる．ヒドロホウ素化-酸化では逆マルコフニコフ型アルコールが得られる．

(a) $CH_3CH_2CH=CH_2$ 　$\xrightarrow{H_2O,\ H_2SO_4}$　 $CH_3CH_2\underset{\underset{OH}{|}}{C}HCH_3$

　　　　　　　　$\xrightarrow{1)\ BH_3\ \ 2)\ H_2O_2,\ NaOH}$　 $CH_3CH_2CH_2CH_2OH$

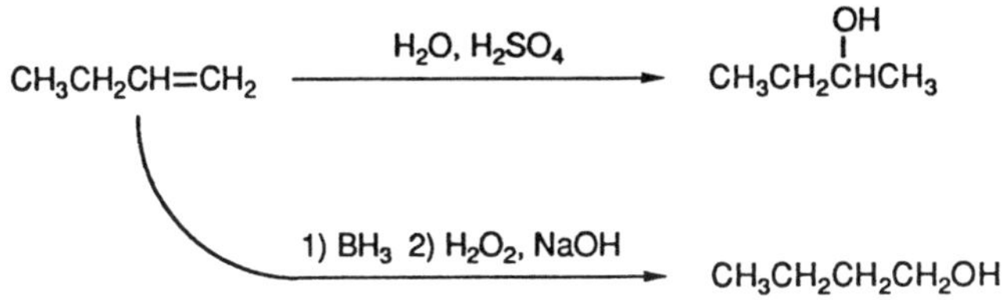

(b) $C_6H_5CH=CH_2$ 　$\xrightarrow{H_2O,\ H_2SO_4}$　 $C_6H_5\underset{\underset{OH}{|}}{C}HCH_3$

　　　　　　　　$\xrightarrow{1)\ BH_3\ \ 2)\ H_2O_2,\ NaOH}$　 $C_6H_5CH_2CH_2OH$

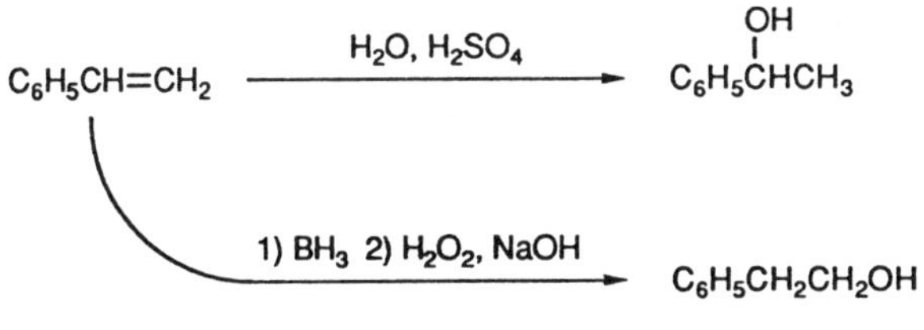

7.6.2　酸化と還元反応

(1) **過マンガン酸カリウムによる酸化**

アルケンに過マンガン酸カリウム（$KMnO_4$）の薄い冷水溶液を作用すると，1,2-ジオール（グリコール）が生成する．

$$CH_2=CH_2 \xrightarrow[冷却]{KMnO_4} \underset{\underset{OH}{|}\quad\underset{OH}{|}}{CH_2-CH_2}$$

エチレングリコール

　この反応では KMnO₄ の赤紫色が直ちに消え，二酸化マンガンの褐色沈殿が生じるので，アルケンの検出反応に用いられている．この検出反応はバイヤー（Baeyer）**試験**と呼ばれている．

　もし，この反応を加熱して行うと，さらに反応が進みついに二重結合が切断されカルボン酸塩が生成する．

$$CH_3CH=CHCH_3 \xrightarrow[加熱]{KMnO_4} 2CH_3COOK$$

(2) **オゾン分解**

　アルケンにオゾン（O₃）を通じると，オゾニドといわれる不安定な化合物が生成する．これを単離することなく，亜鉛末と水で処理すると分解してアルデヒドやケトンが得られる．このアルデヒドやケトンの構造を調べることによって元のアルケンの二重結合の位置を知ることができる．ただし，元のアルケンの立体化学はわからない．なぜか？

$$CH_3CH=CHCH_3 \xrightarrow{O_3} \left[\begin{array}{c}CH_3 \quad O \quad CH_3 \\ \diagdown / \diagdown / \\ / \diagup \diagdown \diagdown \\ H \quad O-O \quad H\end{array}\right] \xrightarrow[H_2O]{Zn} 2CH_3CHO$$

オゾニド

例題 7-7

　アルケンをオゾンで分解すると，次の生成物が得られた．元のアルケンの構造式を書け．

(a)　$CH_3COCH_3 + CH_3CH_2CHO$　　(b)　$CH_2=O + CH_3CH_2CHO$

解答
(a)　$(CH_3)_2C=CHCH_2CH_3$　　　　(b)　$CH_2=CHCH_2CH_3$

(3) **水素化**

　アルケンを溶媒に溶かし金属触媒の存在下に水素ガスと激しく振とうすると, アルケンは容易に水素を付加してアルカンを与える.

$$CH_2=CH_2 \xrightarrow[\text{Pt または Pd}]{H_2} CH_3-CH_3$$

　この反応を**水素化**（hydrogenation）という. 触媒としては通常は特別な方法で作った細かい粉末状の白金, ニッケル, パラジウムなどが用いられる. 触媒がないとこの反応は起こらない. この反応は金属触媒の表面に吸着されて活性化された水素分子が, やはり触媒によって活性化されたアルケン分子に同じ側から付加すると考えられている. 一般に二重結合に対して, 同じ側から付加するとき**シン**（syn）**付加**したという.

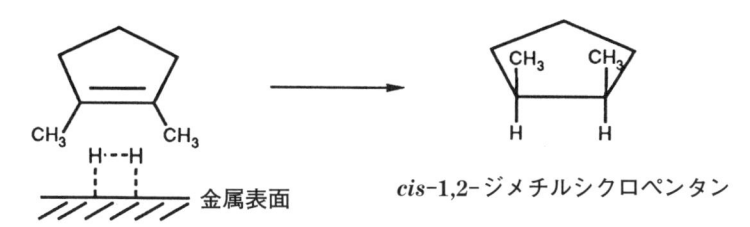

cis-1,2-ジメチルシクロペンタン

7.7　アルケンの合成法

(1)　ハロゲン化アルキルの脱ハロゲン化水素（6.5.2 節参照）
　　（例）

$$\underset{\underset{CH_3}{|}}{\overset{\overset{CH_3}{|}}{CH_3-C-Cl}} + CH_3O^- \longrightarrow \underset{CH_3}{\overset{CH_3}{>}}C=CH_2$$

(2) アルコールの脱水（9.5.3 節参照）

（例）

$$CH_3-\underset{\underset{CH_3}{|}}{\overset{\overset{CH_3}{|}}{C}}-OH + H_3PO_4 \longrightarrow \underset{CH_3}{\overset{CH_3}{}}C=CH_2$$

　これら二つの反応で，ハロゲン化アルキルまたはアルコールが非対称であるとき，脱離の仕方は2種類ある．一般に最も多く置換されたアルケン（安定なアルケン，7.5 節参照）が優先して得られる．見方を変えて基質の側から見ると，ついている水素の少ないほうから水素が引き抜かれる．これを**ザイツェフ**（Saytzeff）**則**という．

$$CH_3CH_2\underset{\underset{Br}{|}}{C}HCH_3 \xrightarrow{^-OH} CH_3CH_2CH=CH_2 + CH_3CH=CHCH_3$$
$$(19\%) \qquad\qquad (81\%)$$

$$CH_3CH_2\underset{\underset{OH}{|}}{C}HCH_3 \xrightarrow{H_2SO_4} CH_3CH=CHCH_3$$

図 7-2

付加にはマルコフニコフの法則：金持ちがますます金持ちに（水素を多く持っている炭素のほうにさらに水素が付く）
脱離にはザイツェフ則：貧乏人がますます貧乏人に（水素が少ないほうの炭素から水素がとられる）

(3) アルキンの水素化（7.8.2 節参照）

$$CH_3C\equiv CCH_3 \xrightarrow{Pd/H_2} \underset{H}{\overset{CH_3}{}}C=C\underset{H}{\overset{CH_3}{}}$$

7.8 アルキンの化学的性質

7.8.1 アルキンの酸性度

三重結合に付いた水素は弱い酸性を示し，強い塩基によって引き抜くことができる．

$$CH_3C\equiv CH + NaNH_2 \longrightarrow CH_3C\equiv C^-Na^+ + NH_3$$
ナトリウムアセチリド

これは炭素の混成軌道のs性（s軌道を含む割合）と関連付けて理解されている．アセチレンの炭素原子はsp混成をしているのでs性は50 %である．これに対して，アルケンのそれはsp^2混成であるのでs性は33 %であり，アルカンはsp^3混成であるのでs性は25 %で，結局アセチレンの炭素原子のs性が最も大きい．s軌道のほうがp軌道より原子核に近いから，sp軌道の電子はsp^2やsp^3のそれに比べて核に強く引き付けられ，より安定である．すなわち，アセチレンの炭素原子は電気陰性度が大きいということである．そのため，アセチレンの水素が引き抜かれて生成した陰イオンは，アルカンやアルケンの水素が引き抜かれて生成した陰イオンより安定であるといえる．1-アルキンにアンモニア性水酸化銀を反応させると，不溶性の銀アセチリドが沈殿する．この反応は1-アルキンの確認試験に用いられる．

$$CH_3C\equiv CH + Ag(NH_3)_2OH \longrightarrow CH_3C\equiv CAg + 2NH_3 + H_2O$$

7.8.2 アルキンの付加反応

アルケンに見られた付加反応はアルキンでも同様に起こる．例えば，水素化をリンドラー（Lindlar）触媒とよばれる活性を弱くしたパラジウム触媒を用いて行うと，1モルの水素の付加の段階で止めることができシス-アルケンを得

ることができる．このときにもシン付加が優先的に起こる．

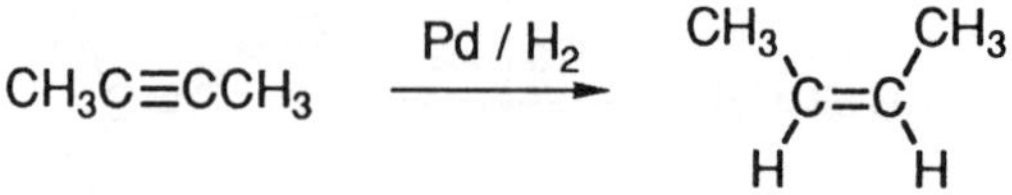

$$CH_3C\equiv CCH_3 \xrightarrow{Pd/H_2} \underset{H}{\overset{CH_3}{>}}C=C\underset{H}{\overset{CH_3}{<}}$$

HBr の付加はマルコフニコフの法則にしたがって起こる．

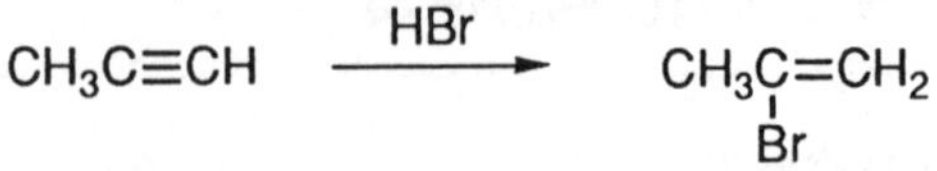

$$CH_3C\equiv CH \xrightarrow{HBr} CH_3\underset{Br}{C}=CH_2$$

Br_2 の付加はアンチ付加で起こる．

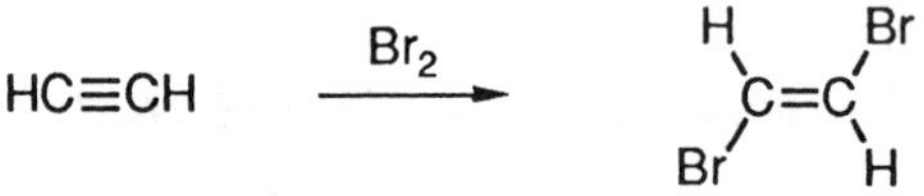

$$HC\equiv CH \xrightarrow{Br_2} \underset{Br}{\overset{H}{>}}C=C\underset{H}{\overset{Br}{<}}$$

水の付加はアルケンの場合より起こりにくく，硫酸第二水銀を触媒として用いる必要がある．

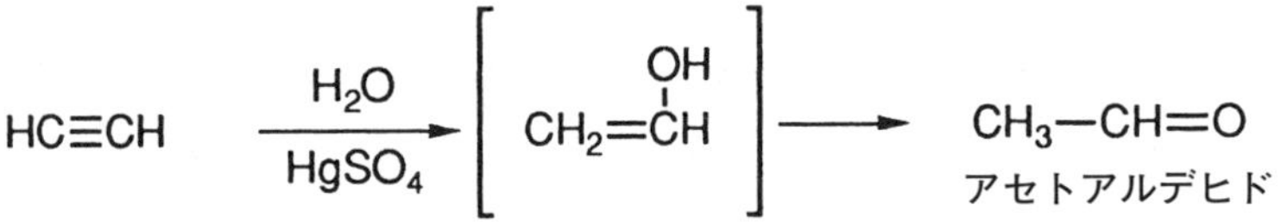

$$HC\equiv CH \xrightarrow[HgSO_4]{H_2O} \left[CH_2=\underset{}{\overset{OH}{C}}H \right] \longrightarrow CH_3-CH=O$$
アセトアルデヒド

この反応で最初に生成するビニルアルコールは不安定で，水素が酸素原子から炭素原子に転位してより安定なアセトアルデヒドになる．このような転位反応は容易に起こるので，ケト-エノール互変異性（第 11 章参照）とよんでいる．

問　題

問題 1　次の化合物の構造式を書け．

(a) 3-methylcyclohexene　　(b) *trans*-2-pentene

(c) 2,3-dimethyl-2-butene　　(d) allyl bromide

(e) 2-pentyne　　(f) 1,4-pentadiene

問題 2　次の化合物を命名せよ．

(a) CH_3 CH_3
　　　C=C
　　　H　　H

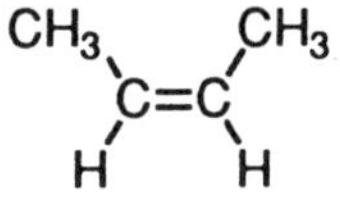

(b) $HC{\equiv}C-CH_2CH_3$

(c) シクロヘキセンにCH_3が付いた構造

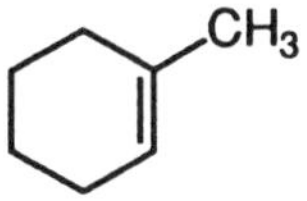

(d) シクロペンテンにCH_3が付いた構造

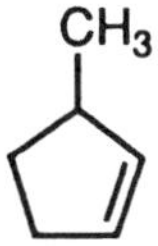

問題 3　次の二つの化合物を簡単な化学反応を用いて区別する方法について説明せよ．

(a) cyclohexane と cyclohexene

(b) 1-pentyne と 2-pentyne

問題 4　次の反応によって得られる生成物の構造式を書け．

(a) 1-hexene　→　H_2O, H_2SO_4

(b) 1-hexene　→　1) BH_3, 2) H_2O_2, NaOH

(c) cyclohexene　→　CCl_4 中 Br_2

(d) 3-hexyne + H$_2$ $\xrightarrow{\text{リンドラー触媒}}$

(e) 2-methylpropene $\xrightarrow{\text{HCl}}$

問題 5 次の変換反応を行うにはどのような試薬を用いればよいか．

(a) 1-butene から 1,2-dibromobutane

(b) 1-butene から 2-butanol

(c) 1-butene から 1-butanol

(d) cyclohexene から chlorocyclohexane

(e) 3-heptyne から heptane

コーヒーブレイク

(1) エチレンと果物の熟成

　エチレンが植物に対して生理作用を示すことがわかったのは，ヨーロッパの街路でガス灯が使われていた頃，ガス灯の近くの街路樹の落葉が早いことがきっかけであった．その後，エチレンはバナナ，リンゴ，マンゴー，ウメなどの果実からも産生し，果実の成熟に深くかかわっていることが明らかになった．この性質は果物の熟成に使われている．例えば，バナナは完熟の前に収穫し，青いまま日本に輸出され，倉庫の中でエチレンガスをかけて成熟させ，市場に出される．現在，エチレンはこのほかにもいろいろな生理作用を示すので，植物ホルモンの一つと考えられている．

(2) ヒドロホウ素化とその発見者ブラウン先生

　ブラウン（H. C. Brown）（1912～2004）が1939年シカゴ大学を卒業したとき，ガールフレンド（後のブラウン夫人）から卒業記念に1冊の本が贈られた．その本のタイトルは"The Hydride of Boron and Silicon"であった．この本が選ばれたのは，当時アメリカは大変な不況で学生たちも小遣いが乏しく，たまた

まこの本が本屋の化学の棚にある最も安い本であったからという．この偶然がブラウン先生がホウ素の化学に入るそもそものきっかけになったという．また，彼の両親が彼に H. C. B. （水素，炭素，ホウ素の元素記号）という名前（イニシアル）をつけたのも先見の明があったと後に述べている．

　ブラウン先生はその後，LiAlH$_4$ や NaBH$_4$ の製法とその還元反応への応用（第 11 章，第 12 章参照）研究，ヒドロホウ素化の研究を精力的に行い，1979 年ノーベル化学賞を受賞した．

第 8 章

芳香族化合物

　芳香族化合物（aromatic compound）という用語は，ベンズアルデヒド，トルエン，ベンゼンなどの C/H 比が大きく，文字通りいい香りを有する化合物に対して付けられた．しかし，これらの化合物が，アルケンやアルキンなどの他の不飽和炭化水素とは異なった特別の化学的性質をもつことが次第に明らかになるにつれて，芳香族という用語は異なった意味をもつようになった．現在ではベンゼンとその誘導体，ナフタレンやアントラセンのようにベンゼン環が 2 個以上くっついているもの（多環式芳香族化合物），あるいはこれらの環の中に窒素原子や酸素原子などのヘテロ原子を含むもの（複素環式芳香族化合物）など，膨大な化合物群が含まれるようになった．本章ではベンゼンを中心に芳香族化合物の示す特別な性質とは何かを見てみよう．

8.1　ベンゼンの構造

　芳香族化合物の中で最も代表的な化合物は**ベンゼン**（benzene）である．ベ

ンゼンはその分子式（C_6H_6）から不飽和性の大きい化合物と予想されるが，シクロヘキセンのようなアルケン（第6章）とは異なり**熱や酸化に対して安定**で，付加反応もしにくい．むしろ**置換反応**をする．

表8-1　シクロヘキセンとベンゼンの反応性の違い

試薬	シクロヘキセン	ベンゼン
Br_2/CCl_4	脱色する 付加反応をする	脱色しない 鉄粉があると置換反応
H_2O/H_3O^+	付加反応をする	反応しない
$KMnO_4$	紫色から褐色になる 酸化される	反応しない

ベンゼン + Br_2 →($FeBr_3$) ブロモベンゼン + HBr（置換生成物）

↛ 付加生成物

　このような特別な性質のために，その構造式をどう表せばよいか化学者は長い間悩んできた．いろいろな構造式が提案されたが，1865年にケクレ（Kekulé）が提案した二重結合3個を含む6員環構造—ケクレ式 **A** と **B** が現在でも広く使われている．ただし，ケクレが考えた構造式の意味とは異なった意味ではあるが．

　ケクレ構造の問題点は，例えば *o*-ジブロモベンゼンには2種類の異性体が考えられるにもかかわらず，ただ1種類の化合物しか存在しないという事実をどう説明するかということであった．ケクレは，6員環の二重結合と単結合が迅速に入れ替わり（構造式 **C** と **D**），それぞれを異性体として単離できないのであると説明した（この説明は間違っていることは誰でも知っている）．

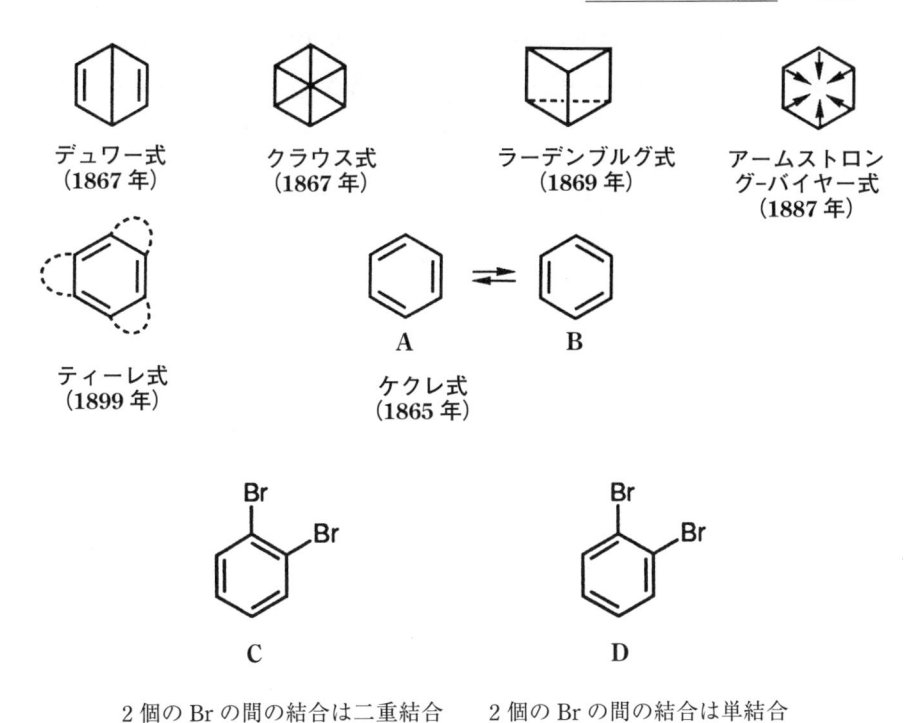

8.1 ベンゼンの構造　*125*

デュワー式
(1867 年)

クラウス式
(1867 年)

ラーデンブルグ式
(1869 年)

アームストロング-バイヤー式
(1887 年)

ティーレ式
(1899 年)

A ⇌ B

ケクレ式
(1865 年)

C

D

2 個の Br の間の結合は二重結合　　2 個の Br の間の結合は単結合

　"二重結合の入れ替わり"の現象は，現在**共鳴**（resonance）（14.2 節参照）と呼ばれる電子の非局在化の現象（電子があるところに固定して存在するのではなく，広がって存在すること）に相当するものである．2 個のケクレ構造 **A** と **B** は，別々の物質を表すものではなく，また，両者が交互に入れ替わっているものでもない．実際のベンゼンは二重結合と単結合が交互に固定して存在する **A** と **B** いずれの式によっても正しく表示できるものではなく，6 個の炭素-炭素結合がすべて二重結合と単結合の中間の性質をもつ，言い換えると，二つの構造 **A** と **B**（これを**共鳴構造**という）を合わせたもの（**混成体**という）として初めて正しく理解される．ケクレの時代には共鳴の概念はなく，ベンゼンを表現するのに 2 個の構造式 **A** と **B** の間に化学平衡を示す矢印（⇌）を用いて表したが，今日では共鳴独特の両頭の矢印（⟷）を使用することになっている．ベンゼンやベンゼン誘導体の 6 員環部分の表示法としては，共鳴

構造（A ⟷ B）であることを認めた上で，ケクレ式の一方を用いるのが一般的である．また，二重結合の位置を特定しない構造を用いることもある（例題8-1のA-5～7式参照）．本書では，ケクレ式を用いるが，二重結合は表示された部位に固定されているものではなく，したがってアルケンにみられる二重結合と同じ性質のものではないということに注意しよう．

例題 8-1

ベンゼンの構造式にはいろいろな表示法がある．次に示した**A**群の構造式は正しい表示であるが，**B**群のそれは間違いである．また，**C**群の構造式は好ましくない表示である．間違いまたは好ましくない理由を述べよ．

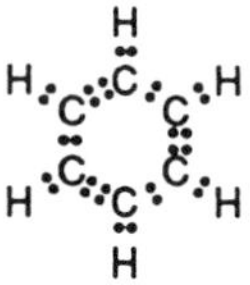

A-1 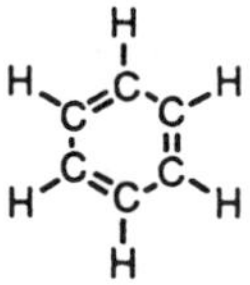　A-2 　A-3 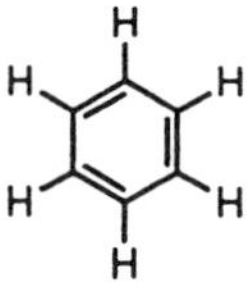　A-4 　A-5 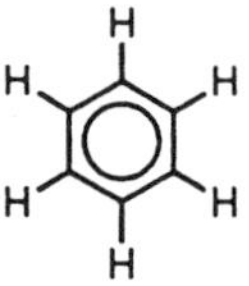　A-6 　A-7

B-1 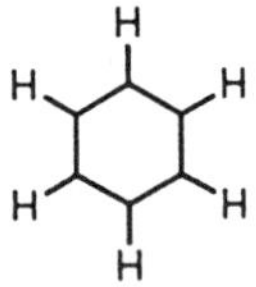　B-2 　B-3 　C-1 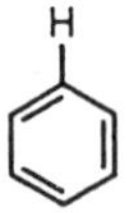　C-2

解答

B-1：シクロヘキサンを表す．
B-2：二重結合の表示がない．
B-3：二重結合の位置が適切でない（A-3の構造式を荒っぽく書くとよくこうなる）．
C-1：中心の丸が小さすぎる．
C-2：Hを1個だけしか表示していない．省略するか，6個全部書くほうが好ましい（しかし，この構造は置換反応などにおいて反応部位を

強調したいときに用いられることがある）．置換ベンゼンでは，通常，置換基のみを示し，環炭素上のHは省略されることが多い．

　ベンゼンの構造を実際により近い形で表現するには，どうしても分子軌道理論を取り入れなくてはならない．ベンゼン環の6個の炭素原子は，アルケンと同じように，すべてsp^2混成（三角形構造）をしており，そのsp^2混成の2個を隣接する炭素同士の結合に使用し，平面6員環炭素–炭素結合（シグマ結合）を形成している．環と同一平面上にある残りのsp^2軌道は水素の1s軌道と重なり，6個の炭素–水素結合（シグマ結合）を形成している．sp^2混成軌道をとる炭素原子は，それぞれのsp^2混成軌道面と垂直方向にp軌道（電子1個を収容）をもっている．1個のp軌道は，片方とだけではなく両側のp軌道と側面で重なりあって，結局6個のp軌道全部が輪になってつながり環状のパイ結合を形成し，環平面の上下にパイ結合によるドーナツ型の電子雲ができる．すなわち，6個のパイ電子は環の中をまわることができる．この構造から，ベンゼンにおいて観測される原子間結合角（C=C–C および C–C–H）が120°であること，あるいはベンゼンが求電子試薬に対して高い反応性を示すことなどがうまく説明される．

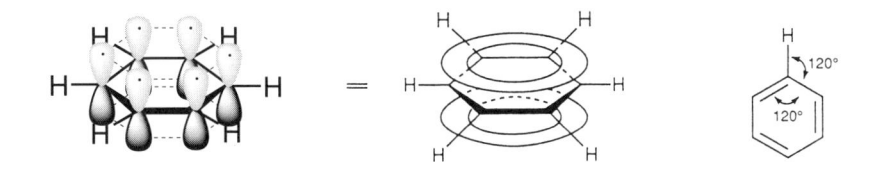

　ベンゼンの炭素–炭素結合距離はすべて1.39 Åで，これはC–C単結合（1.54 Å）とC–C二重結合（1.34 Å）の中間の値を示している．

　要約すると，(1) ベンゼンは平面の環状構造になっている；(2) ベンゼンの6個の各原子は1個のp軌道をもち，そのp軌道は隣り同士で重なり，輪をつくっている；(3) それぞれのp軌道には1個ずつの電子があり，それらは6個のπ電子となって環全体に広がっている．そのため著しく安定化されている．ベンゼンは芳香族性に関するヒュッケル（Hückel）則（14.6節参照）に当ては

まる代表的な芳香族化合物である．

8.2　ベンゼン誘導体の命名法

一置換ベンゼンの命名には次の二つの方法が用いられている．

(1)　ベンゼンを基本名とし置換基を接頭語で示す．
　（例）

クロロベンゼン　　　　ブロモベンゼン　　　　ニトロベンゼン
(chlorobenzene)　　　(bromobenzene)　　　(nitrobenzene)

アルキル置換ベンゼンは，一般に**アレーン**（arene）と総称される．アルキル基の炭素原子が6個まではアルキルベンゼン（alkylbenzene）として命名されるが，7個以上になるとフェニルアルカン（phenylalkane）として命名される．C_6H_5- を**フェニル基**という．一般に，ハロゲンやニトロ基は接頭語としてのみ命名される．
　（例）

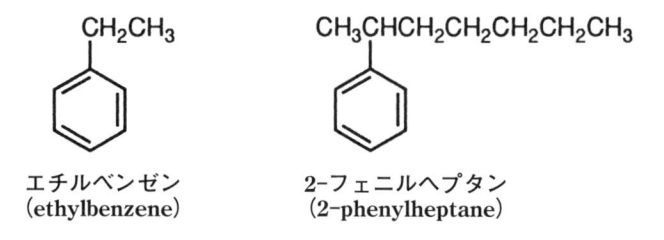

エチルベンゼン　　　　2-フェニルヘプタン
(ethylbenzene)　　　(2-phenylheptane)

トルエンのメチル基から水素1個を除いてできる基（$C_6H_5CH_2-$）を**ベンジル**（benzyl）**基**という．

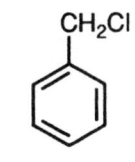

8.2 ベンゼン誘導体の命名法   **129**

塩化ベンジル
(benzyl chloride)

(2) 置換基とベンゼン環を一緒にして新しい基本名をつくる．

（例）

トルエン
(toluene)

スチレン
(styrene)

フェノール
(phenol)

アニリン
(aniline)

ベンズアルデヒド
(benzaldehyde)

安息香酸
(benzoic acid)

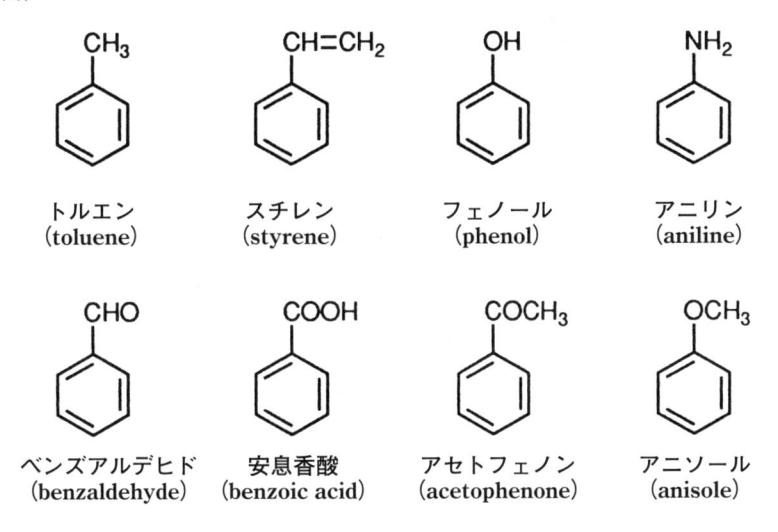

アセトフェノン
(acetophenone)

アニソール
(anisole)

　二置換ベンゼンの場合には，2個の置換基の相対位置を示すのに数字（1,2-,1,3-, 1,4-），または，**オルト**（o-），**メタ**（m-），**パラ**（p-）を用いて示す．置換基とベンゼン環からつくった新しい基本名を使うとき［一置換ベンゼンの命名法（2）参照］，その置換基の位置を1とする．

(例)

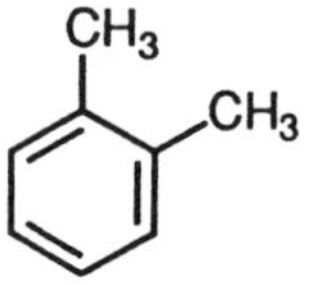

o-ジメチルベンゼン
または o-キシレン
(o-dimethylbenzene
または o-xylene)

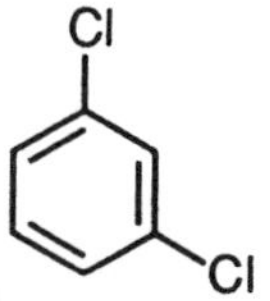

m-ジクロロベンゼン
(m-dichlorobenzene)

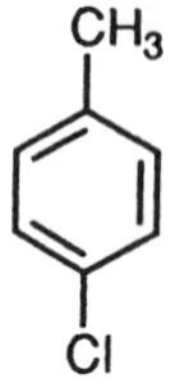

4-クロロトルエンまたは
p-クロロトルエン
(4-chlorotoluene または
p-chlorotoluene)

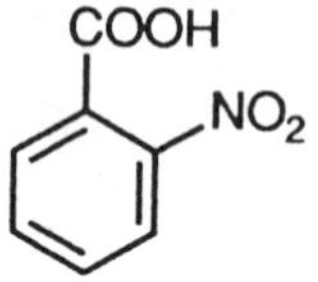

2-ニトロ安息香酸または
o-ニトロ安息香酸
(2-nitrobenzoic acid または
o-nitrobenzoic acid)

3個以上の置換基があるときは，数字によって置換位置を表す．位置番号ができるだけ小さくなるように番号を付け，置換基が異なるときはアルファベット順に並べる．

(例)

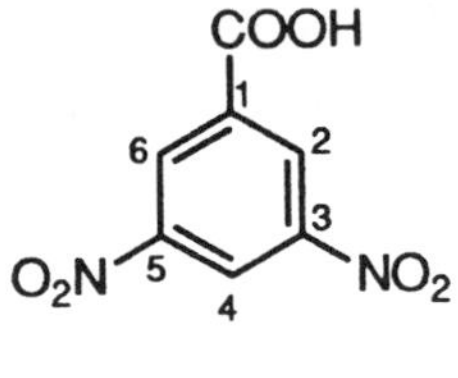

3,5-ジニトロ安息香酸
(3,5-dinitrobenzoic acid)

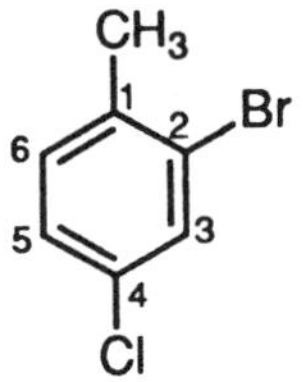

2-ブロモ-4-クロロトルエン
(2-bromo-4-chlorotoluene)

例題 8-2

次の化合物を命名せよ．

(a) [構造式: 1,3,5-トリメチルベンゼン]

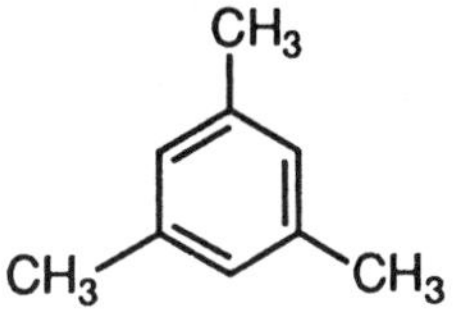

(b) CH₃CHCH₂CH₂CH₂CH₂CH₂CH₃ に C₆H₅ が結合

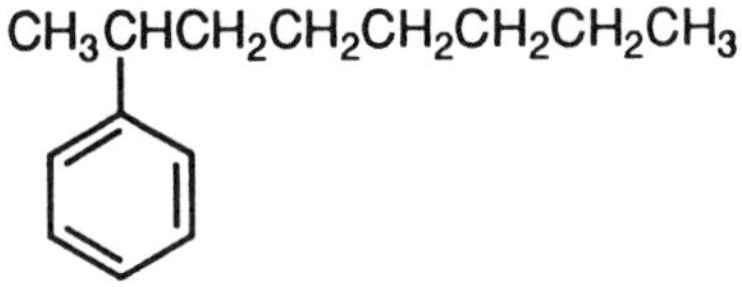

(c) [構造式: 2,4,6-トリニトロフェノール]

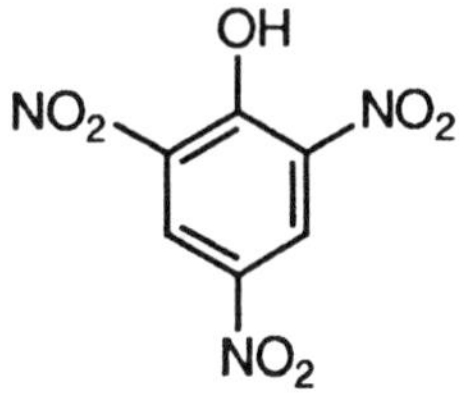

(d) [構造式: 1,3-ジメチルベンゼン]

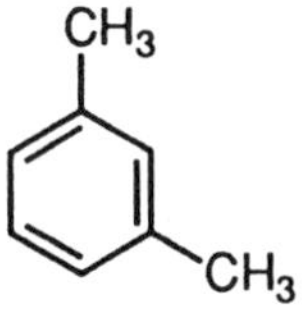

解答

(a) 1,3,5-trimethylbenzene（慣用名 mesitylene）
(b) 2-phenyloctane
(c) 2,4,6-trinitrophenol（慣用名 picric acid）
(d) 1,3-dimethylbenzene（m-dimethylbenzene）（慣用名 m-xylene）

例題 8-3

次の化合物の構造式を書け．

(a) p-aminobenzoic acid
(b) p-bromophenol
(c) m-diethylbenzene
(d) 2,4-dinitrophenol

解答

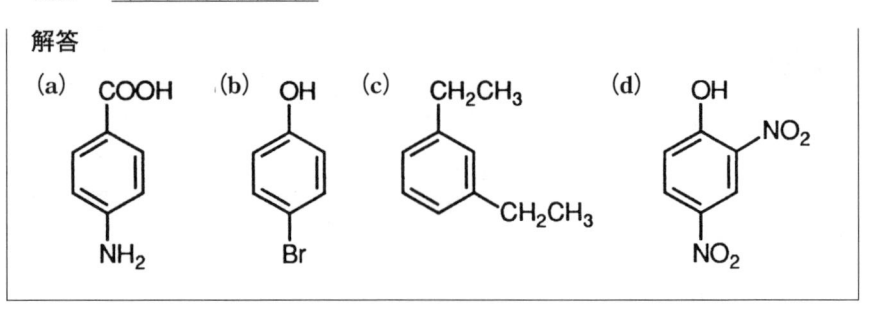

(a) 4-アミノ安息香酸 (COOH, NH₂ para)
(b) 4-ブロモフェノール (OH, Br para)
(c) 1,3-ジエチルベンゼン (m-ジエチルベンゼン)
(d) 2,4-ジニトロフェノール

8.3 代表的な芳香族化合物

(1) **ベンゼン** (benzene), C_6H_6 (bp 80.1 ℃, mp 5.5 ℃)

1825 年，ファラデー (M. Faraday) が当時ロンドンのガス灯にたまった油からベンゼンを初めて取り出した．水に不溶．無色透明の可燃性の液体．ほとんどの有機溶媒に溶ける．古くから，塗料，溶剤など広く用いられてきたが，代謝されにくく，肝障害，造血機能障害などのベンゼン中毒を引き起こしたり，また発がん性も指摘されていることから，取り扱いには注意する必要がある．工業的には石油のリフォーミング（原油のガソリン留分を白金などの触媒上を高温高圧で通すと，アルカンからシクロアルカンに，そしてさらに脱水素されていろいろな芳香族化合物の混合物が得られる．これを分留する）によって大量につくられている．染料，医薬品，合成樹脂，合成ゴム，洗剤などの原料として重要なニトロベンゼン，アニリン，フェノール，スチレン，無水マレイン酸などの合成原料として大量に消費される．

(2) **トルエン** (toluene), $C_6H_5CH_3$ (bp 111 ℃)

無色の液体．水に不溶，ほとんどの有機溶媒に溶ける．石油留分のリフォーミングによって製造される．溶剤として用いられるほか，爆薬として知られる 2,4,6-トリニトロトルエン（TNT）や染料の原料として使用される．毒性はベンゼンに比べるとずっと低い．

表 8-2 代表的な芳香族化合物の物理的性質

化合物	構造式	mp(℃)	bp(℃)	密度(d_4^{20})(g/mL)
Benzene（ベンゼン）		5.5	80.1	0.874
Toluene（トルエン）	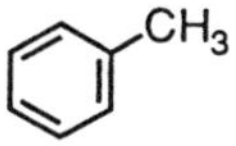	−93	111	0.867
o-Xylene（o-キシレン）	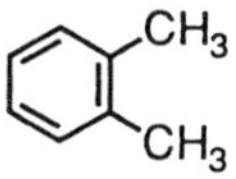	−25	143〜145	0.870
m-Xylene（m-キシレン）	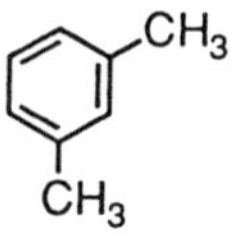	−47.4	138〜139	0.868
p-Xylene（p-キシレン）	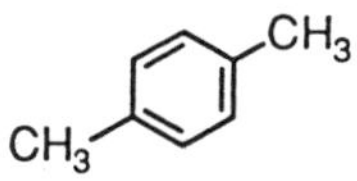	12〜13	138	0.915
Chlorobenzene（クロロベンゼン）	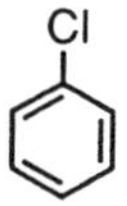	−45	132	1.107
Nitrobenzene（ニトロベンゼン）	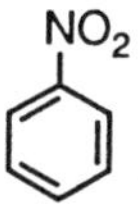	5〜6	210〜211	1.196
Naphthalene（ナフタレン）	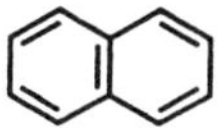	80〜82	217.7	—

(3) **ニトロベンゼン**（nitrobenzene），$C_6H_5NO_2$（bp 210〜211℃）

無色〜淡黄色の液体．水より重く，水に溶けにくい．アルコール，ベンゼン，エーテルに可溶．工業的にはベンゼンに濃硫酸と濃硝酸の混合物を反応させてつくられる（8.5.1節参照）．主にアニリンの原料として消費される．神経障害，肝障害を引き起こすことが知られている．

8.4 芳香族化合物の物理的性質

　ベンゼン，トルエン，キシレンなどの炭化水素は無色の液体であり，ほとんど極性はない．沸点は同程度の分子量を有するシクロアルカンに近い．フェノール（第9章参照）やアニリン（第13章参照）では水素結合ができるため沸点が高くなる．より強い水素結合をつくることのできるカルボキシ基を有する安息香酸（第12章参照）では，沸点もずっと高く，室温で固体（mp 122 ℃）になる．

8.5 芳香族化合物の反応

　芳香族化合物の代表的な反応は，芳香族求電子置換反応である．この置換反応を用いて芳香環にいろいろな置換基，例えばニトロ基，ハロゲン（ClやBr），アルキル基，アシル（RCO）基などを直接導入することができる．ベンゼンを例にとって代表的な反応を考えてみよう．

8.5.1 ベンゼンの芳香族求電子置換反応
(1) ニトロ化
　ベンゼン環は，その上下に環状パイ電子が広がり，求電子試薬（electrophile）による攻撃を受けやすくなっている．例えば，ベンゼンを濃硝酸と濃硫酸の混合物（混酸という）と加熱するとニトロベンゼンが生成する．

$$\text{C}_6\text{H}_6 + \text{HNO}_3 + \text{H}_2\text{SO}_4 \xrightarrow{50\text{-}55\,°C} \text{C}_6\text{H}_5\text{NO}_2 + \text{H}_3\text{O}^+ + \text{HSO}_4^-$$

　この反応は，硝酸から生じるニトロニウムイオン（$^+\text{NO}_2$）が求電子試薬としてベンゼンを攻撃する．

$$\text{H–}\ddot{\text{O}}\text{–NO}_2 + \text{HOSO}_3\text{H} \rightleftharpoons \text{H–}\overset{+}{\underset{\text{H}}{\ddot{\text{O}}}}\text{–NO}_2 + \text{HSO}_4^-$$
$$(\text{H}_2\text{SO}_4)$$

$$\text{H–}\overset{+}{\underset{\text{H}}{\ddot{\text{O}}}}\text{–NO}_2 + \text{H}_2\text{SO}_4 \rightleftharpoons \overset{+}{\text{NO}_2} + \text{H}_3\text{O}^+ + \text{HSO}_4^-$$
ニトロニウム
イオン

アレーニウムイオン

　反応は求電子試薬 $^+\text{NO}_2$ と環のパイ電子との静電引力に基づく弱い相互作用に始まり，次に環の炭素原子との間にシグマ結合を形成して，**アレーニウムイオン**（arenium ion）と呼ばれる炭素陽イオン中間体を生じる．この陽イオンは共鳴によってある程度の安定化を受けているが，ベンゼン自身に比べるとずっと不安定である．そこで求電子試薬が付いたその位置の炭素原子上の水素をプロトンとして放出して元の芳香環に戻る．

　ベンゼンではこの他にも，ハロゲン化，アルキル化，アシル化などいろいろな反応が知られているが，本質的にはどれもニトロ化反応と同じ反応機構で説明される．

---**芳香族求電子置換反応の反応機構**---

　求電子試薬を E^+ とすると，反応機構は次のように一般化して書くことができる．通常，アレーニウムイオンを生成する最初の段階が吸熱反応であるので，反応全体の律速段階（反応全体の速度を決定する段階）となる．

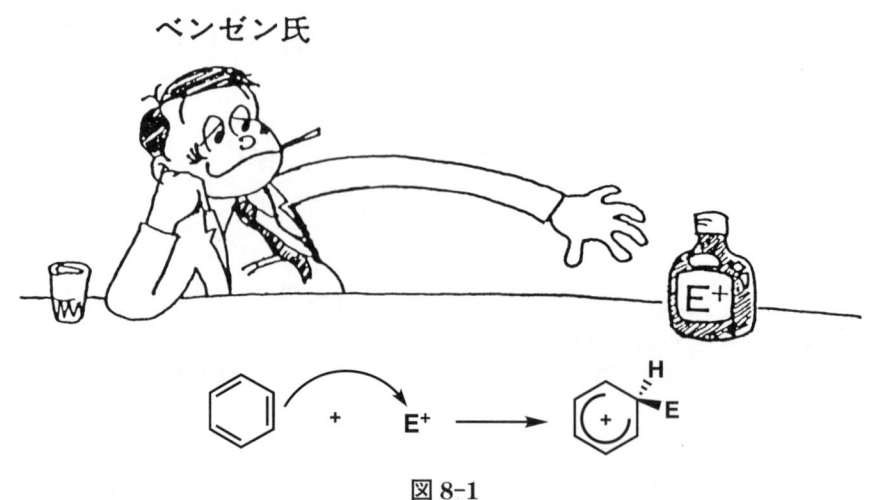

136　第 8 章　芳香族化合物

図 8-1
ベンゼン氏「NO$_2^+$や Br$^+$のボトルを見るとついつい手が出ちゃって」

ベンゼンの芳香族求電子置換反応

(2)　ハロゲン化

　ベンゼンはアルケンとは異なり，塩素や臭素と室温で混ぜ合わせただけでは反応しない．しかし，ルイス酸（第 5 章参照）を触媒として加えると反応し，クロロベンゼンやブロモベンゼンを生成する．ルイス酸はハロゲン分子を分極活性化する．この反応に関与する求電子試薬はハロゲン陽イオン（X$^+$）と考えてさしつかえない．

(例)

$$\text{C}_6\text{H}_6 \xrightarrow[\text{FeBr}_3]{\text{Br}_2} \text{C}_6\text{H}_5\text{Br} + \text{HBr}$$

ブロモベンゼン

(3) フリーデル-クラフツ (Friedel-Crafts) アルキル化反応

ハロゲン化アルキルを触媒量のルイス酸（例えば，塩化アルミニウム）の存在下でベンゼンと反応させると，アルキル基が導入される．ルイス酸の役割は炭素-ハロゲン結合の分極活性化である．形式的にはルイス酸によって生じた炭素陽イオン（R^+）が反応すると考えてよい．

(例)

$$\text{C}_6\text{H}_6 \xrightarrow[\text{AlBr}_3]{\text{CH}_3\text{CHBrCH}_3} \text{C}_6\text{H}_5\text{CH}(\text{CH}_3)_2 + \text{HBr}$$

イソプロピルベンゼン

図 8-2　フリーデル-クラフツ反応にはルイス酸（$AlCl_3$）の応援が必要

(4) フリーデル-クラフツ (Friedel-Crafts) アシル化反応

塩化アシルとベンゼンを等モル以上のルイス酸 (例えば, 塩化アルミニウム) の存在下に反応させると, 芳香族ケトンが得られる. ルイス酸によって生じたアシリウムイオン (RCO^+) が求電子試薬として反応に関与する.

(例)

$$C_6H_6 \xrightarrow[AlCl_3]{CH_3COCl} C_6H_5COCH_3 + HCl$$

アセトフェノン

例題 8-4

ベンゼンに, 臭素, 臭化イソプロピル, 塩化アセチルをルイス酸の存在下に反応させると, それぞれブロモベンゼン, イソプロピルベンゼン, アセトフェノンが生成する. これらの反応の反応機構を書け.

解答

ルイス酸 (例えば, $FeBr_3$ や $AlCl_3$) は, 試薬に含まれるハロゲン原子の非共有電子対にくっつき, 下の式に示したように陽イオンをつくる.

臭素化:

$$Br_2 + FeBr_3 \rightleftarrows [Br\overset{+}{-}Br-\overset{-}{FeBr_3}] \rightleftarrows Br^+ + BrFeBr_3^-$$

アルキル化:

$$(CH_3)_2CH-Br + AlCl_3 \rightleftarrows [(CH_3)_2CH\overset{+}{-}Br-\overset{-}{AlCl_3}] \rightleftarrows (CH_3)_2CH^+ + BrAlCl_3^-$$

アシル化:

$$CH_3CO-Cl + AlCl_3 \rightleftarrows [CH_3CO\overset{+}{-}Cl-\overset{-}{AlCl_3}] \rightleftarrows CH_3CO^+ + ClAlCl_3^-$$

こうしてできた陽イオンは，電子不足で求電子性が非常に強く，比較的安定なベンゼンのパイ電子とも反応できる．

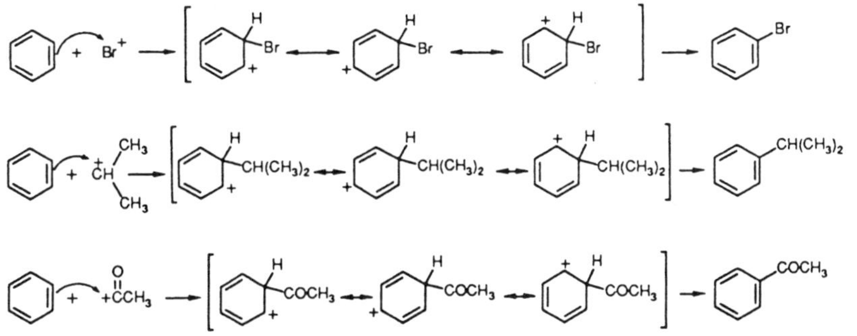

8.5.2 置換ベンゼンの芳香族求電子置換反応

置換ベンゼンでは，既にある置換基の種類によって二つの影響が現れる．その一つは反応速度に対する効果であり，もう一つは新たに入ってくる置換基の入る位置（配向性という）に対する効果である．

(1) 活性化基と不活性化基

同じ条件でニトロ化の反応速度を比較すると，既にある置換基の種類によって**ベンゼンより反応を速める置換基**[**活性化基**（activating group）という]と，遅くする置換基[**不活性化基**（deactivating group）という]がある．アミノ基（$-NH_2$ や $-NR_2$ など），ヒドロキシ基（$-OH$），アルコキシ基（$-OR$），アセトアミド基（$-NHCOCH_3$），アセトキシ基（$-OCOCH_3$）やフェニル基（$-C_6H_5$）のようにベンゼン環に直接結合している原子が非共有電子対またはパイ電子をもっている基，メチル基のように非共有電子対はないが電子を供与する基は活性化基である．一方，ニトロ基（$-NO_2$），ホルミル基（$-CHO$），アセチル基（$-COCH_3$），カルボキシ基やエステル基（$-COOR$），シアノ基（$-CN$）やトリフルオロメチル基（$-CF_3$）などのように，ベンゼン環に直接結合している原子が正電荷または部分正電荷をもつ基は不活性化基である．ハロゲン（Br, Cl,

I）は非共有電子対をもっているが，これらは第3周期以上の原子であるので炭素原子の2p軌道との重なり（共鳴効果）が弱く，もっぱら電気陰性度が大きいために電子を吸引する効果（電子吸引性誘起効果）の寄与のほうが大きい．

電子供与性の置換基は，中間に生成するアレーニウムイオンの正電荷を非局在化してベンゼンから生成するアレーニウムイオンより安定化するのに対して，電子吸引性の置換基は逆に，アレーニウムイオンを不安定化することになる．

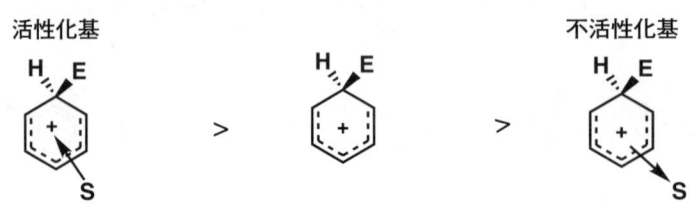

活性化基Sの付いたアレーニウムイオンの正電荷は，Sによって非局在化され安定化される．	比較の対照となるベンゼンから生成したアレーニウムイオン中間体	不活性化基Sの付いたアレーニウムイオンの正電荷は，Sによって不安定化される．

(2) オルト-パラ配向性基とメタ配向性基

ベンゼン環上に既に存在する置換基は，新たに入ってくる置換基の位置を決定する．例えば，トルエンをニトロ化すると，o-ニトロトルエンとp-ニトロトルエンが主として得られる．一方，ニトロベンゼンをニトロ化すると，m-ジニトロベンゼンが主として得られる．いろいろな置換基について調べると，活性化基はすべて**オルト-パラ配向性基**であり，不活性化基はハロゲンを除いてすべて**メタ配向性基**である．これらの結果は，それぞれのアレーニウムイオン中間体のうち，**オルト-パラ中間体かメタ中間体のいずれがより安定化される**かによって説明される．

8.5 芳香族化合物の反応

オルト-パラ配向性基

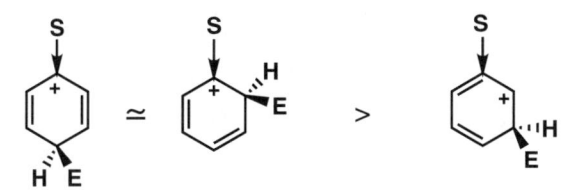

オルトまたはパラ位に求電子試薬Eが入ると，アレーニウムイオンの正電荷は置換基Sの隣りにくるので，Sによって著しく安定化される．

メタ位に求電子試薬Eが入っても，アレーニウムイオンの正電荷は置換基Sの隣りにはこないから，Sによる安定化効果は少ない．

メタ配向性基

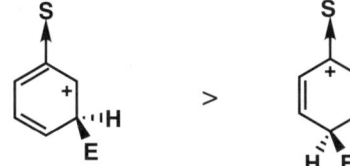

メタ位に求電子試薬Eが入っても，アレーニウムイオンの正電荷は置換基Sの隣りにはこないから，不安定化効果は少ない．

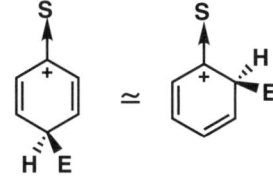

オルトまたはパラ位に求電子試薬Eが入ると，アレーニウムイオンの正電荷は置換基Sの隣りにくるので，Sによって著しく不安定化される．

表 8-3 置換基効果

オルト-パラ配向性基	メタ配向性基（不活性化基）
強い活性化基 —NH₂, —NR₂, —ÖH, —ÖCH₃	強い不活性化基  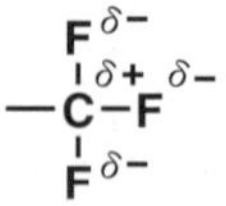 構造式（ニトロ基 —NO₂ の共鳴構造）
中程度の活性化基 —NHCOCH₃, —ÖCOCH₃	構造式（—CF₃ の誘起効果）
弱い活性化基 —CH₃, —C₆H₅	中程度の不活性化基 構造式（—CHO, —COCH₃, —COOR, —C≡N の共鳴構造）
弱い不活性化基 —C̈l:, —B̈r:, —Ï:	

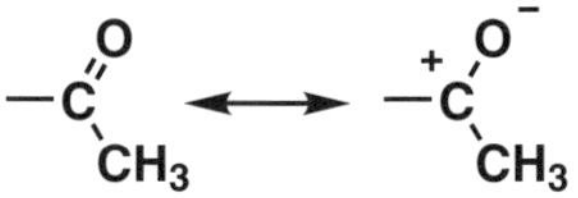

例題 8-5

次の化合物をモノニトロ化した．それぞれの生成物を予想せよ．ただし，生成物は一つとは限らない．

(a) anisole　(b) acetophenone　(c) benzoic acid　(d) acetanilide

解答

(a) o- および p-nitroanisole　(b) m-nitroacetophenone
(c) m-nitrobenzoic acid　(d) o- および p-nitroacetanilide

8.5.3 その他の反応
(1) 酸化
　ベンゼン環は酸化剤に対して安定で，環自身は壊れにくいが，側鎖は酸化されてカルボン酸になる．例えば，トルエンを過マンガン酸カリウム（KMnO₄）で酸化すると，安息香酸が得られる．

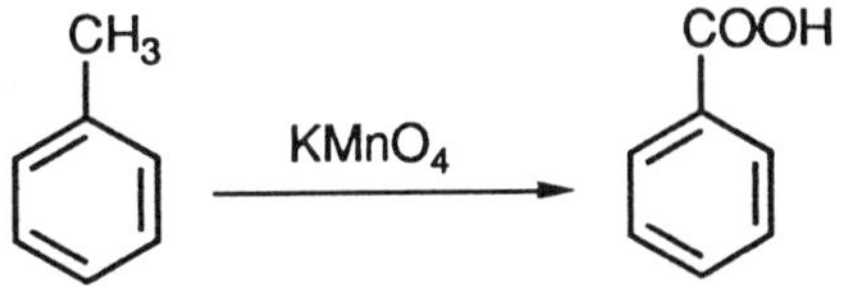

$$\text{CH}_3\text{-C}_6\text{H}_5 \xrightarrow{\text{KMnO}_4} \text{C}_6\text{H}_5\text{-COOH (安息香酸)}$$

(2) 還元
　ベンゼンは，通常のアルケンの水素化のように簡単には還元されないが，高圧下に白金やロジウムを触媒にして水素を作用させると，還元されてシクロヘキサンを与える．

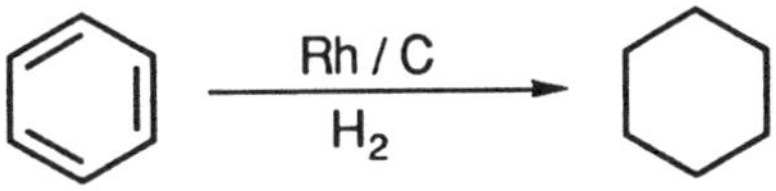

$$\text{C}_6\text{H}_6 \xrightarrow[\text{H}_2]{\text{Rh/C}} \text{シクロヘキサン}$$

8.6　ベンゼン以外の芳香族化合物

　ベンゼンは単環式の最も代表的な芳香族化合物である．芳香族化合物として分類されるものの中には，ナフタレンのように2個以上のベンゼン環が縮合したような化合物（**多環式芳香族化合物**）が数多く知られている．これらには，それぞれ固有の名称が与えられている．また，アズレン（azulene）のようにベンゼン環をもたないが芳香族化合物の中に含まれているものもある（**非ベンゼノイド芳香族化合物**）．ピリジン，ピロール，キノリン，インドールなどヘテロ原子（炭素以外の原子）をその骨格の中に含む芳香族化合物（**複素環式芳香族化合物**）も非常に多く知られている．

144　第 8 章　芳香族化合物

(1)　多環式芳香族化合物

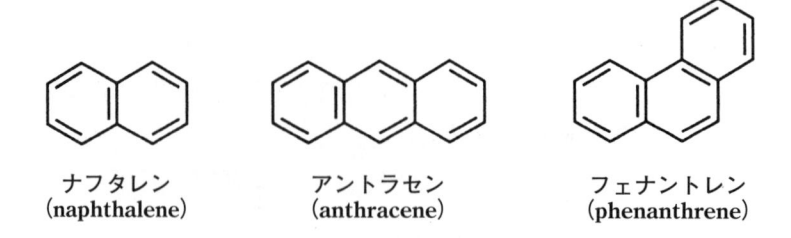

ナフタレン
(naphthalene)

アントラセン
(anthracene)

フェナントレン
(phenanthrene)

(2)　非ベンゼノイド芳香族化合物

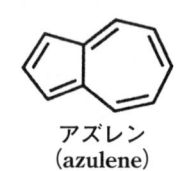

アズレン
(azulene)

(3)　複素環式芳香族化合物

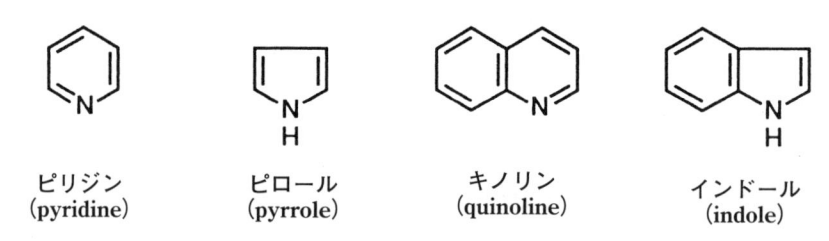

ピリジン
(pyridine)

ピロール
(pyrrole)

キノリン
(quinoline)

インドール
(indole)

問題

問題 1 ベンゼンはアルケンとは異なる特別の化学的性質をもっている。これらの性質を列挙せよ.

問題 2 ニトロベンゼンの正しい構造式は次のうちどれか.

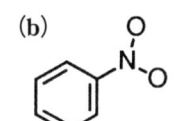

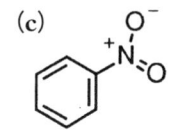

(a) C₆H₅-N(=O)-O⁻ の形 (b) C₆H₅-N(O)=O の形 (c) C₆H₅-N⁺(=O)(O⁻) の形 (d) C₆H₅-N(=O)=O の形

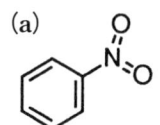

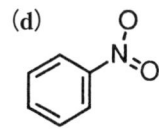

問題 3 化合物 A および B に関する次の問に答えよ.
 (a) ニトロ化に対してベンゼンより反応性の高いのはどちらか.
 (b) A および B をニトロ化するとき，主生成物（一つとは限らない）の構造式を書け.

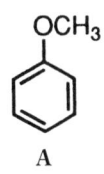

 A: C₆H₅-OCH₃   B: C₆H₅-COCH₃

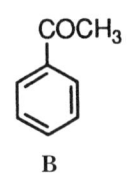

問題 4 次の化合物を適当なベンゼン誘導体から合成せよ．ただし，1 段階とは限らない.
 (a) *m*-chloronitrobenzene   (b) *p*-chloronitrobenzene
 (c) *m*-bromobenzoic acid

問題 5 ベンゼンのケクレ構造を参考にして，次の化合物の共鳴構造を書け.
 (a) naphthalene（3 個） (b) phenanthrene（5 個）

(c) anthracene（4個）　　(d) pyridine（2個）

コーヒーブレイク

(1) 夢の中からベンゼンのケクレ構造が生れた？

　いわゆるベンゼンのケクレ構造は，ケクレ（F. A. Kekulé）（1829～1896）が教科書の原稿を書きながらうたた寝をしていたとき，ヘビが自分のシッポをくわえて輪をつくっている夢を見たのがきっかけであったという話は大変有名な話である．この話の真偽のほどは，本人が記録に残していないのでわからない．しかし，このベンゼンの構造式は，その後の有機化学の発展に大きな寄与をすることになった．

(2) 君は C_6H_6 の異性体をいくつ書くことができるか？

　ただし，炭素原子は4価，水素原子は1価であるとし，結合角は問わない（解答は p. 310 に示した）．

(3) フリーデルとクラフツ

　フリーデル（C. Friedel）はフランス人で，クラフツ（J. M. Crafts）はアメリカ人である．二人は1861年にパリのウルツ（C. A. Wurtz）教授の研究室で初めて会い，意気投合，その後共同で多くの研究を行っている．フリーデル–クラフツ反応の誕生はきわめて偶然的であった．1877年に，彼らはヨウ化アミル（アミルはペンチルの古い名称）を合成しようとして，ベンゼンを溶媒として塩化アミルにアルミニウムとヨウ素を作用させたところ，大量の塩化水素と意外にも芳香族炭化水素が得られた．アルミニウムの代わりに塩化アルミニウムを用いても同じであった．以後，いろいろなアルキルベンゼンや芳香族ケトンの合成に関する論文と特許が二人の名前で出てくることとなった．この方法は，工業的にハイオクタンガソリン（トルエンや他のアルキルベンゼンが含まれる），合成ゴムや樹脂（これらの合成に必要なスチレンはエチルベンゼンの

脱水素によって得られる），合成洗剤（長いアルキル基をもつベンゼン誘導体），アスピリンの原料になるフェノール〔イソプロピルベンゼン（＝クメン）合成（p.158 参照）〕などの合成に利用され，有機合成の中で最も重要な反応の一つとなっている．

(4) **新しい炭素の同素体，フラーレン**

　炭素の同素体（allotrope）として，ダイアモンドとグラファイト（黒鉛），そして無定形炭素の三つが高校の化学の教科書に載っている．ところが 1985 年に新しい同素体が見つかった．最初に発見した人は，宇宙の星間物質の研究をしていたアメリカのスモーリー（R. E. Smalley），カール（R. F. Curl）とイギリスのクロトー（H. W. Kroto）のグループである．この 3 人は 1996 年度ノーベル化学賞を受賞した．彼らは宇宙の空間に存在する分子ができる機構を明らかにしようとして，グラファイトの蒸気にレーザー光をあてて研究していたところ，炭素数 60 の非常に安定な化合物の生成を認めた．最初の情報は炭素数が 60 であるということだけで，これからサッカーボールの構造を導き出すまでには相当時間を費やしている．クロトーは美術や建築に興味があり，若いころモントリオールエキスポで見たドーム状の建築物が潜在意識としてあってサッカーボール構造を思い付いたといわれている．そのドーム状の建物を考えたのがアメリカの建築家バックミンスター・フラー（Buckminster Fuller）という人で，彼らはこの人の名前を使って，この分子にバックミンスターフラー

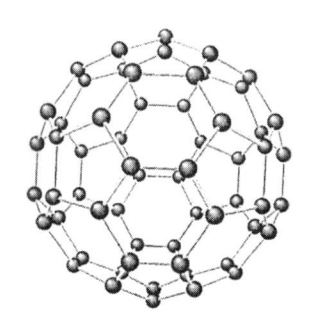

レン（buckminsterfullerene）と命名した．この分子はサッカーボールの縫い目の頂点を炭素原子で置き換えたものに相当する．あまり長い名前なので，通常フラーレン（fullerene），バッキーボール（bucky ball）や C_{60} などと呼ばれる．1990 年，ドイツのクレッシュマー（W. Krätschmer）らが大量合成に成功し，またその構造も他の方法で確認された．C_{60} は 20 個の 6 角形と 12 個の 5 角形の面をもち，各炭素原子は sp^2 混成で，3 個の隣接炭素原子と σ 結合し，残った電子 1 個は p 軌道に入り，分子全体に非局在化している．そのため，分子全体が芳香族性をもっている．現在，世界中で多くの研究者によってその性質や新しい利用法について研究されている．今のところ優れた抗酸化力を利用して化粧品に入れられているほか，潤滑剤としてボーリングのボールの表面に用いられている．

その後，C_{70} や，日本の飯島澄男（当時 NEC 筑波研究所）によってグラファイトが筒状になったカーボンナノチューブ（carbon nanotube）なども新たな炭素同素体として発見されている．

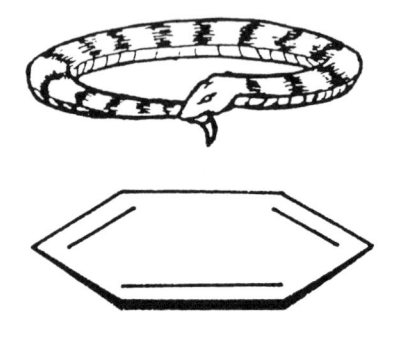

第9章

アルコールおよびフェノール

水分子の水素原子の一つがアルキル基（R）で置換された化合物を**アルコール**（alcohol），アリール基（Ar）で置換されたものを**フェノール**（phenol）という．両者はいずれもヒドロキシ基（OH）をもち，構造は似ているが，物理的性質や化学反応性のうえで異なった挙動を示すため別々に扱われる．本章では，これら化合物の性質や反応性における類似点と相違点に注目しながら学んでいくことにしよう．

$$\begin{array}{ccc} \text{H–O–H} & \text{R–O–H} & \text{Ar–O–H} \\ \text{水} & \text{アルコール} & \text{フェノール} \end{array}$$

9.1 アルコールの命名法

アルコールの IUPAC 名は，ヒドロキシ基（OH）を含む最長炭素鎖に相当するアルカン（alkane）の語尾 e をとり，オール（ol）をつける．このときヒド

ロキシ基が最も小さい番号になるようにアルカンに番号を付ける．接頭語となるときはヒドロキシ（hydroxy-）とする．

CH₃OH　　　CH₃CH₂OH　　　CH₃CH₂CH₂OH　　　CH₃CHCH₃
　　　　　　　　　　　　　　　　　　　　　　　　　　　　　|
　　　　　　　　　　　　　　　　　　　　　　　　　　　　　OH

メタノール　　　エタノール　　　1-プロパノール　　　2-プロパノール
（methanol）　（ethanol）　　（1-propanol）　　（2-propanol）

　　　　　　　CH₃
　　　　　　　|
　CH₃－C－CH₂CH₂CH₃
　　　　　　　|
　　　　　　　OH

2-メチル-2-ペンタノール　　　trans-4-メチルシクロヘキサノール
（2-methyl-2-pentanol）　　（trans-4-methylcyclohexanol）

簡単なアルコールに対しては，アルキル基（alkyl）名の後に alcohol（アルコール）をつけた慣用名が用いられることが多い．

CH₃OH　　　　CH₃CH₂OH　　　　CH₃CHCH₃
　　　　　　　　　　　　　　　　　　　|
　　　　　　　　　　　　　　　　　　　OH

メチルアルコール　　エチルアルコール　　イソプロピルアルコール
（methyl alcohol）　（ethyl alcohol）　（isopropyl alcohol）

　　　　CH₃
　　　　|
CH₃－C－OH　　　　CH₂＝CHCH₂OH　　　　（ベンジル構造）CH₂OH
　　　　|
　　　　CH₃

tert-ブチルアルコール　　アリルアルコール　　ベンジルアルコール
（tert-butyl alcohol）　（allyl alcohol）　　（benzyl alcohol）

二価アルコールはグリコール（glycol）と総称され，エチレングリコールがその代表例である．三価アルコールの代表例はグリセリンであり，いずれも慣用名である．

9.1 アルコールの命名法　**151**

HOCH₂CH₂OH

エチレングリコール
（ethylene glycol）

HOCH₂—CH(OH)—CH₂OH

グリセリン
（glycerol）

　また，アルコールはヒドロキシ基の結合している炭素上の水素（またはアルキル基）の数によって次のように分類される．この分類法はハロゲン化アルキル（第6章）や炭素陽イオン（第6章）の分類法と同じである．

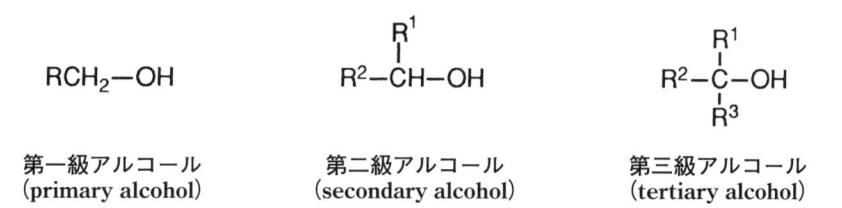

RCH₂—OH

第一級アルコール
（primary alcohol）

R¹
|
R²—CH—OH

第二級アルコール
（secondary alcohol）

R¹
|
R²—C—OH
|
R³

第三級アルコール
（tertiary alcohol）

例題 9-1

次のアルコールの IUPAC 名を書き，分類せよ．

(a) CH₃—CH(CH₃)CH₂OH

(b) CH₃CH₂CH(OH)CH₃

(c) 1-メチルシクロヘキサン-1-オール構造

解答

(a) 2-methyl-1-propanol（第一級アルコール）

(b) 2-butanol（第二級アルコール）

(c) 1-methylcyclohexanol（第三級アルコール）

例題 9-2

次のアルコールの構造式を書き，分類せよ．
(a) 2-butanol (b) 2-methyl-2-propanol (c) cyclohexanol

解答

(a) CH₃CH₂CHCH₃
         |
         OH
   （第二級）

(b) (CH₃)₃COH
   （第三級）

(c) シクロヘキサノール (OH付き)
   （第二級）

9.2 フェノールの命名法

フェノール（phenol）という名称は，ヒドロキシ基が芳香環に直接付いている化合物の総称として用いられるほか，C_6H_5OH に対する慣用名ともなっている．置換フェノールはフェノール誘導体として命名される．位置番号は，一置換フェノールのときはオルト（o-），メタ（m-），パラ（p-）または数字（OH 基の位置を 1 とする）を用いる．三置換以上のフェノールのときは数字を用いる．

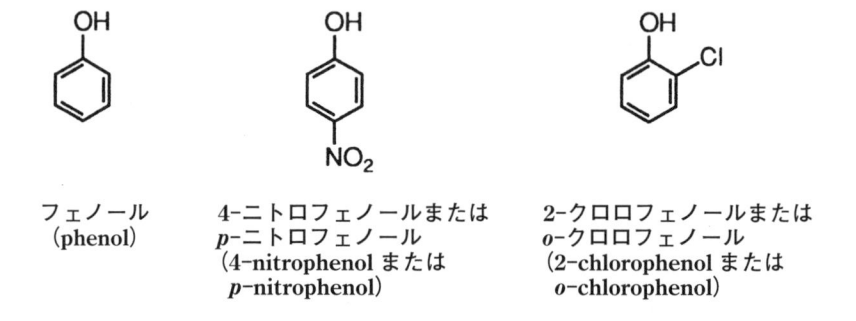

フェノール
（phenol）

4-ニトロフェノールまたは
p-ニトロフェノール
（4-nitrophenol または
p-nitrophenol）

2-クロロフェノールまたは
o-クロロフェノール
（2-chlorophenol または
o-chlorophenol）

フェノール類は古くから知られていたので，簡単な化合物では慣用名で呼ばれることが多い．

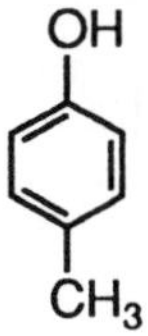

9.2 フェノールの命名法

4-クレゾールまたは
p-クレゾール
(4-cresol または
p-cresol)

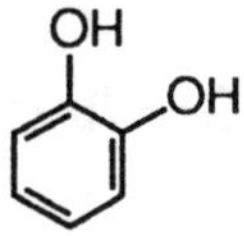

ピロカテコール
(pyrocatechol)

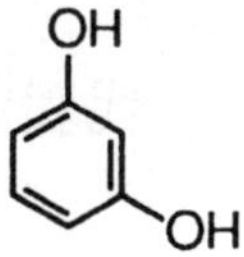

レゾルシノール
(resorcinol)

ヒドロキノン
(hydroquinone)

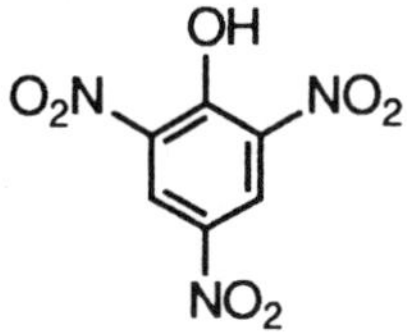

ピクリン酸
(picric acid)

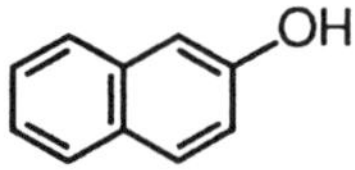

2-ナフトール
(2-naphthol)

例題 9-3

次の化合物を命名せよ．

(a) (b) 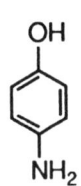 (c)

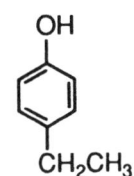

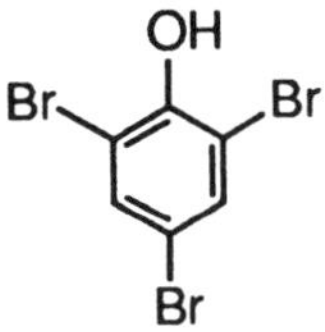

解答

(a) *p*-ethylphenol   (b) *p*-aminophenol

(c) 2,4,6-tribromophenol

9.3　代表的なアルコールとフェノール

(1)　**メタノール**（methanol），CH_3OH（bp 64.7 ℃）

　無色透明の液体．有毒である．飲んだり，蒸気を長時間吸入すると，失明したり，死亡したりする．工業的には，水素と一酸化炭素から金属酸化物を触媒にして製造される．

$$CO + 2H_2 \xrightarrow[\substack{200\text{-}300 \text{ 気圧} \\ 350\text{-}400 \,°C}]{Cr_2O_3 + ZnO} CH_3OH$$

　メタノールは溶剤として用いられるほか，ホルムアルデヒドや塩化メチルなどの合成原料として用いられる．

(2)　**エタノール**（ethanol），CH_3CH_2OH（bp 78.3 ℃）

　糖を発酵させるとエタノールが生成することは古くから知られ，実際，1930年頃まではこの方法によって製造されていた．

　現在の合成エタノールの約 1/3 はエチレンに水を酸触媒で付加する方法によって製造されている．残り 2/3 はとうもろこしの発酵によってつくられ，これはガソリンと混ぜられ自動車の燃料として用いられている．

$$CH_2=CH_2 + H_2O \xrightarrow{H^+} CH_3CH_2OH$$

　工業的には溶剤として用いられるほか，酢酸，アクリル酸エチル，エチルアミンなどの合成原料となっている．

(3)　**エチレングリコール**（ethylene glycol），$HOCH_2CH_2OH$（bp 198 ℃）

　無色，粘稠な液体で，水と任意の割合で混じる．エチレンを酸化して得られるエチレンオキシドを加水分解して合成される．

$$CH_2=CH_2 \longrightarrow \underset{O}{CH_2-CH_2} \xrightarrow[180-200℃]{H_2O} HOCH_2-CH_2OH$$

　寒冷地における自動車のエンジンの冷却水の凍結防止剤として大量に使用されている．ただし，エチレングリコールには毒性があり，そのため，その代替品として毒性の低いプロピレングリコール［$CH_3CH(OH)CH_2OH$］の使用が増えている．

(4)　グリセリン（glycerol），$HOCH_2CHOHCH_2OH$（bp 290 ℃）
　植物性および動物性油脂の大部分は高級脂肪酸のトリグリセリンエステルで，天然に多量に存在する．これを水酸化ナトリウムで加水分解すると，高級脂肪酸のナトリウム塩（セッケン）とともにグリセリンが生成する．

$$\begin{array}{c} CH_2OCOR \\ CHOCOR \\ CH_2OCOR \end{array} + 3H_2O \xrightarrow{NaOH} \begin{array}{c} CH_2OH \\ CHOH \\ CH_2OH \end{array} + 3RCO_2Na$$

　また，プロピレンから得られるアリルアルコールを酸化しても得られる．

$$CH_3CH=CH_2 \longrightarrow CH_2=CHCH_2OH \xrightarrow{[O]} CH_2(OH)CH(OH)CH_2OH$$

　ダイナマイトの主剤であるニトログリセリンの原料，ポリエステル樹脂の原料あるいは化粧品や医薬品の湿潤剤として用いられる．

(5)　フェノール（phenol），C_6H_5OH（mp 40.5 ℃，bp 181.8 ℃）
　白色結晶で，空気中で徐々に黄色に変わる．特有の臭いをもち，水，アルコール，エーテルに可溶．皮膚に直接触れると皮膚が白くなり，ひどいときには水疱を生じる．工業的合成法としては，クメン法が最も広く用いられている．2～5％水溶液は防腐，消毒剤として用いられる．工業の用途としてはフェノール樹脂，ピクリン酸，サリチル酸，染料などの原料として重要である．

9.4 アルコールとフェノールの物理的性質

アルコールやフェノールは水のアルキルあるいはアリール誘導体とみなすことができるので，その構造は水と類似している．R–O–H の酸素原子はほとんど四面体構造をもち，結合角は 109.5° に近い．したがって，酸素原子は sp³ 混成をし，非共有電子対を 2 個もっている．

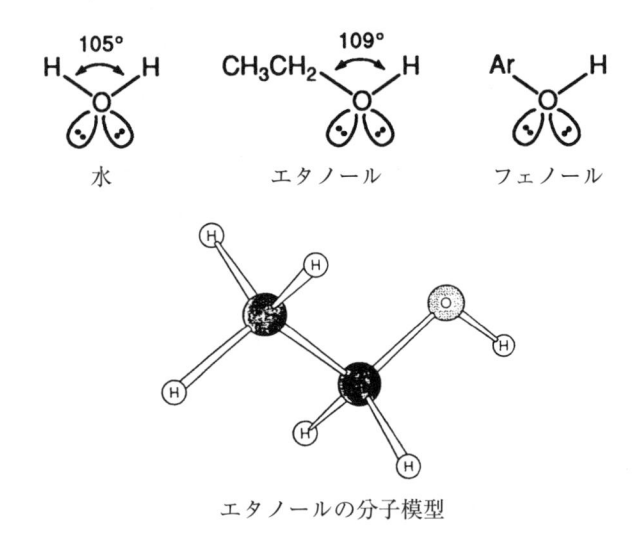

エタノールの分子模型

アルコールの沸点は，同じ位の分子量をもつアルカンやエーテルと比較すると高い．

	CH$_3$CH$_2$OH	CH$_3$CH$_2$CH$_3$	CH$_3$OCH$_3$
分 子 量	46	44	46
沸 点（℃）	78.5	−42	−24

　この理由は，分子同士が**水素結合**（hydrogen bond）（14.8 参照）をしているからである．O–H 結合は酸素の電気陰性度（3.5）が水素のそれ（2.2）よりも大きいため分極し，水素原子は部分正電荷をもち，また酸素原子は部分負電荷をもつことになる．このため，水素原子は別のアルコール分子の酸素原子と弱い結合をつくることになる．こうしてできた結合を水素結合という．

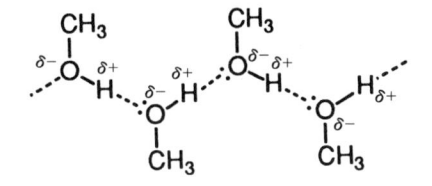

アルコールの分子間水素結合

　水素結合は約 20 kJ/mol で，通常の共有結合に比べるとはるかに弱いが，アルコールが液体から気体になるには，これを切るための余分のエネルギーが必要である．その分，水素結合のできないアルカンやエーテルよりも沸点が高くなるのである．

例題 9-4

　フェノール（bp 181 ℃，分子量 94）はトルエン（bp 111 ℃，分子量 92）に比べて高い沸点をもっている．これを説明せよ．

解答

　フェノールもアルコールと同様に分子間で水素結合をつくることができるからである．

炭素数3以下のアルコールは水に任意の割合で混じる．その理由は，水素結合をつくっている水分子とアルコール分子が容易に置き換わることができるからである．

$$CH_3-O-H\cdots H-O-H\cdots CH_3-O-H$$
$$\delta- \quad \delta+ \quad \quad \delta- \quad \delta+ \quad \quad \delta- \quad \delta+$$

水とアルコールの分子間水素結合

アルコールのアルキル部分が長くなると，その性質はアルカンに近くなり，水に対する溶解度は次第に低下する．

表 9-1 代表的なアルコールの物理的性質

名　称	構造式	mp, ℃	bp, ℃ (1気圧)	密度(d_4^{20}) (g/mL)	水に対する溶解度 g/100 mL H_2O
Methyl alcohol (メチルアルコール)	CH_3OH	−97	64.7	0.792	∞
Ethyl alcohol (エチルアルコール)	CH_3CH_2OH	−114	78.3	0.789	∞
Propyl alcohol (プロピルアルコール)	$CH_3CH_2CH_2OH$	−126	97.2	0.804	∞
Isopropyl alcohol (イソプロピルアルコール)	$CH_3CH(OH)CH_3$	−88	82.3	0.786	∞
Butyl alcohol (ブチルアルコール)	$CH_3CH_2CH_2CH_2OH$	−90	117.7	0.810	7.9
Isobutyl alcohol (イソブチルアルコール)	$CH_3CH(CH_3)CH_2OH$	−108	108.0	0.802	10.0
sec-Butyl alcohol (sec-ブチルアルコール)	$CH_3CH_2CH(OH)CH_3$	−114	99.5	0.808	12.5
tert-Butyl alcohol (tert-ブチルアルコール)	$(CH_3)_3COH$	25	82.5	0.789	∞
Hexyl alcohol (ヘキシルアルコール)	$CH_3(CH_2)_4CH_2OH$	−52	156.5	0.819	0.6
Benzyl alcohol (ベンジルアルコール)	$C_6H_5CH_2OH$	−15	205	1.046	4
Ethylene glycol (エチレングリコール)	$CH_2(OH)CH_2OH$	−16	197	1.113	∞
Glycerol (グリセリン)	$CH_2(OH)CH(OH)CH_2OH$	18	290	1.261	∞

表 9-2 代表的なフェノールの物理的性質

名称	構造式	mp, ℃	bp, ℃	水に対する溶解度 g/100 mL H_2O
Phenol（フェノール）	C_6H_5OH	40.5	181.8	9.3
o-Cresol（o-クレゾール）	o-$CH_3C_6H_4OH$	30	191	2.5
m-Cresol（m-クレゾール）	m-$CH_3C_6H_4OH$	11	201	2.6
p-Cresol（p-クレゾール）	p-$CH_3C_6H_4OH$	35.5	201	2.3

9.5 アルコールとフェノールの化学的性質

アルコールおよびフェノール類はいずれもヒドロキシ基をもっているが，両者の化学的性質にはかなり大きな相違点がみられる．例えば，誰でも知っているように，フェノール類は塩化第二鉄水溶液を赤紫色に変色するが，このような性質はアルコールにはない．以下に，そのほかの両者の性質を比べながら眺めてみよう．

9.5.1 酸性度

フェノール類はアルコールに比べると酸性度が高い．

アルコールに金属ナトリウムやカリウムを反応させると，水素ガスを発生しながら激しく反応してアルコキシドイオンになる．このアルコキシドイオンを水に溶かすと，直ちに加水分解されてアルコールと水酸化ナトリウムになる．また，逆にアルコールを水酸化ナトリウムで処理してもアルコキシドイオンは得られない．このことからアルコールは水よりも弱酸であることがわかる．アルコールではアルキル基が酸素原子に電子を供給し，O–H 結合を水に比べていくぶん切れにくくしているからである．

$$2CH_3CH_2OH + 2Na \longrightarrow 2CH_3CH_2ONa + H_2$$
ナトリウムエトキシド

$$CH_3CH_2ONa + H_2O \longrightarrow CH_3CH_2OH + NaOH$$

ところがフェノールはアルコールよりずっと強い酸性を示す．フェノキシドイオンは共鳴安定化を受け，安定化されているからである（14.2 節参照）．アルコキシドイオンにはそのような安定化はない．

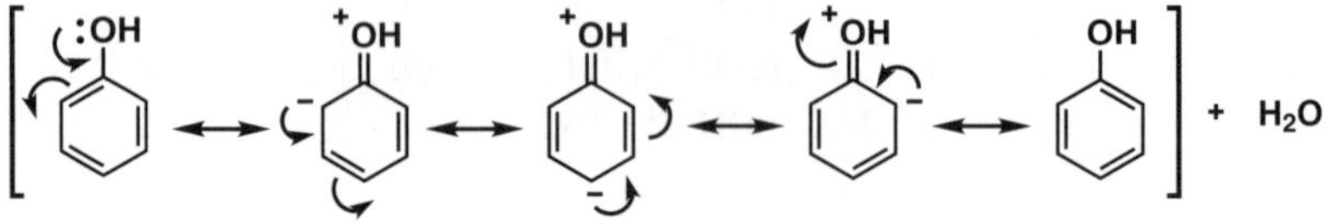

フェノールの共鳴構造（電荷が分離している）

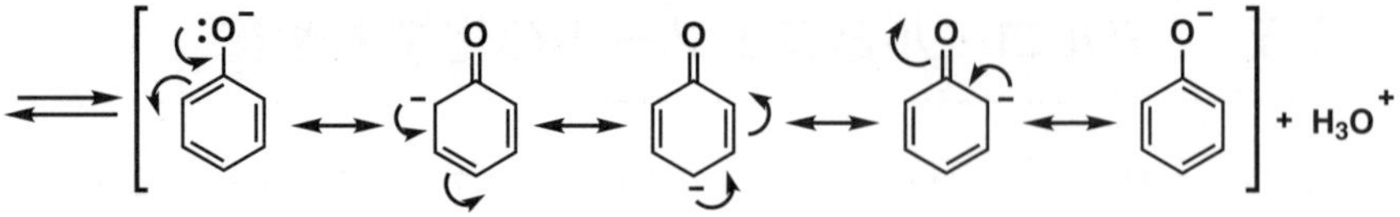

フェノキシドイオンの共鳴構造（電荷が分離していないから，より安定である）

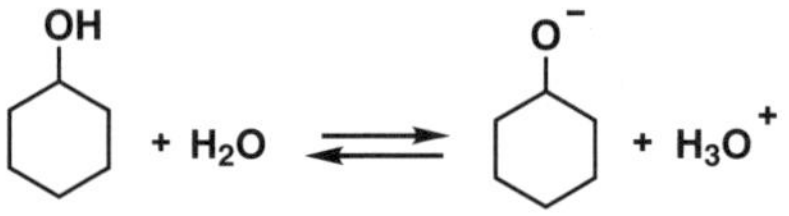

アルコールが解離して生成したアルコキシドイオンには共鳴による安定化はない．

また，水酸化ナトリウム水溶液とも反応してナトリウムフェノキシドをつくり，水に完全に溶ける．

この性質の違いを用いて，アルコールとフェノールの混合物を分離することができる．

例題 9-5

シクロヘキサノールとフェノールを化学的に分離するにはどうすればよいか．

解答
　両者をエーテルに溶かし，これに10％水酸化ナトリウム水溶液を加えると，フェノールのみが反応してナトリウムフェノキシドとなって水に溶ける．エーテル層を分離してエーテルを蒸発するとシクロヘキサノールが得られる．一方，水層に塩酸を加えて酸性にし，再びエーテルで抽出し，エーテル層を取り，エーテルを蒸発するとフェノールが回収される（14.1節参照）．

9.5.2　アルコールの置換反応
　アルコールは，ハロゲン化水素と反応してハロゲン化アルキルを与える．この反応はハロゲン化アルキルの一般的合成法として用いられている．その反応の速さや反応機構はアルコールが第一級であるか，第二級であるか，また第三級であるかによって異なる．第三級アルコールが最も速い．例えば，tert-ブチルアルコールを濃塩酸と数分間振るだけで塩化tert-ブチルが得られる．

$$(CH_3)_3C\text{-}OH + HCl \longrightarrow (CH_3)_3C\text{-}Cl + H_2O$$

　この反応は酸の助けによって，C–O結合が切れtert-ブチル陽イオンが生成し，これに塩化物イオン（Cl⁻）が攻撃したもので，S$_N$1反応である．この反応は，ちょうど塩化tert-ブチルをH$_2$Oで加水分解してtert-ブチルアルコールを生成する反応（第6章）の逆反応である．

$$(CH_3)_3C\text{-}OH \xrightleftharpoons{H_3O^+} (CH_3)_3C\text{-}\overset{+}{O}H_2 \xrightleftharpoons{-H_2O} (CH_3)_3C^+ \xrightleftharpoons{Cl^-} (CH_3)_3C\text{-}Cl$$

　　　　　　　　　　　　　　　　　　　　tert-ブチル陽イオン

　これに対して，第一級アルコールの反応の速度は非常に遅い．第一級炭素陽イオンが不安定でできにくいため，反応機構はS$_N$2反応に変わる．

例題 9-6

次の反応は S$_\text{N}$2 機構で進行する．反応機構を示せ．

$$\text{CH}_3\text{CH}_2\text{CH}_2\text{OH} + \text{HBr} \xrightarrow{\text{加熱}} \text{CH}_3\text{CH}_2\text{CH}_2\text{Br}$$

解答

$$\text{CH}_3\text{CH}_2\text{CH}_2\text{OH} \longrightarrow \left[\text{CH}_3\text{CH}_2\text{CH}_2\overset{+}{\text{O}}\text{H}_2 \cdots \text{Br}^- \right] \longrightarrow \text{CH}_3\text{CH}_2\text{CH}_2\text{Br}$$

アルコールの OH をハロゲンに変えるには，この他に次のような試薬が用いられる．

R-OH ⟶ R-Cl （塩素化）：SOCl$_2$（塩化チオニル），PCl$_3$（三塩化リン）

R-OH ⟶ R-Br （臭素化）：PBr$_3$（三臭化リン）

一方，フェノールはハロゲン化水素と反応させてもハロベンゼンを与えることはない．それは，仮にフェノールの C-O 結合が切れたとすると（S$_\text{N}$1 反応），フェニル陽イオンを生成することになるが，この陽イオンは非常に不安定でできにくい．また，S$_\text{N}$2 反応も背面攻撃ができないので起こりえない．

$$\text{C}_6\text{H}_5\text{OH} \xrightarrow{\text{HBr}} \!\!\!/\!\!\!/ \;\; \text{C}_6\text{H}_5\text{Br}$$

9.5.3　アルコールの脱水反応

アルコールは，濃硫酸やリン酸と加熱すると，脱水反応を起こしアルケンを与える．この反応も前項の置換反応と同様に，アルコールが第三級のとき最も起こりやすく，第一級で最も起こりにくい．例えば，tert-ブチルアルコールは 20％硫酸と 85℃に加熱すると，脱水して 2-メチルプロペンを与える．

$(CH_3)_3COH \xrightarrow[85\ ℃]{H_2SO_4} (CH_3)_2C=CH_2$

この反応もまずプロトンの助けをかりて，tert-ブチル陽イオンが生成する．ここまでは置換反応の場合と同じである．このときハロゲン化物イオン（Cl^- や Br^-）のように求核性の強い求核試薬が存在しないので，炭素陽イオンは隣の炭素からプロトンがとれて 2-メチルプロペンとなって安定化する．この反応様式は E 1 反応である（6.5.2 節）．

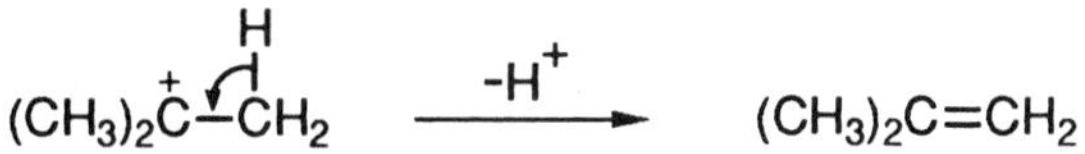

$(CH_3)_2\overset{+}{C}-CH_2 \xrightarrow{-H^+} (CH_3)_2C=CH_2$

これに対して，第一級アルコールであるエタノールの脱水は濃硫酸と 180 ℃ に加熱しなくてはならない．

$CH_3CH_2-OH \xrightarrow[180\ ℃]{H_2SO_4} CH_2=CH_2$

例題 9-7

エタノールの脱水反応は E 2 反応で進行する．その反応機構を示せ．

解答

第一段階は OH へのプロトン付加である．

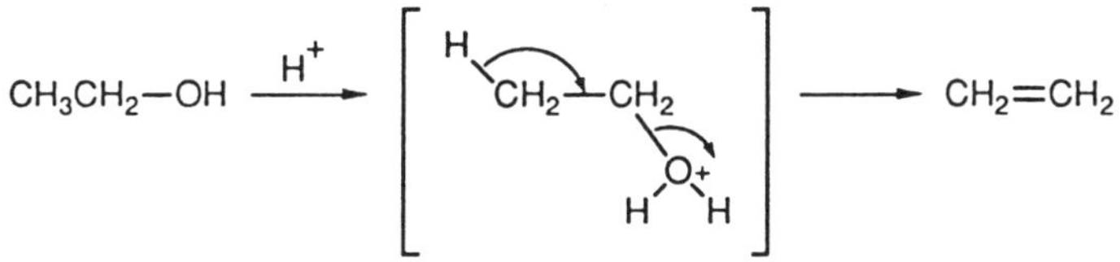

$CH_3CH_2-OH \xrightarrow{H^+} [\begin{matrix}H\\CH_2-CH_2\\\overset{+}{O}H\ H\end{matrix}] \longrightarrow CH_2=CH_2$

第一級炭素陽イオンは不安定でできにくいため，隣の炭素上のプロトンと水の脱離が同時に進行する．

もちろんフェノールではこのような脱水反応は起こらない．

9.5.4 酸化反応（11.9および14.7節参照）

　第一級アルコールを適当な酸化剤で酸化すると，アルデヒドあるいはさらに酸化されてカルボン酸が得られる．第二級アルコールからはケトンが得られる．第三級アルコールは一般に酸化に対して抵抗する．

　第一級アルコールを酸化してアルデヒドで止めたいときは，カルボン酸にまで酸化されないように注意する必要がある．普通この目的には，塩化メチレン（CH_2Cl_2）中クロム酸（CrO_3）-ピリジン錯体（PCCと略称される）が用いられる（**コリンズ Collins 酸化**という）．カルボン酸まで酸化するにはクロム酸-希硫酸（**ジョーンズ Jones 酸化**という）や過マンガン酸カリウム（$KMnO_4$）が用いられる．

　第二級アルコールの酸化は，ケトンが酸化に対して安定であるのでジョーンズ酸化のように強い酸化剤が用いられる．

第一級アルコール　　$R-CH_2-OH \longrightarrow R-CHO \longrightarrow R-CO_2H$

第二級アルコール　　$R_2CH-OH \longrightarrow R_2C=O$

$$CH_3CH_2CH_2CH_2OH \xrightarrow[CH_2Cl_2]{CrO_3\text{-ピリジン錯体}} CH_3CH_2CH_2CHO$$

$$\underset{CH_3}{\overset{CH_3}{|}}CHCH_2CH_2OH \xrightarrow[H_2SO_4 - H_2O]{CrO_3} \underset{CH_3}{\overset{CH_3}{|}}CHCH_2COOH$$

シクロヘキサノール $\xrightarrow[H_2SO_4 - H_2O]{CrO_3}$ シクロヘキサノン

フェノールも通常の酸化剤で容易に酸化され，キノンを与える．

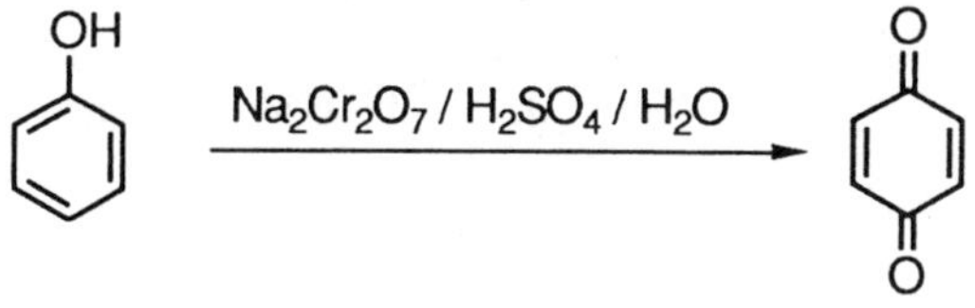

$$\text{PhOH} \xrightarrow{\text{Na}_2\text{Cr}_2\text{O}_7 / \text{H}_2\text{SO}_4 / \text{H}_2\text{O}} \text{p-benzoquinone}$$

9.5.5 フェノールの芳香族置換反応

フェノールは OH 基の強い電子供与性のためにベンゼン環の電子密度が高く，そのため求電子試薬の攻撃を受けやすい．例えば，希硝酸と反応させると，o- および p-ニトロフェノールを与え，濃い硝酸を用いると 3 個のニトロ基が入り，ピクリン酸を与える．また，臭素水を作用させると，2,4,6-トリブロモフェノールを与える．

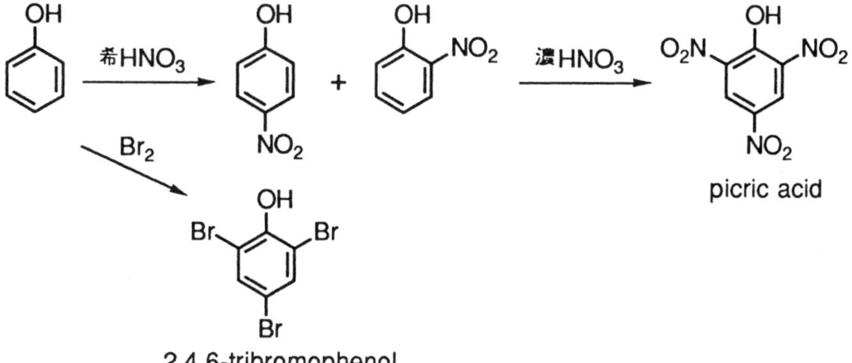

また，ナトリウムフェノキシドに加圧下高温で二酸化炭素を反応させるとサリチル酸を与える．

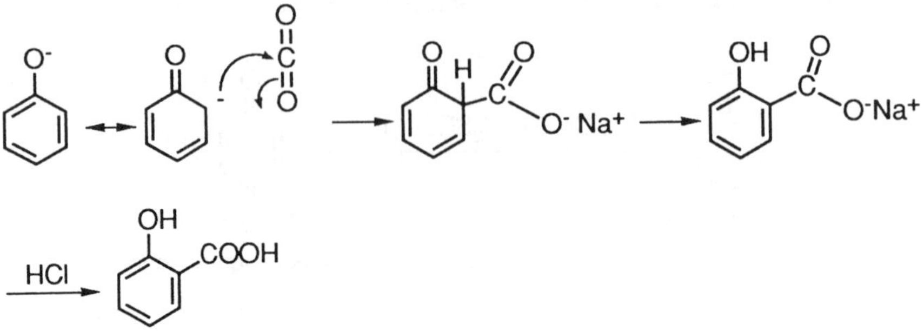

サリチル酸

9.6　アルコールの合成法

(1)　**ハロゲン化アルキルの加水分解**（6.5.1 節参照）

この反応は S_N2 反応であるので，ハロゲン化アルキルはメチル，第一級，第二級に限られる．

（例）

$$CH_3CH_2CH_2CH_2{-}Br \;+\; NaOH \longrightarrow CH_3CH_2CH_2CH_2{-}OH \;+\; NaBr$$

(2)　**アルケンの酸触媒水和**（7.6.1 節参照）

マルコフニコフの法則に従って付加が起こる．

（例）

$$(CH_3)_2C{=}CH_2 \;+\; H_2O \xrightarrow{H_2SO_4} (CH_3)_3COH$$

(3)　**アルケンのヒドロホウ素化ー酸化**（7.6.1 節参照）

（例）

$$3(CH_3)_2C{=}CH_2 + BH_3 \longrightarrow [\,(CH_3)_2CH\,CH_2]_3\,B \xrightarrow{H_2O_2\,/\,NaOH} 3(CH_3)_2CHCH_2OH$$

この反応は，結果的にはアルケンに水が逆マルコフニコフ付加したと見なすことができる．アルケンの水和によって得られるアルコールとは異なることに注意しよう．

(4) **カルボニル基の還元**（第 11 章参照）

アルデヒドからは第一級アルコールが，またケトンからは第二級アルコールが得られる．還元剤としては水素化アルミニウムリチウム（$LiAlH_4$）または水素化ホウ素ナトリウム（$NaBH_4$）がよく用いられる．

（例）

$$CH_3CH_2CH_2CHO \xrightarrow[NaBH_4]{LiAlH_4 \text{ または}} CH_3CH_2CH_2CH_2OH$$

$$CH_3CH_2\underset{O}{\overset{\|}{C}}CH_2CH_3 \xrightarrow[NaBH_4]{LiAlH_4 \text{ または}} CH_3CH_2\underset{OH}{\overset{|}{C}HCH_2CH_3}$$

(5) **カルボニル基とグリニャール（Grignard）試薬の反応**（11.6.1 節参照）

アルデヒドからは第二級アルコールが，またケトンから第三級アルコールが得られる．ただし，ホルムアルデヒドの場合のみ第一級アルコールを生成する．

（例）

$$CH_3CH_2CH_2CHO + CH_3MgBr \longrightarrow CH_3CH_2CH_2\underset{OH}{\overset{|}{C}HCH_3}$$

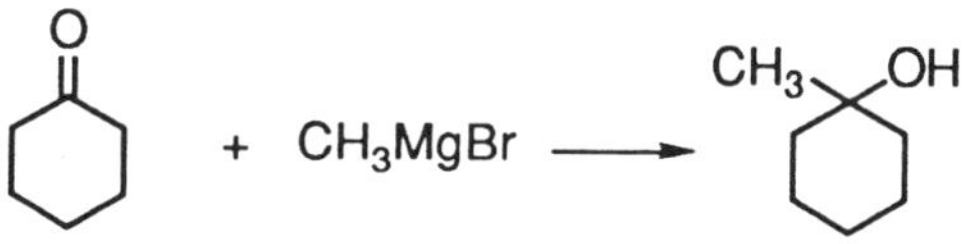

9.7 フェノールの合成法

(1) クメン法
工業的な合成法として最も広く用いられている（9.3節参照）.

(2) ジアゾニウム塩の分解
実験室的な合成法で，芳香族ジアゾニウム塩の酸性水溶液を約40℃に加熱すると，ジアゾニウム塩は分解しフェノールを与える（13.5.5節参照）.

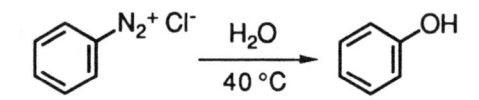

問題

問題1 次のアルコールの構造式を書き，分類せよ．
  (a) 2-butanol   (b) cyclobutanol
  (c) 1-pentanol   (d) 1-methylcyclopentanol

問題2 アルコールとフェノールの化学的性質の相違点について述べよ．

問題3 次のアルコールを酸触媒の存在下で脱水反応させたとき，得られるアルケンの構造式を書け．
  (a) 2-propanol   (b) 2-phenylethanol
  (c) 1-phenylethanol   (d) cyclohexanol

問題4 次のアルコールをそれぞれ [ ] に示した酸化剤を用いて酸化したとき得られる生成物の構造式を書け．

(a) 2-phenylethanol ［PCC］
(b) 2-phenylethanol ［CrO$_3$-H$_2$SO$_4$］
(c) 1-phenylethanol ［CrO$_3$-H$_2$SO$_4$］
(d) cyclohexanol ［CrO$_3$-H$_2$SO$_4$］

問題5 次のアルコールを ［ ］ に示した化合物から合成せよ．
(a) cyclohexylphenylmethanol ［bromocyclohexane と benzaldehyde］
(b) 1,1-diphenylethanol ［benzophenone］
(c) cyclohexanol ［cyclohexene］
(d) 1-phenylethanol ［acetophenone］

コーヒーブレイク

(1) アスピリン

　最も古くて，現在も大量に使われている解熱鎮痛薬である．古くからヨーロッパで解熱用の民間薬としてヤナギの木の皮が使われていたが，その有効成分はサリチル酸らしいということがわかってきた．折しも，ドイツの有機化学者コルベ（A. Kolbe）らによって，サリチル酸（**1**）がフェノールから化学的に合成された（9.5.5参照）．以来，サリチル酸ナトリウム（**2**），サリチル酸フェニル（**3**），そして1899年にはバイエル社のホフマン（F. Hoffmann）らの研究によってアセチルサリチル酸（アスピリン）（**4**）が実用化された．アスピリン（aspirin）という名称はバイエル社の商品名である．サリチル酸がバラ科の植物 *Spiraea ulmaria* の花に存在するところから，古くは Spirsäure と呼ばれていた．これにアセチル（acetyl）の a と in をつけて名付けられたという．現在はアスピリンがなぜ効くか，理論的に解明されている．

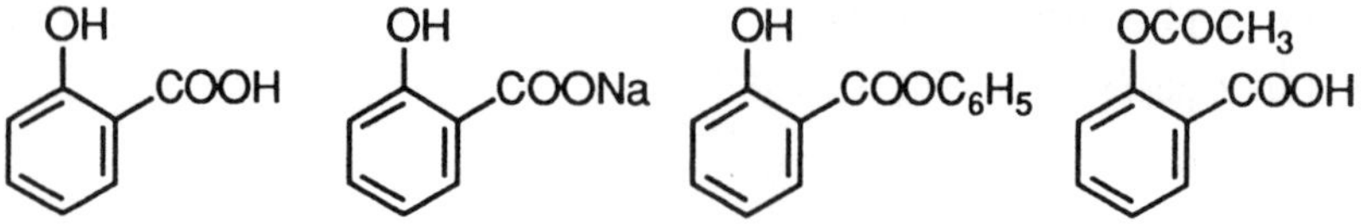

(1)　　　　　(2)　　　　　(3)　　　　　(4)

(2) 昆虫フェロモン

　昆虫は言葉をもたないが，化学物質を使ってお互いのコミュニケーションをしている．そのような物質をフェロモン（pheromone）と呼んでいる．昆虫の種類によってそれぞれその物質は異なる．現在，非常に多くの化合物が知られるようになり，また我々の生活の中でも，例えば「ゴキブリホイホイ」のような形で使われるようになってきている．フェロモンの最初の研究は，ドイツのブテナント（A. Butenandt）（1903～1995）によってなされた．1939年，カイコの雌ガから分泌される雄ガを誘因する物質の研究を開始した．そして，日本から送られた100万匹のカイコを用いてそのうち雌50万匹を羽化させて雌ガとし，1959年12 mgの結晶性の誘導体として単離に成功した．天然のフェロモンは不飽和アルコール（1）の構造式をもっていることを示した．この化合物に対して，カイコ *Bombyx mori* の学名にちなんでボンビコール（bombykol）と名付けた．ブテナントはこの研究の前1939年に，ほかの研究でノーベル化学賞を受賞している．

(1)

(3) ダイナマイトとノーベル賞

　1846年，イタリアの化学者A. ソブレロ（1812～1888）は，グリセリンに濃硫酸の存在下に硝酸と反応させるとニトログリセリンと呼ばれる淡黄色の油状物質が得られることを見出した．これは，ニトロ化合物というよりはアルコー

ルと硝酸のエステルである．ソブレロは，この化合物を加熱すると爆発することも発見した．

$$\begin{array}{c} CH_2-OH \\ CH-OH \\ CH_2-OH \end{array} \xrightarrow[H_2SO_4]{HNO_3} \begin{array}{c} CH_2-ONO_2 \\ CH-ONO_2 \\ CH_2-ONO_2 \end{array}$$

　その後，ニトログリセリンは運河，トンネル，道路の建設や鉱山で爆薬として用いられたが，その取り扱いがむずかしく，爆発事故がしばしば起きた．スウェーデンの化学者 A. ノーベル（A. Nobel）（1833～1896）は，ニトログリセリンを珪藻土にしみ込ませると点火しなければ爆発しないことを見出した．彼はさらに炭酸ナトリウムを加えたものを「ダイナマイト」と命名し，実用化に成功した．

　ニトログリセリンは心筋梗塞や狭心症の治療薬としても用いられる．たまたまこの工場で働いていた狭心症の工員が，工場では狭心症の発作がでないのに休日になると狭心症になることがきっかけで見つかった．狭心症は，冠状動脈の血管が狭窄するために心筋に十分な血流を送り込めなくなり強い胸の痛みを生じる．ニトログリセリンは，血管を拡張して心臓に血液を供給されやすくする．ノーベル自身が狭心症になったとき，主治医は痛みを取るためにニトログリセリンを処方したが，爆薬がどうして痛みをとるかわからないと言って彼は拒否したといわれている（現在では，ニトログリセリンから発生した排気ガスとして悪名高い一酸化窒素 NO が血管を拡張することがわかっている）．

　ノーベルはダイナマイトの発明によって巨万の富を得たが，普仏戦争にも使われ多数の戦死者を出し，彼は非難された．彼はダイナマイトの発明が善であったのか，悪であったのか倫理的な面で悩み，その結果，彼の出した結論は，全財産を人類の発展と平和に貢献した人に与える賞金として寄付することであった．こうしてノーベル賞は誕生した．

第 10 章

エーテルおよびエポキシド

　水分子の水素原子の両方がアルキル基またはアリール基で置換された化合物を**エーテル**（ether）と呼ぶ．R^1 と R^2 は同じか異なる炭化水素基で，アルキル基またはアリール基のいずれであってもよい．一般に，エーテル結合は安定で切れにくいので，反応溶媒として重要である．また，エーテル結合で環をつくっている場合，**環状エーテル**といい，その中で最も小さい三員環エーテルを**エポキシド**（epoxide）と呼んでいる．エポキシドはエーテルの中では特に反応性に富み興味ある性質を示す．

　　　H–O–H　　　　　R^1–O–R^2　　　　　CH$_2$–CH$_2$ (with O bridge)
　　　　水　　　　　　　エーテル　　　　　エポキシドの一種

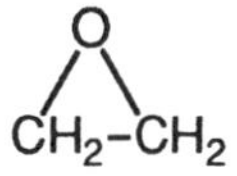

10.1　エーテルおよびエポキシドの命名法

簡単なエーテルには，酸素原子についた2個のアルキル基またはアリール基をアルファベット順に並べたあとにエーテル（ether）をつけて命名する．
（例）

CH₃—O—CH₂CH₃
エチルメチルエーテル
(ethyl methyl ether)

CH₃CH₂—O—CH₂CH₃
ジエチルエーテル
(diethyl ether)

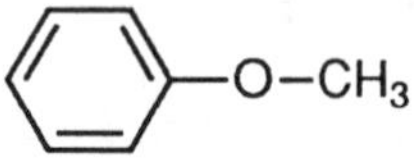

メチルフェニルエーテル
(methyl phenyl ether)
慣用名：アニソール
(anisole)

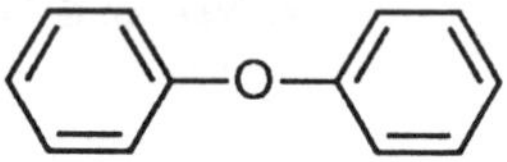

ジフェニルエーテル
(diphenyl ether)

また，アルコキシ（alkoxy）基で置換されたアルカンとしても命名される．
（例）

CH₃O—CH₂CH₂CH₂CH₃
1-メトキシブタン
(1-methoxybutane)

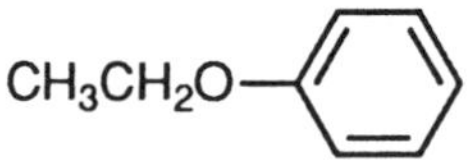

CH₃CH₂O—〈benzene ring〉
エトキシベンゼン
(ethoxybenzene)

例題 10-1

次の化合物を命名せよ．

(a) (CH₃)₂CH—O—CH₂CH₃

(b) CH₃CH₂CH₂CH₂CHCH₃
　　　　　　　　　　｜
　　　　　　　　　OCH₃

(c) 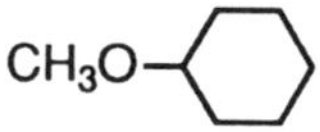 CH₃O—〈cyclohexane〉

(d) 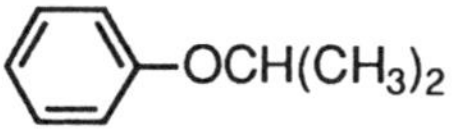 〈benzene〉—OCH(CH₃)₂

解答
- (a) ethyl isopropyl ether
- (b) 2-methoxyhexane
- (c) methoxycyclohexane
- (d) isopropoxybenzene
  (isopropyl phenyl ether)

環状エーテルはそれぞれ特別の名称をもっている．3員環のエーテルはエポキシド（epoxide）と総称され，オキシラン（oxirane）と命名する．そのほか，5員環のエーテルはテトラヒドロフラン（tetrahydrofuran）と呼ばれる．

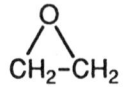

オキシラン
（oxirane）

テトラヒドロフラン
（tetrahydrofuran）

10.2　代表的なエーテル

(1)　**ジエチルエーテル**（diethyl ether），$CH_3CH_2OCH_2CH_3$（bp 34.5 ℃）

無色透明で，特有の香りをもつ液体．引火性が強いので取り扱いに注意が必要である．単にエーテルと呼ばれることもある．水にはわずかに溶け，アルコールやベンゼンには任意の割合で混じる．エタノールと濃硫酸の混合物を140 ℃に加熱すると得られる．

$$2CH_3CH_2OH \xrightarrow[140\ ℃]{H_2SO_4} CH_3CH_2OCH_2CH_3$$

主として溶媒として用いられる．以前には吸入麻酔剤として用いられた．

10.3　エーテルの物理的性質

エーテルは水やアルコールのアルキルあるいはアリール誘導体とみなすことができるので，その構造は水やアルコールと類似している．R–Ö–R′結合は

ほとんど四面体構造をとり（sp³ 混成），結合角は 109.5°に近い．酸素原子には非共有電子対が2個ある．

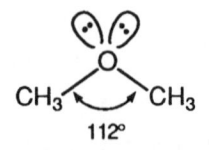

CH₃-O-CH₃ 112°
ジメチルエーテル

エーテルには水素結合をするべき水素原子がない（注：炭素原子に付いている水素原子は分極していないので水素結合できない）ので，同じ分子量のアルコールに比べて沸点は低く，むしろアルカンに近い（9.4 節参照）．

しかし，水やアルコール分子の OH 基とエーテルの非共有電子対とは水素結合ができるので，エーテルとアルコールはよく混じるし，またジエチルエーテルは水にも少し溶ける（7 g/100 mL H₂O）．

表 10-1 代表的なエーテルの物理的性質

化合物名	構造式	mp(℃)	bp(℃)	密度(d_4^{20})(g/mL)
Dimethyl ether（ジメチルエーテル）	CH₃OCH₃	−140	−24.9	0.661
Ethyl methyl ether（エチルメチルエーテル）	CH₃OCH₂CH₃		7.9	0.697
Diethyl ether（ジエチルエーテル）	CH₃CH₂OCH₂CH₃	−116	34.5	0.714
Anisole（アニソール）（メトキシベンゼン）	C₆H₅—OCH₃	−37.3	158.3	0.994
Ethylene oxide*（エチレンオキシド）	CH₂—CH₂（O環）	−122.0	10.7	0.871
Tetrahydrofuran（テトラヒドロフラン）		−108	65.4	0.888

*オキシランの慣用名

例題 10-2

ジエチルエーテルとエタノールが水素結合している様子を書け．

解答

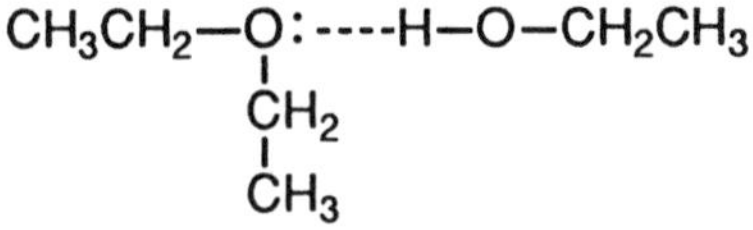

$$CH_3CH_2-\overset{\underset{\overset{|}{CH_2}}{|}}{O}:----H-O-CH_2CH_3$$
$$\underset{CH_3}{|}$$

10.4 エーテルおよびエポキシドの化学的性質

エーテル結合（C−O−C）は一般に安定で，加水分解されにくい．例えば，薄い酸やアルカリと加熱してもほとんど変化しない．しかし，濃臭化水素酸（HBr）やヨウ化水素酸（HI）と加熱すると切れる．この反応は，まずエーテル酸素にプロトンが付加し，アルコールまたはフェノールが脱離基となってハロゲン化物イオンが求核攻撃（S$_N$2 反応）して C−O 結合が切れる．

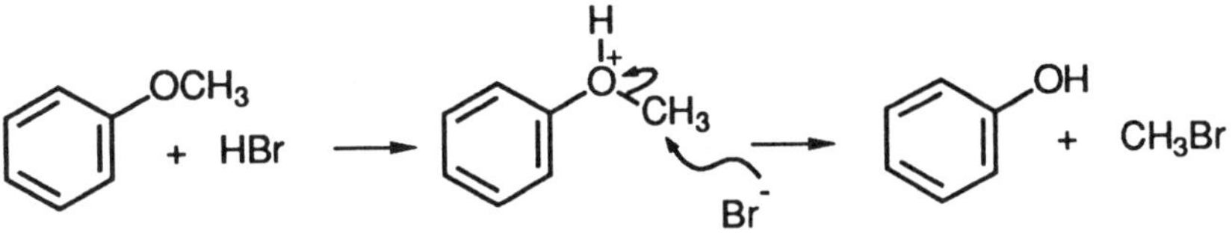

例題 10-3

次のエーテルを酸で処理したとき，得られる生成物は何か．

(a) $CH_3CH_2-O-CH_2CH_3$ + HBr

(b) 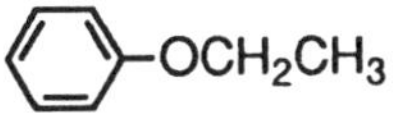 ⌬−OCH_2CH_3 + HI

解答

(a) CH$_3$CH$_2$—Br + CH$_3$CH$_2$OH （ここに生成したエタノールはさらに HBr と反応して最終的には全部 CH$_3$CH$_2$-Br となる）．

(b) C$_6$H$_5$—OH + CH$_3$CH$_2$I （このとき，C$_6$H$_5$I + CH$_3$CH$_2$OH にはならないことに注意しよう．ベンゼン環についた C−O 結合は切れにくい）．

これに対して，エポキシドは環に大きなひずみをもっているので，開きやすい．グリニャール試薬，エトキシドイオン，アンモニアのように強い求核試薬を作用させると，容易に環が開いて，炭素数が2個多いアルコールを与える．

$$CH_3MgBr + \underset{CH_2-CH_2}{\overset{O}{\triangle}} \longrightarrow CH_3CH_2CH_2OH$$

$$CH_3CH_2O^- + \underset{CH_2-CH_2}{\overset{O}{\triangle}} \longrightarrow CH_3CH_2OCH_2CH_2OH$$

$$:NH_3 + \underset{CH_2-CH_2}{\overset{O}{\triangle}} \longrightarrow H_2NCH_2CH_2OH$$

また，酸によっても開環し，例えば希硫酸で処理することによってジオールを与える．エチレングリコールはこの方法で大量に合成され，自動車のエンジンの凍結防止剤として用いられている（9.3節参照）．

$$\underset{CH_2-CH_2}{\overset{O}{\triangle}} \xrightarrow[H_2O]{H^+} \underset{CH_2-CH_2}{\overset{\overset{H}{\overset{+}{O}}}{\triangle}} \underset{:OH_2}{} \longrightarrow HO-CH_2-CH_2-OH$$

ethylene glycol

10.5 エーテルおよびエポキシドの合成法

(1) ウィリアムソン（Williamson）合成法（6.5.1 節参照）

この反応はハロゲン化アルキルとアルコキシドイオンとの S_N2 反応である．したがって，第三級ハロゲン化アルキルは使えない．

$$CH_3CH_2OH \xrightarrow{Na} CH_3CH_2O^- Na^+ \xrightarrow{CH_3CH_2-Br} CH_3CH_2OCH_2CH_3$$

フェノールは水酸化ナトリウムを作用すると，ナトリウムフェノキシドをつくるので，これにヨウ化メチルを反応させるとメチルフェニルエーテル（慣用名：アニソール）が得られる．

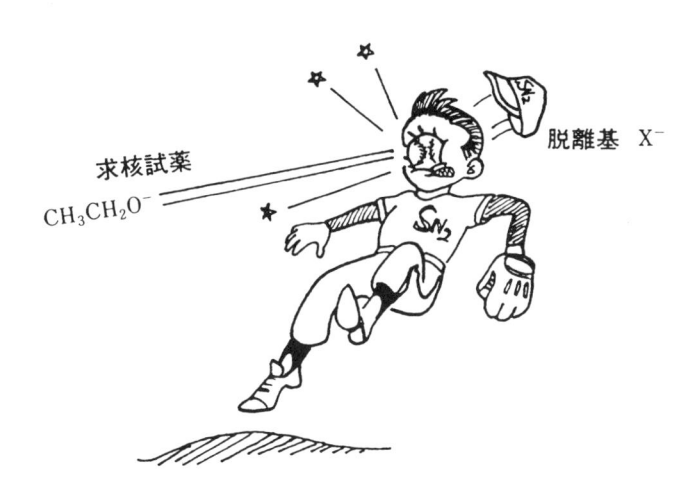

図 10-1 ウィリアムソン投手，ボール（求核試薬）の直撃をくらう．
（S_N2 反応の立体化学は反転を伴う）

例題 10-4

次のエーテルを二通りの方法で合成せよ．

(a) ethyl isopropyl ether (b) benzyl methyl ether

解答

非対称エーテルの場合は，一般にどちらのC-O結合をつくるかによって，二通りの組み合わせが考えられる．

(a) (1) CH₃CH₂ONa + (CH₃)₂CHBr ⟶ CH₃CH₂OCH(CH₃)₂
    (2) (CH₃)₂CHONa + CH₃CH₂Br ⟶

(b) (1) C₆H₅-CH₂ONa + CH₃I ⟶ C₆H₅-CH₂OCH₃
    (2) CH₃ONa + C₆H₅-CH₂Br ⟶

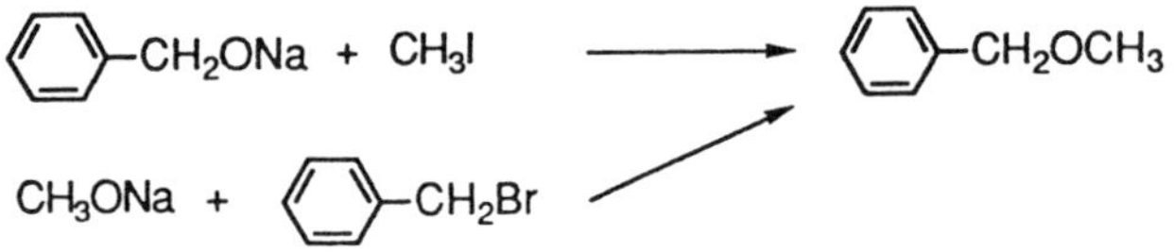

(2) エポキシドの合成

アルケンに過酸（カルボン酸に過酸化水素を作用させて得られ，一般式RCOOOHで表される）を反応させるか，ハロヒドリンと呼ばれる化合物にアルカリを作用させると得られる．

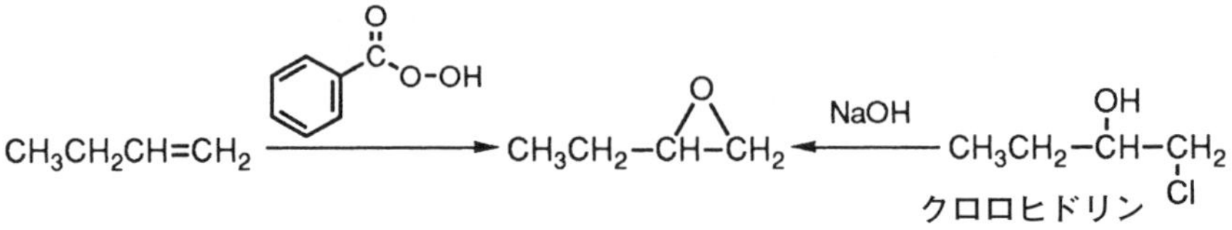

CH₃CH₂CH=CH₂ ─[C₆H₅C(O)OOH]→ CH₃CH₂-CH-CH₂(O) ←[NaOH]─ CH₃CH₂-CH(OH)-CH₂Cl
クロロヒドリン

例題 10-5

上のクロロヒドリンを水酸化ナトリウム水溶液で処理すると，エポキシドが得られた．この反応は分子内ウィリアムソン反応あるいは分子内S_N2型置換反応とみなせる．反応機構を説明せよ．

解答

塩基によってアルコールのプロトンが引き抜かれ，アルコキシドイオンとなり，これが Cl の付いている炭素原子を背面攻撃してエーテルができる．

$$CH_3CH_2-\underset{Cl}{\underset{|}{CH}}-\underset{OH}{\underset{|}{CH_2}} \xrightarrow{\ ^-OH\ } CH_3CH_2-\underset{Cl}{\underset{|}{CH}}-\underset{O^-}{\underset{|}{CH_2}} \longrightarrow CH_3CH_2-\underset{O}{\underset{\diagdown\ \diagup}{CH-CH_2}}$$

問題

問題1 次のエーテルの構造式を書け．
(a) ethyl isopropyl ether　　(b) diphenyl ether
(c) methyloxirane　　(d) tetrahydrofuran

問題2 次の化合物を合成せよ．
(a) phenyl propyl ether（一通り）
(b) methyloxirane（二通り）

問題3 ある学生が次のエーテルを合成するために，計画を立てた．しかし，この方法は実際には成功しない．その理由を説明し，正しい方法を示せ．

(a)　$CH_3-ONa + (CH_3)_3C-Br \longrightarrow CH_3-O-C(CH_3)_3$

(b)　$CH_3-ONa + C_6H_5-Br \longrightarrow C_6H_5-O-CH_3$

問題4 次のエーテルを HBr で処理したとき得られる有機化合物すべてを書け．

(a)　$CH_3-O-CH_2CH_2CH_3$　　(b)　$CH_3CH_2-O-CH(CH_3)_2$

コーヒーブレイク

(1) ジエチルエーテルと麻酔作用

　ジエチルエーテルが麻酔作用をもっていることは1840年頃から知られるようになった．しかし，だれが一番最初に麻酔剤として外科手術に使ったのかははっきりとはしていない．ジョージア州の外科医ロング（C. W. Long）は1842年に腫瘍の切除に使ったが，彼はこれを公表しなかった．ボストンの外科医モートン（W. T. G. Morton）は，1846年抜歯にエーテルを使い，その後公開の場で腫瘍の摘出手術を行っている．しかし，モートンにエーテルの使用を教えたのは私であると，ジャクソン（C. T. Jackson）が名乗り出ている．彼は個人的に自ら体験しエーテルの麻酔作用を知っていたという．その後，この先陣争いは議会にまで持ち込まれている．

　エーテルは引火性やおう吐作用などの副作用もあり，その使用は制限されている．現在，最もよく使われている有機化合物の吸入麻酔剤はセボフルラン〔$(CF_3)_2CHOCH_2F$〕とイソフルラン〔$(CF_3)ClCHOCHF_2$〕である．

(2) クラウンエーテルとその発見者ペダーセン

　クラウンエーテル（crown ether）と総称される大環状ポリエーテルが脚光を浴びている．その名称は王冠（crown）の形をしているところからそう呼ばれるようになった．デュポン社のペダーセン（C. J. Pedersen）（1904～1989）は，ある目的で化合物（**1**）を合成しようとして，カテコール（**2**）の一つのOH基を反応しないように保護して，塩化アルキル（**3**）とウィリアムソン反応を行った．ところが保護したカテコールが不純で少量のカテコールそのものが含まれていたために，目的の化合物のほかに今日クラウンエーテルと呼ばれている最初の化合物（**4**）が得られた．クラウンエーテルはその中心孔に金属陽イオン（例えば，Na^+やK^+）を取り込む性質をもっている．その大きさがあえば，ある金属の陽イオンを選択的に取り込む．例えば，過マンガン酸カリウム（$KMnO_4$）はベンゼンには溶けないが，18-crown-6（最初の数字は環

(1)　(2)　(3)

(4)　(5)

の大きさすなわち環を構成する原子の数を，後の数字は酸素原子の数を表す）
(5) というクラウンエーテルを少量加えると，K^+ イオンを取り込みその対イオン MnO_4^- とともにベンゼンに溶け，「パープルベンゼン」と呼ばれる強力な酸化剤となる．

　ペダーセンはこの研究によって1987年ノーベル化学賞を受賞した．ちなみに，彼の母は日本人である．国籍はノルウェーであるが，日本名として良男という名をもっている．また，彼は学位をもたないでノーベル化学賞を受賞した数少ない一人である．最後にこの研究は彼が60歳になってから始まったものであることを付け加えておこう．興味のある人は *Angew. Chem. Int. Ed.*, **27**, 1021（1988）を読むことをすすめる．

クラウンエーテルと王冠

第 11 章

アルデヒドとケトン

　アルデヒドとケトンはいずれも炭素−酸素二重結合 >C=O（**カルボニル基** carbonyl group という）をもっている．カルボニル基の一方の結合に水素原子，もう一方の結合には水素，アルキル基，またはアリール基が結合している化合物を**アルデヒド**（aldehyde）という．また，カルボニル基の両方の結合にアルキル基またはアリール基が結合している化合物を**ケトン**（ketone）という．

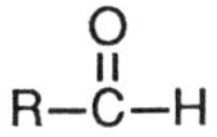

$$\underset{\text{アルデヒド}}{R-\overset{\overset{\displaystyle O}{\|}}{C}-H} \qquad \underset{\text{ケトン}}{R^1-\overset{\overset{\displaystyle O}{\|}}{C}-R^2}$$

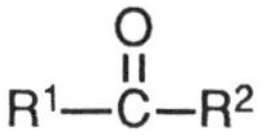

　アルデヒドとケトンの両者を併せて**カルボニル化合物**という．カルボニル化合物は反応性に富み，官能基の中で最も重要なものの一つである．アルデヒドとケトンの反応性はよく似ているが，若干の相違点もみられる．これらにも注意して眺めてみよう．

11.1 アルデヒドの命名法

脂肪族アルデヒドの IUPAC 命名法では，相当するアルカン（alkane）の e をとり，アール（al）に置き換えて命名する．アルデヒド基は必ず炭素鎖の端にあるからその位置を示す必要はない．アルデヒド基がシクロアルカンや芳香環に直結しているときは，環状炭化水素の名称の後ろにカルバルデヒド（carbaldehyde）を付ける．位置番号は環固有の位置番号にしたがう．接頭語として用いるときは −CHO に対してホルミル（formyl）を用いる．

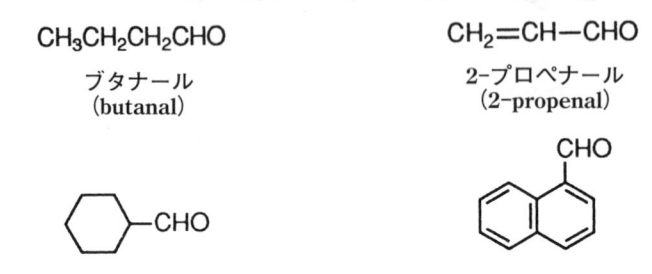

CH₃CH₂CH₂CHO
ブタナール
（butanal）

CH₂=CH−CHO
2-プロペナール
（2-propenal）

シクロヘキサンカルバルデヒド
（cyclohexanecarbaldehyde）

1-ナフタレンカルバルデヒド
（1-naphthalenecarbaldehyde）

簡単なアルデヒドには，これらの名称のほかにカルボン酸の名称から誘導された慣用名も用いられる．すなわち，〜ic acid または 〜oic acid をそのまま 〜aldehyde に変える．

（例）

アルデヒド	IUPAC 名	慣用名	元のカルボン酸
HCH=O	Methanal（メタナール）	formaldehyde（ホルムアルデヒド）	formic acid
CH₃CH=O	Ethanal（エタナール）	acetaldehyde（アセトアルデヒド）	acetic acid
CH₃CH₂CH=O	Propanal（プロパナール）	propionaldehyde（プロピオンアルデヒド）	propionic acid
C₆H₅CH=O	Benzenecarbaldehyde（ベンゼンカルバルデヒド）	benzaldehyde（ベンズアルデヒド）	benzoic acid

例題 11-1

次のアルデヒドを命名せよ．

(a) CH₃CH=O (b) CH₃CH₂CH₂CH=CHCHO

(c) OHCCH₂CH₂CHO (d) ナフタレン-1,2-ジカルバルデヒド構造

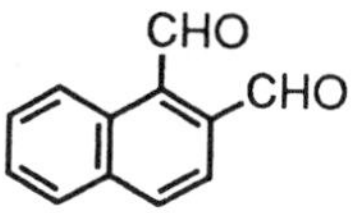

解答

カッコ内の名称は慣用名

(a) ethanal（acetaldehyde）
(b) 2-hexenal
(c) butanedial（succinaldehyde スクシンアルデヒド）
(d) 1,2-naphthalenedicarbaldehyde

11.2 ケトンの命名法

　脂肪族ケトンは相当するアルカン（alkane）の語尾 e をとり，オン（one）に置き換えて命名する．ケトンのカルボニル基の位置はそれが最も小さくなるように炭素鎖に番号を付ける．接頭語としてはオキソ（oxo）を用いる．

　簡単なケトンに対してはカルボニル基の 2 個の置換基をアルファベット順に並べ，その後にケトン（ketone）を付ける．このほか，芳香族ケトンや環状ケトンには特別の慣用名が用いられる．特に，ベンゼン環にアシル（acyl）基（RCO−）が直結しているとき，そのアシル基の酸の名称 〜oic acid を 〜オフェノン（〜ophenone）に変えて命名する．

CH₃—CO—CH₂CH₃

2-ブタノン
(2-butanone)
[エチルメチルケトン]
[ethyl methyl ketone]

CH₂=CH—CO-CH₃

3-ブテン-2-オン
(3-buten-2-one)
[メチルビニルケトン]
[methyl vinyl ketone]

シクロヘキサノン
(cyclohexanone)

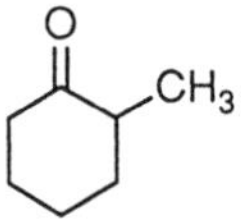

2-メチルシクロヘキサノン
(2-methylcyclohexanone)

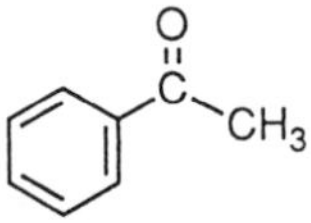

1-フェニルエタノン
(1-phenylethanone)
[メチルフェニルケトン]
[methyl phenyl ketone]
[アセトフェノン]
[acetophenone]

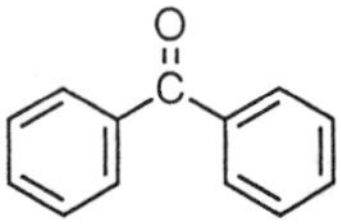

ジフェニルメタノン
(diphenylmethanone)
[ジフェニルケトン]
[diphenyl ketone]
[ベンゾフェノン]
[benzophenone]

例題 11-2

次のケトンを命名せよ.

(a) CH₃CH₂COCH₂CH₃   (b) CH₃COCH₂COCH₃

(c) (CH₃)₂C=CHCOCH₃   (d)

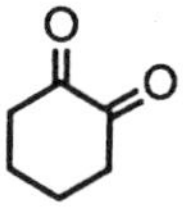

解答

(a) 3-pentanone (diethyl ketone)

(b) 2,4-pentanedione

(c) 4-methyl-3-penten-2-one または dimethylvinyl methyl ketone (慣用名は mesityl oxide)

(d) 1,2-cyclohexanedione

11.3 代表的なアルデヒドとケトン

(1) **ホルムアルデヒド**（formaldehyde），HCHO（bp −19.3 ℃）

刺激臭のある気体で，水に溶けやすい．その 37 % 水溶液はホルマリンと呼ばれ市販されているが発がん性を示す．工業的にはメチルアルコールを酸化して合成される．フェノール樹脂や尿素樹脂の原料として使われてきた．

(2) **アセトアルデヒド**（acetaldehyde），CH$_3$CHO（bp 20.2 ℃）

刺激臭のある液体である．水とはどんな割合でも混じる．工業的にはエチレンを塩化パラジウム(II)と塩化銅(II)を触媒として酸化して合成される（ワッカー Wacker 酸化）．以前はアセチレンを水銀塩と希硫酸の存在下に水和して合成されていたが，有害な水銀廃棄物を生じるため，現在は行われていない．この反応の水銀廃棄物が水俣病の原因となった．アセトアルデヒドは酢酸や無水酢酸の原料として用いられる．

$$CH_2=CH_2 \xrightarrow[H_2O, O_2]{PdCl_2, CuCl_2} CH_3CH=O$$

(3) **アセトン**（acetone），CH$_3$COCH$_3$（bp 56.3 ℃）

無色の液体である．水とはどんな割合でも混じり，多くの有機化合物を溶かすので，溶媒として広く用いられる．イソプロピルアルコールを酸化したり，クメン法でフェノールをつくるときにも副生する（9.3 節参照）．メタクリル樹脂の原料としても重要である．

$$(CH_3)_2CHOH \xrightarrow{CrO_3} (CH_3)_2C=O$$

11.4 カルボニル基の構造

カルボニル基は図 11-1 a に示したように，その構造はアルケンに似ている．すなわち，カルボニル炭素は sp^2 混成をしており，それらはシグマ結合をつくるのに使われる．シグマ結合している 3 個の原子は同一平面上にある．これらの 3 個の原子の結合角は約 120° になっている．残ったカルボニル炭素の 1 個の p 軌道は酸素原子の p 軌道と重なり，パイ結合をつくっている．その様子を図 11-1 b に示す．カルボニル酸素は非共有電子対を 2 個もっている．

図 11-1 a

図 11-1 b

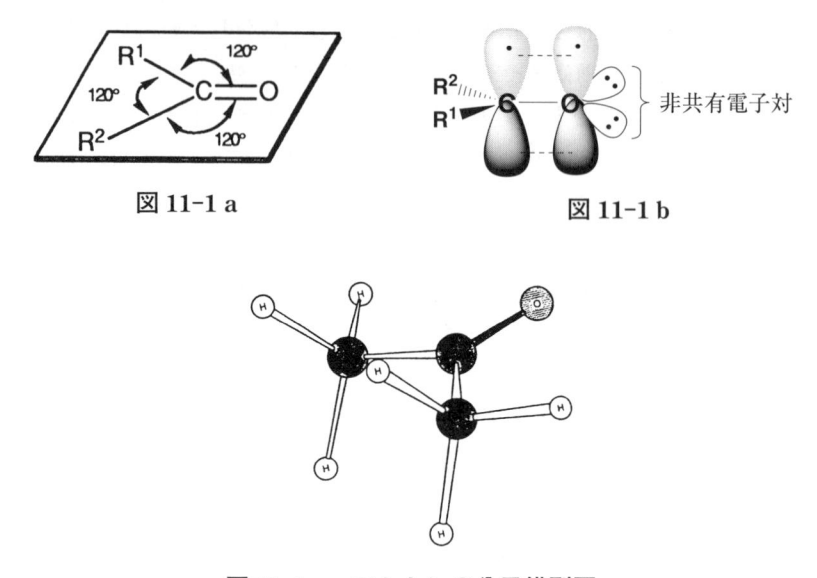

図 11-1 c　アセトンの分子模型図

カルボニル基は電気陰性度の小さい C (2.5) と大きい O (3.5) からなり，結合電子対は当然酸素の方に片寄っている．すなわち，カルボニル基の炭素−酸素結合は分極し，炭素が部分的に正 (δ+)，酸素が部分的に負 (δ−) の電荷を帯びている．特に，パイ電子はシグマ電子より動きやすい．このことはカ

11.5 アルデヒドとケトンの物理的性質　*191*

　　　カルボニル基の分極　　　　　　　カルボニル基の共鳴構造

ルボニル基の2番目の共鳴構造（II）の寄与が大きいことを示している（14.2節参照）．

11.5　アルデヒドとケトンの物理的性質

　カルボニル基は極性基であるので，アルデヒドやケトンは同じ分子量のアルカンより沸点は高い（14.8参照）．しかし，両者とも分子間水素結合をつくることができないので，相当するアルコールより沸点は低い．

　しかし，カルボニル基の酸素原子は水分子と水素結合をつくることができるので，低分子量のアルデヒドやケトンは水にかなりよく溶ける．アセトアルデヒドやアセトンは任意の割合で水と混じる．

例題 11-3

　アセトアルデヒドと水分子の水素結合を書け．

解答

　アセトアルデヒドの酸素原子の非共有電子対と水分子の水素原子の間に水素結合が形成される．

$$CH_3CH=O:\text{----}H-O-H$$

表 11-1 代表的なアルデヒドおよびケトンの物理的性質

化合物名	構造式	mp (℃)	bp (℃)	水に対する溶解性
Formaldehyde（ホルムアルデヒド）	HCHO	−92	−19.3	易溶
Acetaldehyde（アセトアルデヒド）	CH$_3$CHO	−125	20.2	∞
Propanal（プロパナール）	CH$_3$CH$_2$CHO	−81	49	易溶
Benzaldehyde（ベンズアルデヒド）	C$_6$H$_5$CHO	−57	178	わずかに溶
Phenylacetaldehyde（フェニルアセトアルデヒド）	C$_6$H$_5$CH$_2$CHO	33	193	わずかに溶
Acetone（アセトン）	CH$_3$COCH$_3$	−95	56.3	∞
Acetophenone（アセトフェノン）	C$_6$H$_5$COCH$_3$	21	202	不溶
Benzophenone（ベンゾフェノン）	C$_6$H$_5$COC$_6$H$_5$	48	306	不溶

11.6 カルボニル基の反応

カルボニル基の炭素−酸素二重結合は，アルケンの二重結合と同じように付加反応を行う．ここでも主役はパイ結合である．しかし，カルボニル基は分極しているので，反応様式はアルケンとは異なる．

―― カルボニル化合物の反応機構 ――

中性または塩基性条件下

部分的に正電荷を帯びたカルボニル炭素に求核試薬（例えば，グリニャール試薬，ヒドリドイオン，シアン化物イオン，アミンなどの強い求核試薬）が直接攻撃するというタイプの反応が起こる．この反応はハロゲン化アルキルの S$_N$2 反応によく似ている．

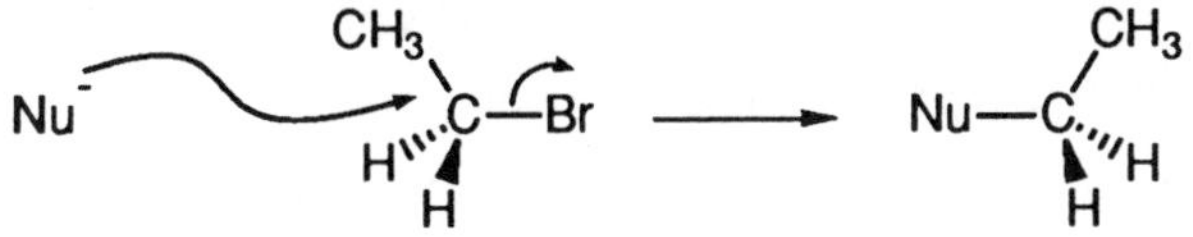

11.6 カルボニル基の反応　**193**

ハロゲン化アルキルの S$_N$2 反応

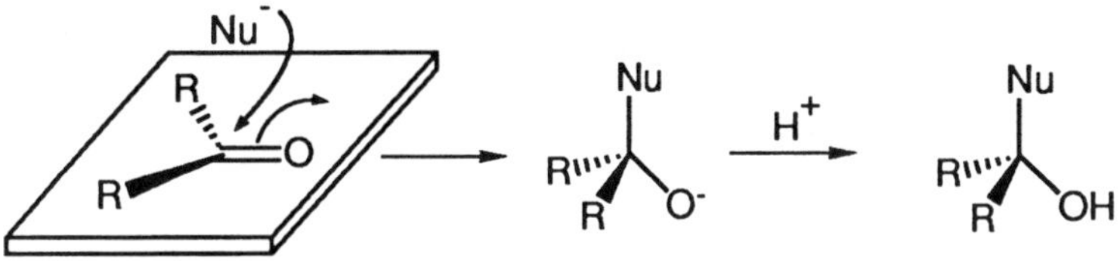

四面体の中間体

カルボニル炭素上における中性または
塩基性条件下の求核付加反応の反応機構

酸性条件下

　カルボニル酸素にプロトンが付加し，その結果カルボニル炭素はほとんど炭素陽イオンのようになり，反応性はさらに高まる．アルコールのように弱い求核試薬の付加には酸の応援が必要である．この反応はハロゲン化アルキルの S$_N$1 反応によく似ている．

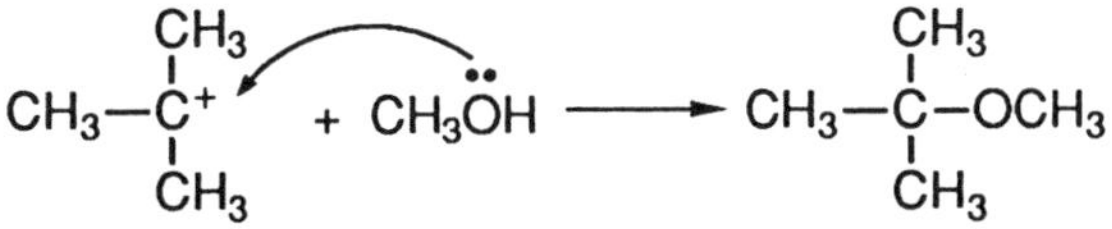

ハロゲン化アルキルの S$_N$1 反応

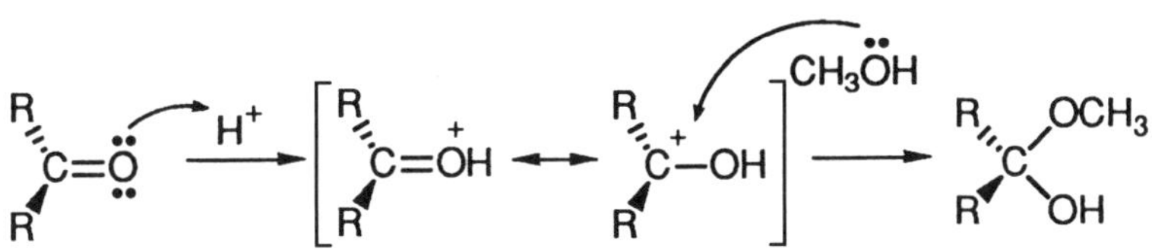

カルボニル炭素上における酸性
条件下の求核付加反応の反応機構

一般に，アルデヒドはケトンに比べて反応性が高い．その理由として電気的な要因と立体的な要因が考えられる．

電気的要因：アルキル基は水素原子より電子供与性が大きく，その結果カルボニル炭素の陽性の度合いがケトンではアルデヒドに比べて小さくなっている．

$$
\begin{array}{cc}
\text{アルデヒド} & \text{ケトン}
\end{array}
$$

立体的要因：水素より大きなアルキル基が二つもついたケトンでは，アルデヒドに比べて試薬がカルボニル炭素に接近しにくい．

11.6.1 グリニャール（Grignard）試薬の付加

グリニャール試薬は一般式 RMgX で表される．ケトンやアルデヒドと反応してアルコールを与える．

$$R^1-\underset{\underset{}{\overset{\overset{O}{\|}}{C}}}{}-R^2 \xrightarrow{\text{1) } R^3MgX}_{\text{2) } H_3O^+} R^2-\underset{R^3}{\overset{R^1}{\underset{|}{\overset{|}{C}}}}-OH$$

グリニャール試薬は，第一級，第二級，および第三級ハロゲン化アルキル，ハロゲン化アリール，ハロゲン化ビニルをエーテル中マグネシウムと反応させると得られる．通常そのエーテル溶液にカルボニル化合物を加えて反応させる．

$$R-X + Mg \longrightarrow R-MgX$$
グリニャール試薬

グリニャール試薬の C–Mg 結合の結合電子対は，両者の電気陰性度（C = 2.5，Mg = 1.2）から考えて，炭素の方に片寄っている．そのため，炭素原子は炭素陰イオン（R⁻）としての性質をもっている．これが電気的に陽性のカルボニル炭素（sp^2 炭素）を求核攻撃する．こうして生成した中間体は四面体構造（sp^3 炭素）となる．その後，薄い酸を加えると，この中間体が加水分解されてアルコールになる．

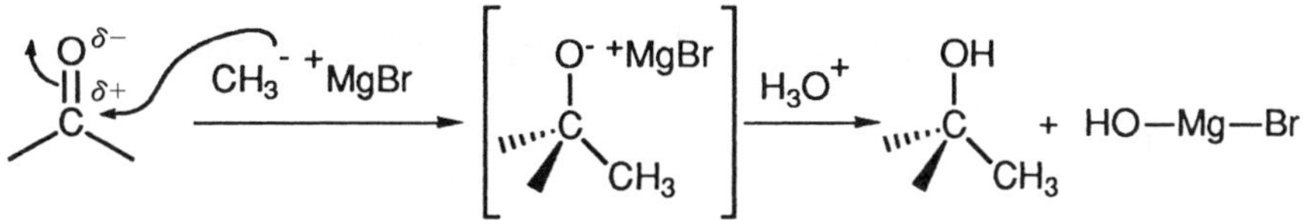

11.6 カルボニル基の反応　**195**

カルボニル化合物を選ぶことによって，第一級，第二級，および第三級アルコールをつくり分けることができる．

(1) ホルムアルデヒドとの反応（第一級アルコールの生成）

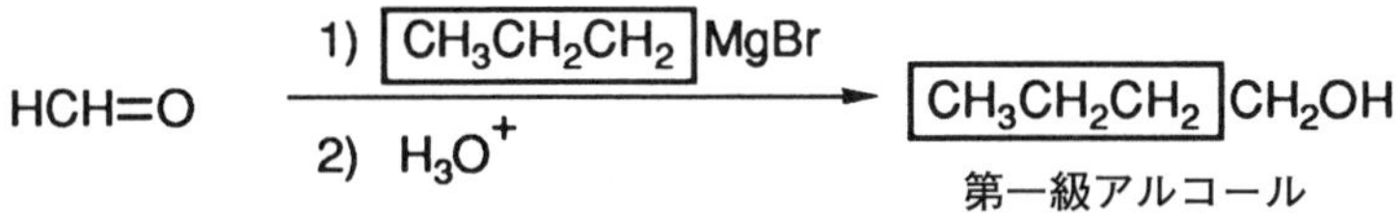

$$HCH=O \xrightarrow[\text{2) } H_3O^+]{\text{1) } \boxed{CH_3CH_2CH_2}MgBr} \boxed{CH_3CH_2CH_2}CH_2OH$$
第一級アルコール

(2) アルデヒドとの反応（第二級アルコールの生成）

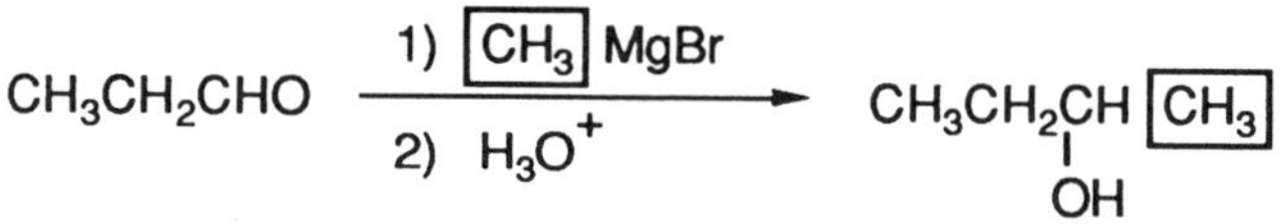

$$CH_3CH_2CHO \xrightarrow[\text{2) } H_3O^+]{\text{1) } \boxed{CH_3}MgBr} CH_3CH_2\underset{OH}{CH}\boxed{CH_3}$$

(3) ケトンとの反応（第三級アルコールの生成）

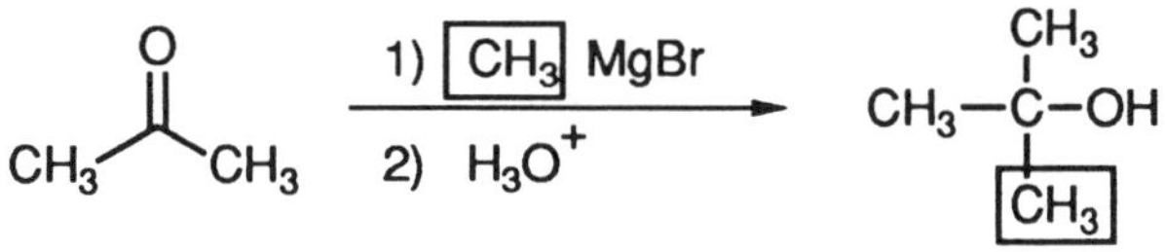

$$CH_3COCH_3 \xrightarrow[\text{2) } H_3O^+]{\text{1) } \boxed{CH_3}MgBr} CH_3-\underset{\boxed{CH_3}}{\overset{CH_3}{C}}-OH$$

例題 11-4

次のアルコールを適当なアルデヒドまたはケトンとグリニャール試薬を用いて合成したい．可能な場合には二通りの方法を示せ．

(a) 2-methyl-2-butanol　　(b) 1-methylcyclohexanol
(c) 2-phenyl-2-propanol　　(d) benzyl alcohol

解答

(a) $(CH_3)_2C=O$ + CH_3CH_2MgBr または $CH_3COCH_2CH_3$ + CH_3MgBr

(b) シクロヘキサノン + CH_3MgBr

(c) $C_6H_5COCH_3$ + CH_3MgBr または $(CH_3)_2C=O$ + C_6H_5MgBr

(d) C_6H_5MgBr + $HCH=O$

11.6.2 ヒドリドイオン（H⁻）の付加：LiAlH₄ および NaBH₄ による還元

水素化アルミニウムリチウム（LiAlH₄）や水素化ホウ素ナトリウム（NaBH₄）はカルボニル化合物をアルコールに還元する.

$$R^1-\underset{O}{\overset{\|}{C}}-R^2 \xrightarrow[\text{2) } H_3O^+]{\text{1) LiAlH}_4 \text{ または NaBH}_4} R^1-\underset{R^2}{\overset{|}{C}H}-OH$$

ケトンやアルデヒドの還元の目的には，その安全性と取り扱いやすさのために通常 NaBH₄ が多く用いられる．LiAlH₄ は非常に活性で水やアルコールと激しく反応するので，取扱いには注意が必要である．両者の反応の求核種は実質的にはヒドリドイオン（H⁻）で，これがカルボニル炭素を攻撃し，四面体中間体となる．その後，酸で加水分解されアルコールになる．

アルデヒドからは第一級アルコール，ケトンからは第二級アルコールが得られる．

$$CH_3CH_2CH_2CH_2-CHO \xrightarrow[\text{2) } H_3O^+]{\text{1) LiAlH}_4 \text{ または NaBH}_4} CH_3CH_2CH_2CH_2-CH_2OH$$

シクロヘキサノン $\xrightarrow[\text{2) } H_3O^+]{\text{1) LiAlH}_4 \text{ または NaBH}_4}$ シクロヘキサノール

例題 11-5

次のカルボニル化合物を LiAlH$_4$ または NaBH$_4$ で還元したとき，得られるアルコールの構造式を書け．

(a) C$_6$H$_5$CHO
(b) CH$_3$COCH$_3$
(c) C$_6$H$_5$COCH$_3$
(d) C$_6$H$_5$COC$_6$H$_5$

解答

(a) C$_6$H$_5$CH$_2$OH
(b) CH$_3$CHCH$_3$
    　　|
    　　OH
(c) C$_6$H$_5$CH(OH)CH$_3$
(d) (C$_6$H$_5$)$_2$CHOH

11.6.3 シアン化水素の付加：シアノヒドリンの生成

シアン化水素はアルデヒドやケトンと反応してシアノヒドリン（cyanohydrin）を生成する．

$$\begin{array}{c}CH_3\\ \\ CH_3\end{array}\!\!C=O + HCN \xrightleftharpoons{^-OH\,(少量)} \begin{array}{c}CH_3\\ \\ CH_3\end{array}\!\!C\!\!\begin{array}{c}CN\\ \\ OH\end{array}$$

acetone cyanohydrin

この反応は塩基触媒反応である．水酸化物イオンが HCN と反応して生成したシアン化物イオン（$^-$CN）がカルボニル基を攻撃し，アルコキシドイオンを生成する．このアルコキシドインが HCN と反応してプロトンをとり，アルコールを生成する．このときシアン化物イオン（CN$^-$）が再生され，再びアセト

アルコキシドイオン

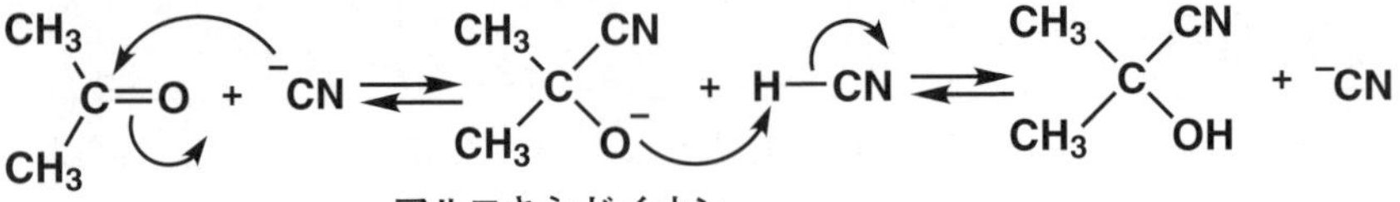

ンを攻撃する.

11.6.4　アミンの付加

アンモニアや第一級アミン（R－NH_2）がアルデヒドやケトンと反応すると，最初の付加体では止まらず，脱水を起こして，**イミン**（R_2C=NR）または**シッフ**（Schiff）**の塩基**と呼ばれる化合物を与える.

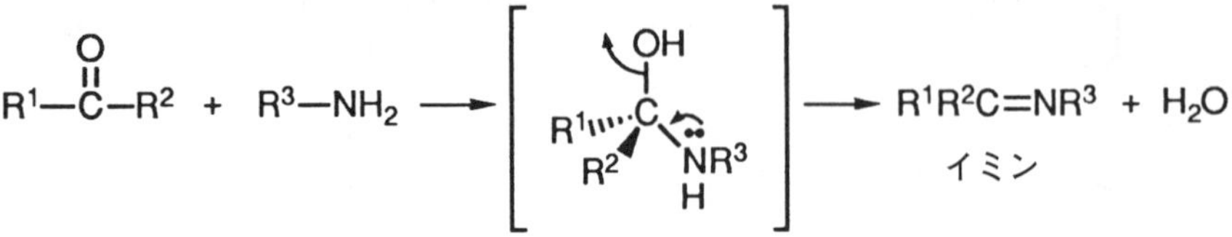

イミン誘導体の中でも**オキシム**（oxime）や**2,4-ジニトロフェニルヒドラゾン**（2,4-dinitrophenylhydrazone）と呼ばれる化合物は，アルデヒドやケトンとヒドロキシルアミンや2,4-ジニトロフェニルヒドラジンの反応によって容易に得られる．これらのイミン誘導体は通常結晶で，取り扱いやすいので，液体

hydroxylamine　　**cyclohexanone oxime**（**mp 90 ℃**）

2,4-dinitrophenyl-hydrazine　　**acetone 2,4-dinitrophenyl-hydrazone**

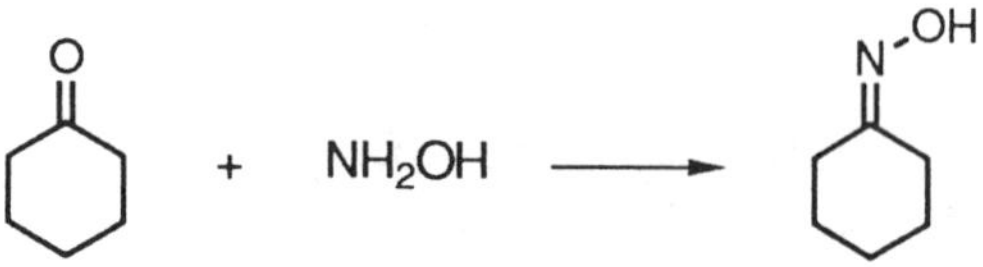

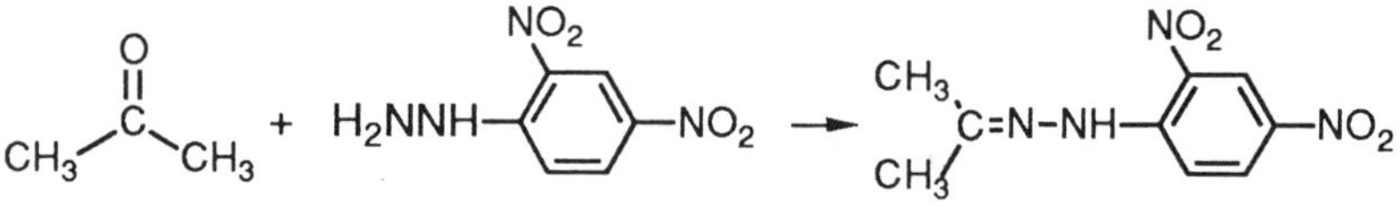

のアルデヒドやケトンの確認に用いられる．

表 11-2 アルデヒドおよびケトンの誘導体

アルデヒドまたはケトン	オキシムの mp ℃	2,4-ジニトロフェニルヒドラゾンの mp ℃
Acetaldehyde	46.5	168.5
Acetone	61	128
Benzaldehyde	35	237
o-Tolualdehyde	49	195
m-Tolualdehyde	60	211
p-Tolualdehyde	79	239
Phenylacetaldehyde	103	121

例題 11-6

次の反応の主生成物の構造式を記せ．

(a) acetaldehyde + methylamine

(b) benzaldehyde + 2,4-dinitrophenylhydrazine

(c) acetone + hydroxylamine

(d) cyclohexanone + 2,4-dinitrophenylhydrazine

解答

(a) CH$_3$CH=NCH$_3$

(b) C$_6$H$_5$-CH=NNH-C$_6$H$_3$(NO$_2$)$_2$

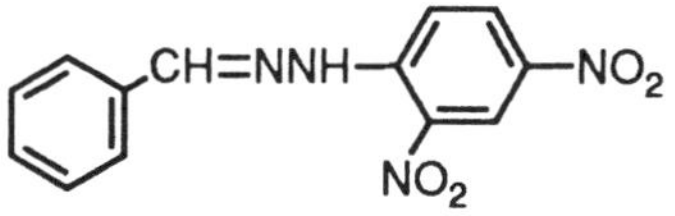

(c) (CH$_3$)$_2$C=N-OH

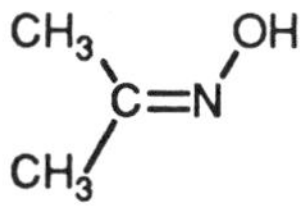

(d) シクロヘキサノン-2,4-ジニトロフェニルヒドラゾン

11.6.5 水およびアルコールの付加

　アルデヒドやケトンは水を付加し，1,1-ジオールを与える．しかし，この反応は可逆反応で，生成した1,1-ジオールは再び脱水して元のアルデヒドやケトンに戻る．その平衡位置はアルデヒドやケトンの構造によって異なり，一般に特別な場合のほかはアルデヒドやケトンの構造の方が安定形である．例えば，アセトンの水溶液はその99.9 %がケトンであり，1,1-ジオール形はわずかに0.1 %である．ホルムアルデヒドの水溶液は逆に99.9 %が1,1-ジオール形で存在する．

$$CH_2=O + H_2O \rightleftharpoons CH_2(OH)_2$$

　アルコールも水と同様に付加してヘミアセタール（hemiacetal）を生成する．しかし，この付加体も通常単離できるほど安定ではない．

$$CH_3CH_2CHO + CH_3OH \rightleftharpoons CH_3CH_2CH(OCH_3)(O^-) \rightleftharpoons CH_3CH_2CH(OCH_3)(OH)$$

ヘミアセタール

　しかし，この反応を酸の触媒下で行うと，2分子のアルコールが付加し，**アセタール**（acetal）と呼ばれる化合物を与える．触媒として酸を加える理由は，プロトンがカルボニル酸素に付加することによって，カルボニル炭素をより電気的に陽性とし，その結果アルコールの求核攻撃を容易にするとともに，2個目のアルコールの付加を助けるためである．この反応は全段階が可逆的である．

11.6 カルボニル基の反応　　**201**

図11-2　プロトンがカルボニル酸素の応援に！

$$\ce{>C=O} \overset{H^+}{\rightleftharpoons} \left[\ce{>C=\overset{+}{O}-H} \longleftrightarrow \ce{>\overset{+}{C}-O-H} \right]$$

アセタール

　可逆的であるということは，必要に応じて反応条件を選べば，カルボニル化合物からアセタールに，また，アセタールからカルボニル化合物にすることができるということである．すなわち，カルボニル化合物とアルコールを酸の存在下に水を除きながら反応を行えば，アセタールが得られるであろうし，またアセタールを大量の水の存在下で酸と処理すれば元のカルボニル化合物に戻すことができる．5員環のアセタール（例題11-7参照）の方ができやすく，安定である．

例題 11-7

シクロヘキサノンとエチレングリコールをベンゼン中，酸触媒の存在下に加熱するとアセタールが得られた．この反応の反応機構を書け．

解答

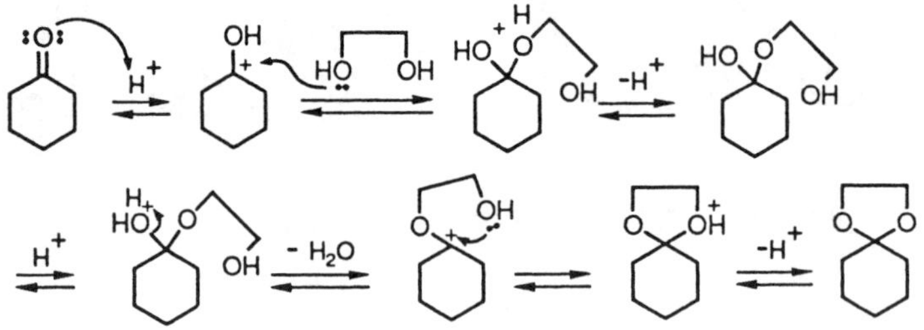

[反応機構の図：シクロヘキサノンのカルボニル酸素がH⁺でプロトン化され，エチレングリコールのOHが求核攻撃し，プロトン移動・脱水を経て環状アセタール（1,4-ジオキサスピロ[4.5]デカン）が生成する過程を示す]

アセタールはグリニャール反応やLiAlH₄還元条件でも安定であるので，この性質はカルボニル基の一時的な保護基として用いることができる．例えば，1分子中にケトンとエステルとをもつ化合物があるとしよう．ケトンはそのままでエステル基だけを還元してケトアルコールを合成したい．このとき，もしそのままでLiAlH₄還元を行ったとすると，両方が還元されてジオールが得られるであろう．また，NaBH₄で還元したとするとケトンだけが還元されて，ヒドロキシエステルが得られるであろう（12.9節，p. 230参照）．そこで，遠回りになるけれども，一度ケトンをアセタールで保護し，次にエステルをLiAlH₄で還元してアルコールにした後，アセタールを加水分解してケトンに戻すと目的のケトアルコールが得られるのである．

11.6 カルボニル基の反応 *203*

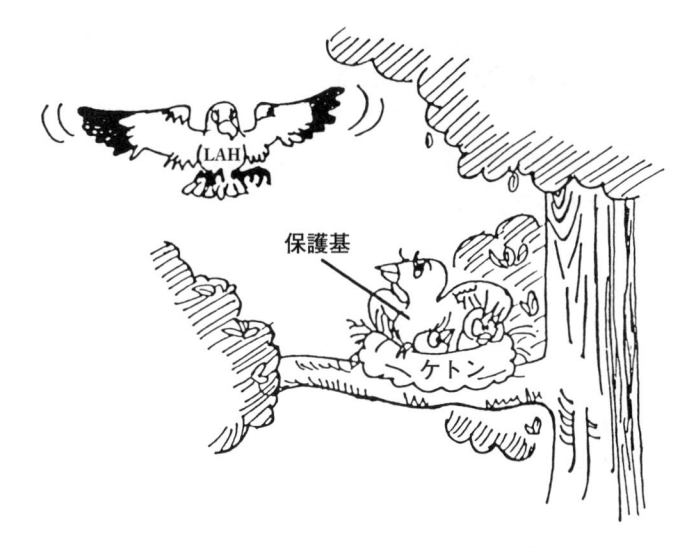

図 11-3 保護基「あのワシさん（LAH）のいる間は出ちゃ駄目よ」
（LAH は LiAlH$_4$ の略称）

$$CH_3CCH_2CH_2COOCH_2CH_3 \xrightarrow{LiAlH_4} CH_3CHCH_2CH_2CH_2OH$$
（O 上、OH 付き）

$$\xrightarrow{NaBH_4} CH_3CHCH_2CH_2COOCH_2CH_3$$
（OH 付き）

$$CH_3CCH_2CH_2COOCH_2CH_3 \qquad CH_3CCH_2CH_2CH_2OH$$

↓ HOCH$_2$CH$_2$OH / H$^+$ 　　　　　　↑ H$^+$

$$CH_3C(OCH_2CH_2O)CH_2CH_2COOCH_2CH_3 \xrightarrow{LiAlH_4} CH_3C(OCH_2CH_2O)CH_2CH_2CH_2OH$$

11.7　α炭素における反応

カルボニル基の隣の炭素を**アルファ（α）炭素**といい，その炭素原子に付いている水素原子を**アルファ（α）水素**という．

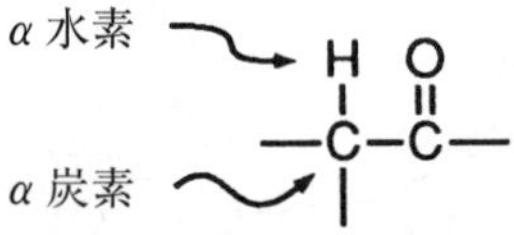

α水素は，通常の C–H 結合の水素よりも酸性である．すなわち，プロトン（H^+）として離れやすい．その理由は，カルボニル炭素が部分的に正の電荷を帯び，隣の C–H 結合の結合電子を引き寄せ C–H 結合を切れやすくしているためである．もう一つの理由は，α水素が塩基によってプロトンとして引き抜かれた後に生じた炭素陰イオンが，カルボニル基と共鳴し安定化されるためである．こうしてできた陰イオンを**エノラートイオン**（enolate ion）という．このイオンは炭素陰イオンと同等のものとみなすことができ，強い求核性を示す．

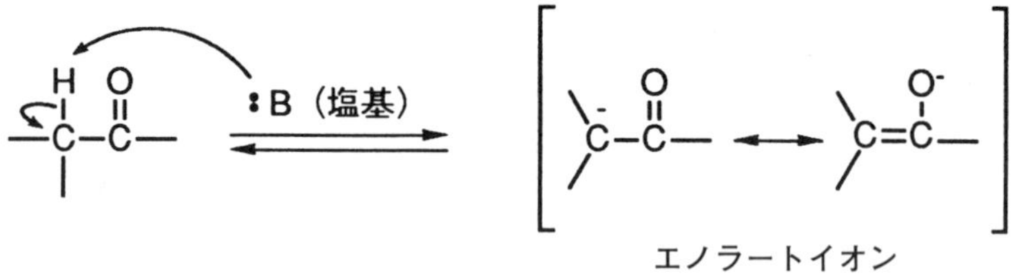

例題 11-8

次の化合物で α 水素をもつものはどれか.

(a) formaldehyde
(b) cyclohexanone
(c) benzaldehyde
(d) acetophenone

解答
(b) と (d) である.

例題 11-9

アセトンのエノラートイオンの構造を書け.

解答

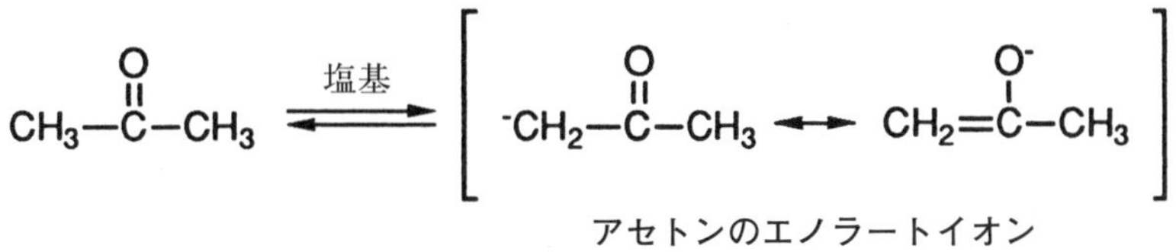

$$CH_3-\overset{O}{\underset{}{C}}-CH_3 \xrightleftharpoons[]{塩基} \left[{}^-CH_2-\overset{O}{\underset{}{C}}-CH_3 \longleftrightarrow CH_2=\overset{O^-}{\underset{}{C}}-CH_3 \right]$$

アセトンのエノラートイオン

11.7.1 ケト-エノール互変異性

α 水素をもつアルデヒドやケトンは，ケト (keto) 形とエノール (enol) 形の二つの構造の平衡混合物として存在する.

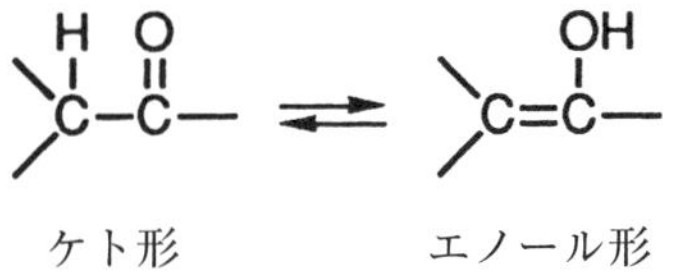

$$\underset{\text{ケト形}}{\overset{H\ \ O}{\underset{}{\text{C}-\text{C}}}} \rightleftharpoons \underset{\text{エノール形}}{\overset{OH}{\underset{}{\text{C}=\text{C}}}}$$

右向きの反応ではケト形の α 水素が炭素原子から酸素原子に移動し，それに伴って二重結合の位置が移動している. したがって両者は構造異性体である.

しかし，一般にそれぞれを別々に取り出せるほど安定ではない．この構造異性を特に**互変異性**（tautomerism）と呼び，普通の構造異性と区別している．特別の場合を除いて，ケト形の方がエノール形より安定形である．例えば，アセトンはその99.9999 %がケト形で存在し，エノール形はわずかに0.0001 %しか存在しない．この反応は酸や塩基によって促進される．

エノール形で大部分存在するのはフェノールで，ケト形をとるとベンゼン環の共鳴安定化が損なわれる．

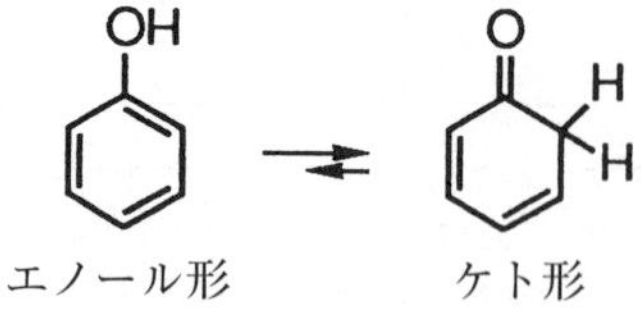

エノール形 ⇄ ケト形

11.7.2 ハロゲン化

α水素をもつアルデヒドやケトンは，臭素や塩素と反応して，α位水素がハロゲンによって置換される．この反応は酸または塩基によって促進される．酸触媒によるハロゲン化はエノール形を通って進行する．エノールも求核性を示す．

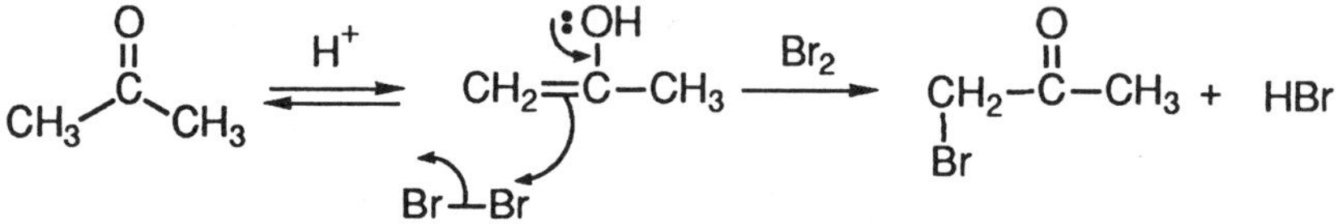

$$CH_3-CO-CH_3 \xrightarrow{H^+} CH_2=C(OH)-CH_3 \xrightarrow{Br_2} CH_2Br-CO-CH_3 + HBr$$

11.7.3 アルドール反応

アセトアルデヒドを薄い水酸化ナトリウム水溶液と5℃で反応させると，3-ヒドロキシブタナールが生成する．

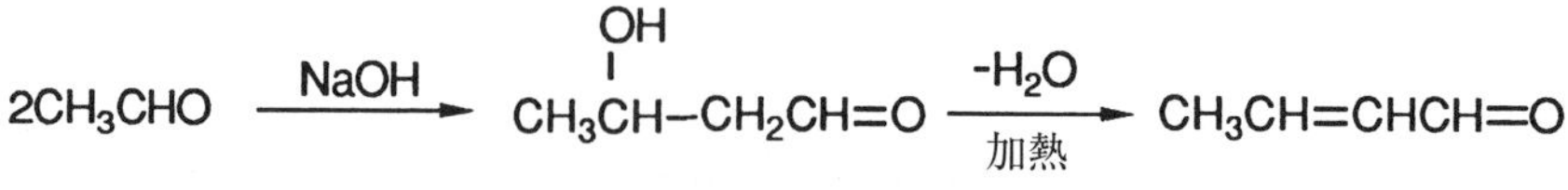

$$2CH_3CHO \xrightarrow{NaOH} CH_3CH(OH)-CH_2CH=O \xrightarrow[加熱]{-H_2O} CH_3CH=CHCH=O$$

このようにして得られた化合物はβ-ヒドロキシアルデヒドで，アルドール

(aldehyde + alcohol) という．この反応を**アルドール**（aldol）**反応**（しばしば脱水反応を伴うので，アルドール縮合とも呼ばれる）という．

　この反応は，まず1分子のアセトアルデヒドが塩基と反応して，α水素が引き抜かれて，エノラートイオンを生成する．こうして生成したエノラートイオンは炭素陰イオンと同等のものとみなすことができ，求核試薬としてもう1分子のアセトアルデヒドのカルボニル炭素を求核攻撃する．最後に，生成したアルコキシドイオンは強塩基であるので，水からすぐにプロトンを引き抜き安定化する．

$$CH_3-\overset{O}{\underset{}{C}}-H + \bar{C}H_2-\overset{O}{\underset{}{C}}-H \rightleftarrows \left[CH_3-\overset{\bar{O}}{\underset{}{C}}-CH_2-\overset{O}{\underset{}{C}}-H \right] \rightleftarrows CH_3-\overset{OH}{\underset{}{C}}-CH_2-\overset{O}{\underset{}{C}}-H$$

アルドール

例題 11-10

次のアルドールを得るにはどのようなアルデヒドを用いればよいか．

$$CH_3CH_2\overset{OH}{\underset{}{C}}H\overset{O}{\underset{CH_3}{C}}H$$

解答

CH_3CH_2CHO に低温で薄い水酸化ナトリウム水溶液を作用する．

11.8　カルボニル基のその他の反応

11.8.1　還元

　カルボニル基の二重結合には金属触媒の存在下に水素を付加させることができる．アルデヒドやケトンに白金，パラジウム，ニッケルなどの触媒と水素を作用させると，水素が付加してアルコールを生成する．

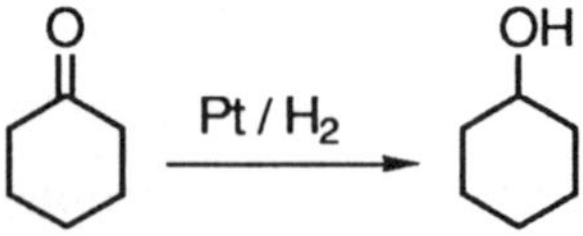

また，カルボニル化合物を亜鉛アマルガムと塩酸と加熱する（**クレメンゼン** Clemmensen **還元**）か，あるいはエチレングリコール中ヒドラジン（NH_2NH_2）とアルカリとともに高温（約 200 ℃）に加熱する（**ボルフ-キッシュナー** Wolff-Kishner **還元**）とメチレン基にまで還元される．

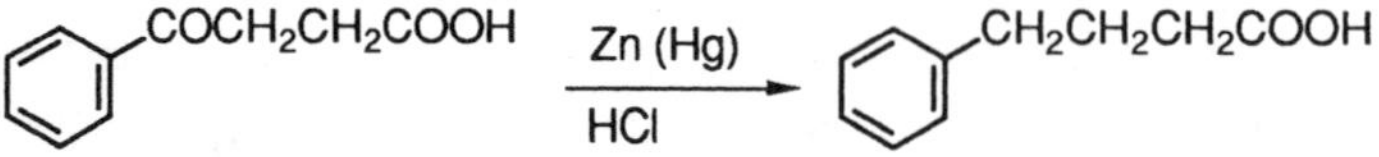

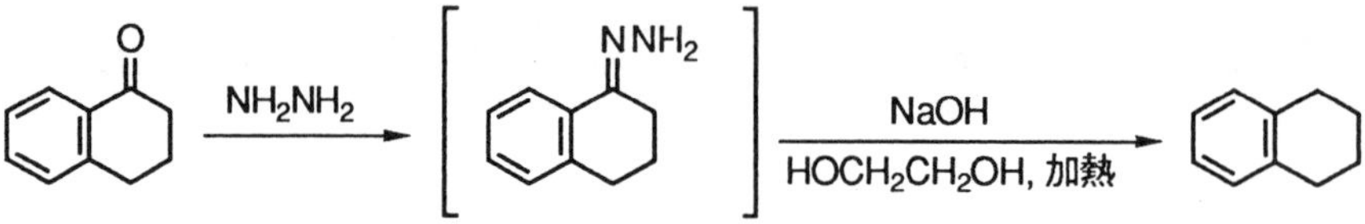

11.8.2 アルデヒドの酸化

アルデヒドに酸化剤を作用させると比較的容易に酸化されてカルボン酸になる．一方，ケトンは酸化に対して抵抗する．これらの性質はアルデヒドの検出反応に利用されている．銀鏡反応やフェーリング液の還元がそれである．

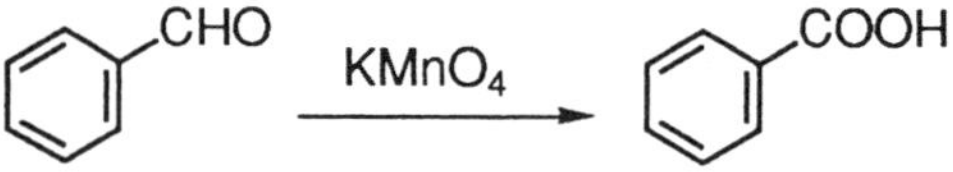

$$R-CHO \xrightarrow{Ag(NH_3)_2^+ OH^-} R-COO^- + Ag\downarrow \quad （銀鏡反応）$$

$$R-CHO \xrightarrow[^-OH]{Cu^{2+}(錯体)} R-COO^- + Cu_2O\downarrow \quad （フェーリング反応）$$

11.9 アルデヒドの合成法

アルデヒドは有機合成化学上重要な化合物であるから，多くの合成法が知られている．最も一般的には第一級アルコールを酸化するか，酸塩化物を還元することによって得られる．しかし，生成物のアルデヒドは酸化されやすく，また，還元されやすい．アルデヒドの段階で止めるために特別の工夫や試薬を必要とする．

(1) 第一級アルコールの酸化

第一級アルコールを塩化メチレン（CH_2Cl_2）中クロム酸-ピリジン錯体（PCC）で酸化するとアルデヒドが得られる（**コリンズ Collins 酸化**）（9.5.4 節参照）．

$$CH_3CH_2CH_2CH_2CH_2OH \xrightarrow[CH_2Cl_2]{PCC} CH_3CH_2CH_2CH_2CHO$$

(2) 酸塩化物の還元

古くは活性を弱めたパラジウム触媒を用いて水素化する方法が用いられたが，現在では低温（$-78\,°C$）で水素化トリ-*tert*-ブトキシアルミニウムリチウム $LiAlH[OC(CH_3)_3]_3$ で還元する方法に取って代わられている．

$$C_6H_5CH_2COCl \xrightarrow{LiAlH[OC(CH_3)_3]_3} C_6H_5CH_2CHO$$

(3) 末端アルケンのオゾン分解（7.6.2 節参照）

$$CH_2=CHCH_2CH_3 \xrightarrow{O_3} \left[\underset{O-O}{\underset{|}{CH_2}}\underset{|}{\overset{}{CHCH_2CH_3}} \right] \xrightarrow[H_3O^+]{Zn} HCH=O + CH_3CH_2CH=O$$

(4) グリコールの酸化的開裂

グリコール（glycol）を $NaIO_4$（過ヨウ素酸ナトリウム）で酸化すると開裂が起こりアルデヒドを与える．

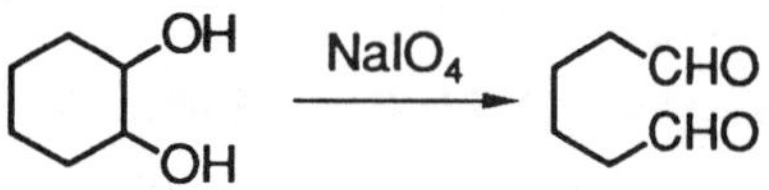

11.10 ケトンの合成

(1) 第二級アルコールの酸化（9.5.4 節参照）

生成物のケトンは酸化に対して抵抗するから，使用できる酸化剤は多い．

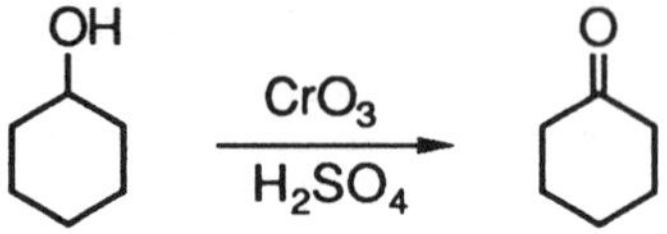

(2) フリーデル・クラフツ（Friedel-Crafts）アシル化反応（8.5.1 節参照）

芳香族炭化水素に塩化アルミニウムのようなルイス酸存在下，酸塩化物や酸無水物を作用させると，芳香族ケトンが得られる．

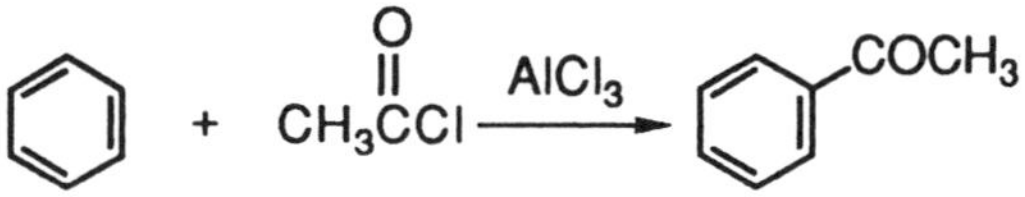

問 題

問題 1 次の化合物を命名せよ.

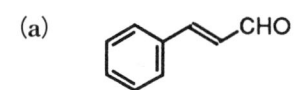

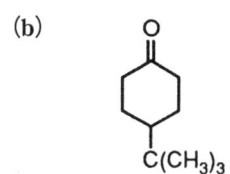

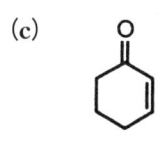

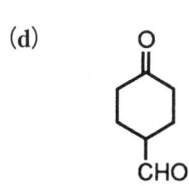

(a) [構造式: シンナムアルデヒド]　(b) [構造式: 4-tert-ブチルシクロヘキサノン]

(c) [構造式: 2-シクロヘキセノン]　(d) [構造式: 4-ホルミルシクロヘキサノン]

問題 2 次の化合物の構造式を書け.

(a) 3-methyl-2-butanone　(b) 2-methylcyclohexanone
(c) 4-methoxybenzaldehyde　(d) butanedial

問題 3 (a) アルデヒドとケトンの化学的性質の相違点について述べよ.
(b) C=O と C=C 結合の反応性における類似点と相違点を述べよ.

問題 4 acetophenone $C_6H_5COCH_3$ に次の試薬を反応したとき得られる生成物の構造式を書け.

(a) $LiAlH_4$ 還元後, H_3O^+
(b) $NaBH_4$ 還元後, H_3O^+
(c) C_2H_5MgBr を反応後, H_3O^+
(d) NH_2OH
(e) 2,4-dinitrophenylhydrazine
(f) NH_2NH_2 と KOH と加熱

(g) Zn(Hg)とHCl
(h) HOCH$_2$CH$_2$OH と H$^+$

問題 5 アセトアルデヒドのアセタールの生成機構である．この機構の誤りを指摘せよ．

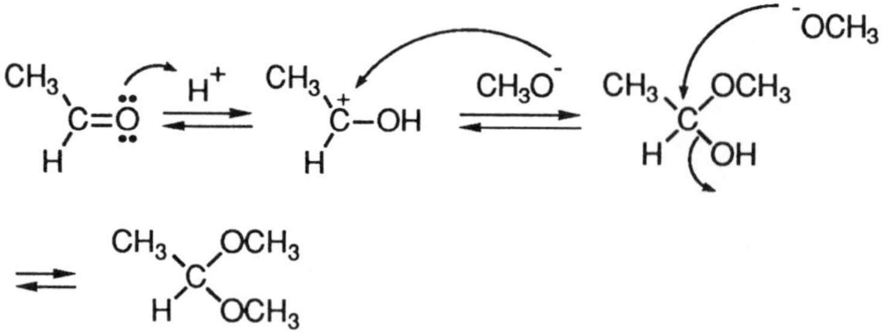

$$CH_3-CH=\ddot{\underset{..}{O}} \xrightleftharpoons{H^+} CH_3-\overset{+}{C}H-OH \xrightleftharpoons{CH_3O^-} CH_3-\underset{OH}{\overset{OCH_3}{\underset{|}{\overset{|}{C}}}}H \xleftarrow{^-OCH_3}$$

$$\rightleftarrows \quad CH_3-\underset{OCH_3}{\overset{OCH_3}{\underset{|}{\overset{|}{C}}}}H$$

コーヒーブレイク

(1) 水素化ホウ素ナトリウムの還元性の発見

　1940年のはじめ，アメリカ陸軍通信隊では，戦場での運搬に便利で軽量な長時間利用できる水素燃料電池の開発を進めていた．種々の金属水素化物が検討された結果，安全性と水素発生の効率の良さの面から水素化ホウ素ナトリウムが水素発生源として候補に上がった．すなわち，水素化ホウ素ナトリウムは酸性の水を加えると適度な速さで水素を発生したからである．

$$NaBH_4 + 4H_2O \longrightarrow NaB(OH)_4 + 4H_2$$

この化合物の大量合成法は，次のような方法で達成されることが見出されたが，副生する CH_3ONa の除去が新たな問題となった．

$$4NaH + B(OCH_3)_3 \longrightarrow NaBH_4 + 3CH_3ONa$$

たまたまアセトンが $NaBH_4$ の再結晶溶媒として試されたところ，$NaBH_4$ が反応して 2-プロパノールをあたえることが発見された．

$$NaBH_4 + 4CH_3COCH_3 \longrightarrow [(CH_3)_2CHO]_4BNa \xrightarrow{H_2O} 4(CH_3)_2CHOH$$

今日我々はアルデヒドやケトンの還元に $NaBH_4$ を常用しているが，この反応はこのように偶然発見されたのである．

(2) 作曲家ボロディンと化学

ちょっとクラシック音楽に興味のある人なら，ロシアの作曲家ボロディン (A. P. Borodin) (1833 〜 1887) の名前は知っているだろう．彼は作曲家であったと同時に化学者であったことで有名である．むしろ，作曲は趣味であって，化学のほうが本業であった．実際彼はサンクト・ペテルブルグ（最近レニングラードから旧名に戻った）の医学アカデミーの化学の教授であった．彼の講義は主として有機化学で，学生の間では好評であったという．研究面ではアルデヒドの縮合反応を行い，アセトアルデヒドのアルドール反応を見出している．しかし，残念ながら，化学の分野で彼の名前が冠せられるほどの業績は残されていない〔C. B. Hunt, *Chem. in Britain*, **23**, 547 (1987)〕．

$$2CH_3CHO \longrightarrow CH_3\underset{\underset{OH}{|}}{C}HCH_2CHO \xrightarrow{-H_2O} CH_3CH=CHCHO$$

(3) 香　水

　香水というのは数十種から百種以上のいろいろな香料を混ぜ合せエチルアルコールに溶かしたものである．植物の花，葉，幹や根を水蒸気とともに蒸留すると揮発性の成分が得られる．これを精油と呼んでいる．ジャスミンの花から得られるジャスミン油といわれる精油は百種類以上の有機化合物の混合物からなっているが，その中でジャスミン特有の香りは *cis*-ジャスモン（**1**）に由来する．また，ジャコウ鹿からとれるじゃこうの香りのもとはムスコン（**2**）という比較的簡単なケトンである．

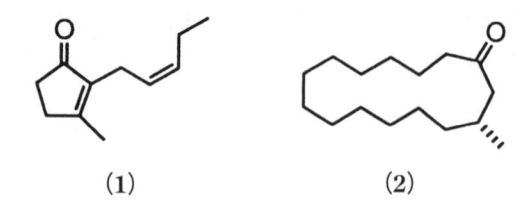

(1)　　　　　　　(2)

ジャスミン（ソケイ）の花

第 12 章

カルボン酸とその誘導体

　カルボキシ基（carboxy group）をもつ化合物を**カルボン酸**（carboxylic acid）という．カルボキシ基という名称は，この基が<u>カルボニル</u>（carbonyl）基と<u>ヒドロキシ</u>（hydroxy）基からできていることから，この二つの名称を縮めてつくられたものである．食酢の成分である酢酸，セッケンの素材となる高級脂肪酸，調味料として用いられるグルタミン酸ナトリウムなど，身近なものが多い．医薬品，合成樹脂，繊維，香料などの原料として広く利用されている．

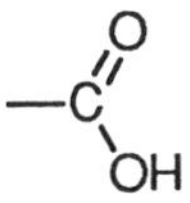

|カルボキシ基|カルボン酸のいろいろな表示法|

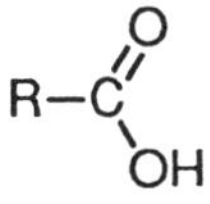

　カルボン酸誘導体というのは，カルボキシ基の OH 基が他の置換基（ハロゲン，酸素，窒素など）によって置き換えられてできたもので，まとめて取り扱われる．

$$R-\overset{\overset{O}{\|}}{C}-X \qquad R-\overset{\overset{O}{\|}}{C}-O-\overset{\overset{O}{\|}}{C}-R \qquad R-\overset{\overset{O}{\|}}{C}-O-R' \qquad R-\overset{\overset{O}{\|}}{C}-N\overset{R'}{\underset{R''}{\diagdown}} \qquad R-C\equiv N$$

酸ハロゲン化物　　　酸無水物　　　　エステル　　　　　アミド　　　　ニトリル
(X=Cl, Br)

ニトリルはカルボン酸誘導体ではないが，カルボン酸と関連が深いので一緒に取り扱われることが多い．

本章では，カルボン酸を中心にこれらの化合物の命名法，性質，反応性，合成法について眺めてみよう．

12.1　カルボン酸の命名法

カルボン酸には鎖状カルボン酸と環状カルボン酸がある．

鎖状カルボン酸は，アルカン酸（alkanoic acid）として命名される．炭素数はカルボキシ炭素も含めて数えるので注意しよう．番号はカルボキシ炭素を1とする．

（例）

$CH_3CH_2CH_2CH_2COOH$　　　　　$CH_3CH=CHCH_2CH_2COOH$

ペンタン酸　　　　　　　　　　　4-ヘキセン酸
（pentanoic acid）　　　　　　　　（4-hexenoic acid）

環状カルボン酸は〜カルボン酸（〜carboxylic acid）とする．

（例）

シクロヘキサンカルボン酸　　　　　1-ナフタレンカルボン酸
（cyclohexanecarboxylic acid）　　（1-naphthalenecarboxylic acid）

例題 12-1

次のカルボン酸を命名せよ．

(a) CH₃CH₂CH₂COOH

(b) CH₃CH=CHCOOH

(c) ▷—COOH

(d) [cyclohexene with COOH]

解答

(a) butanoic acid（ブタン酸）

(b) 2-butenoic acid（2-ブテン酸）（シスとトランス異性体がある）

(c) cyclopropanecarboxylic acid

(d) 2-cyclohexene-1-carboxylic acid

カルボン酸は古くから知られ，そのためその起源（動植物名）やにおいなどに由来する慣用名をもつものが多い．その代表例を表にまとめた．慣用名は一般に日本語名と英語名が異なるので，代表的な化合物はしっかり覚えよう．

表 12-1 脂肪族カルボン酸の名称

炭素数	構造式	IUPAC 名	慣用名
1	HCOOH	methanoic acid メタン酸	formic acid ギ酸
2	CH₃COOH	ethanoic acid エタン酸	acetic acid 酢酸
3	CH₃CH₂COOH	propanoic acid プロパン酸	propionic acid プロピオン酸
4	CH₃(CH₂)₂COOH	butanoic acid ブタン酸	butyric acid 酪酸
5	CH₃(CH₂)₃COOH	pentanoic acid ペンタン酸	valeric acid 吉草酸
6	CH₃(CH₂)₄COOH	hexanoic acid ヘキサン酸	caproic acid カプロン酸

第12章 カルボン酸とその誘導体

表 12-2 芳香族カルボン酸の名称

構造式	系統名	慣用名*
C₆H₅-COOH	benzenecarboxylic acid ベンゼンカルボン酸	benzoic acid 安息香酸
2-(OH)C₆H₄-COOH	2-hydroxybenzoic acid 2-ヒドロキシ安息香酸	salicylic acid サリチル酸
1,2-(COOH)₂C₆H₄	1,2-benzenedicarboxylic acid 1,2-ベンゼンジカルボン酸	phthalic acid フタル酸
1,4-(COOH)₂C₆H₄	1,4-benzenedicarboxylic acid 1,4-ベンゼンジカルボン酸	terephthalic acid テレフタル酸
1-naphthyl-COOH	1-naphthalenecarboxylic acid 1-ナフタレンカルボン酸	1-naphthoic acid 1-ナフトエ酸
2-naphthyl-COOH	2-naphthalenecarboxylic acid 2-ナフタレンカルボン酸	2-naphthoic acid 2-ナフトエ酸
3-pyridyl-COOH	3-pyridinecarboxylic acid 3-ピリジンカルボン酸	nicotinic acid ニコチン酸
4-pyridyl-COOH	4-pyridinecarboxylic acid 4-ピリジンカルボン酸	isonicotinic acid イソニコチン酸

*これらの英語名はすべて IUPAC で許容されている名称である.

例題 12-2

次の芳香族カルボン酸の構造式を書け．

(a) *p*-nitrobenzoic acid (b) 3,5-dichlorobenzoic acid
(c) 3-chloro-1-naphthoic acid (d) 2-naphthoic acid

解答

(a) 4-NO₂-C₆H₄-COOH の構造式
(b) 3,5-Cl₂-C₆H₃-COOH の構造式
(c) 3-クロロ-1-ナフトエ酸の構造式
(d) 2-ナフトエ酸の構造式

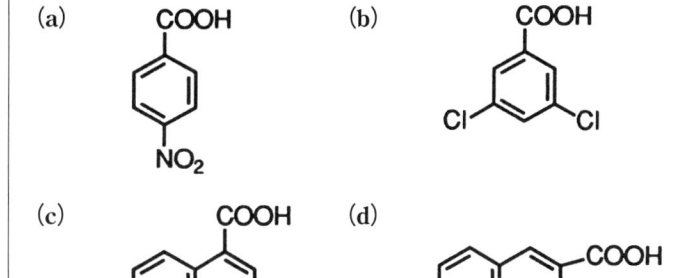

カルボン酸のカルボキシ基からOH基を除いてできる基（RCO−）をアシル基（acyl = acid + -yl）といい，その代表的な例を下に示す．

元のカルボン酸	アシル基の構造式	アシル基の名称
HCOOH （formic acid）	HCO−	ホルミル（formyl）基
CH₃COOH （acetic acid）	CH₃CO−	アセチル（acetyl）基
C₆H₅COOH （benzoic acid）	C₆H₅CO−	ベンゾイル（benzoyl）基

12.2　代表的なカルボン酸

(1)　ギ酸（formic acid），HCOOH（bp 100.5 ℃）

水，アルコール，エーテルなどに可溶．刺激臭のある液体で，皮膚につけると皮膚を腐食する．アリの体液に含まれるところから，ギ（蟻）酸と呼ばれる

ようになった．一酸化炭素と水酸化ナトリウム水溶液を高温高圧で反応させて合成される．カルボキシ基とアルデヒド基の構造をもっているので還元性を示す．溶剤，合成原料に用いられる．

(2) **酢酸**（acetic acid），CH_3COOH（bp 118 ℃）

刺激臭のある無色透明の液体．融点が 16.7 ℃ であり，寒冷時結晶化することがあるので，氷酢酸とも呼ばれる．水，アルコール，エーテルなどに可溶．工業的にはアセトアルデヒドの空気酸化によって合成される．溶媒，医薬品原料，染色などに広く用いられる．食酢の成分でもある．

(3) **安息香酸**（benzoic acid），C_6H_5COOH（mp 122.4 ℃）

無色結晶．トルエンを過マンガン酸カリウムで酸化してつくられる（12.6 節参照）．殺菌，防腐剤として用いられる．

12.3　カルボン酸の構造

カルボキシ基（-COOH）はその名前の由来からわかるように，カルボニル基とヒドロキシ基をもっている．その結果，ケトンとアルコールの両方の性質をあわせもっている．カルボニル炭素はケトンと同様に sp^2 混成をしており，平面構造をしている．C-C-O と O-C-O の結合角はほぼ 120° である．また，ヒドロキシ（-OH）基はアルコールと同様に分子間で水素結合をつくることができる．

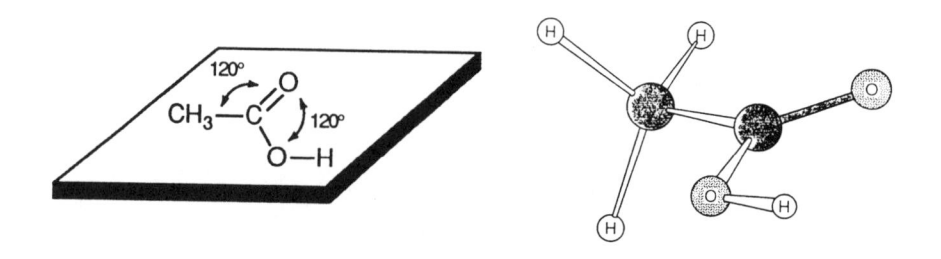

12.4　カルボン酸の物理的性質

　カルボキシ基は極性のヒドロキシ基をもっているので，同一分子あるいは他の分子と水素結合をつくる．脂肪酸の炭素鎖の数が4までは水と完全に混じりあい，それ以上になると次第に溶けにくくなる．カルボン酸が水に溶けるのは，水との間に水素結合ができるからである（14.8節参照）．

　また，カルボン酸は同じ分子量のアルコールより沸点が高い．例えば，酢酸（分子量60, bp 118 ℃）のほうがプロピルアルコール（分子量60, bp 97.2 ℃）より高い．これは，カルボン酸が2分子で強い水素結合を形成し，二量体として存在しているためである．

表12-3　代表的なカルボン酸の物理的性質

構造式	化合物名	mp ℃	bp ℃	溶解度 (g/100 mL H_2O) 25 ℃	K_a (25 ℃)
HCOOH	formic acid（ギ酸）	8	100.5	∞	1.77×10^{-4}
CH_3COOH	acetic acid（酢酸）	16.6	118	∞	1.76×10^{-5}
CH_3CH_2COOH	propionic acid（プロピオン酸）	−21	141	∞	1.34×10^{-5}
C_6H_5COOH	benzoic acid（安息香酸）	122	250	0.34	6.46×10^{-5}
	1-naphthoic acid（1-ナフトエ酸）	160		不溶	2.00×10^{-4}
	2-naphthoic acid（2-ナフトエ酸）	185		不溶	6.80×10^{-5}

例題 12-3

酢酸の沸点は 118 ℃であるが，酢酸エチルの沸点は 77 ℃である．分子量が小さいにもかかわらず，酢酸のほうが沸点が高い理由を説明せよ．

解答

酢酸は 2 分子で強い水素結合をつくり二量体になっているが，エステルにはヒドロキシ基がないので水素結合をつくることができないからである．

12.5 カルボン酸の化学的性質

12.5.1 酸性度

カルボン酸は，その名前が示す通り水溶液中で解離して酸性を示す．カルボキシ基からプロトンのはずれた陰イオン（カルボキシラートイオン）が共鳴の寄与により安定化するため，それがない水やアルコールに比べてはるかに強い酸性を示す．

$$\left[R-C\begin{smallmatrix}O\\O-H\end{smallmatrix} \longleftrightarrow R-C\begin{smallmatrix}O^-\\O-H\end{smallmatrix} \right] + H_2O \rightleftarrows \left[R-C\begin{smallmatrix}O\\O^-\end{smallmatrix} \longleftrightarrow R-C\begin{smallmatrix}O^-\\O\end{smallmatrix} \right] + H_3O^+$$

カルボン酸の共鳴構造　　　　　　　カルボキシラートイオンの等価な共鳴構造

$$R-O-H + H_2O \rightleftarrows R-O^- + H_3O^+$$

したがって，カルボン酸は炭酸ナトリウムや水酸化ナトリウムなどと反応し，塩を形成する．水に溶けにくいカルボン酸であっても，そのアルカリ金属塩はイオン的な性質のために一般に水溶性である．

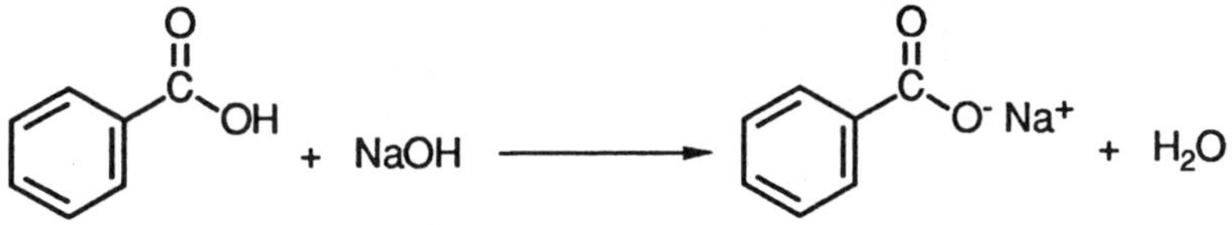

$$\text{C}_6\text{H}_5\text{COOH} + \text{NaOH} \longrightarrow \text{C}_6\text{H}_5\text{COO}^-\text{Na}^+ + \text{H}_2\text{O}$$

例題 12-4

安息香酸とフェノールの混合物から安息香酸を分離する方法について述べよ．

解答
両者をエーテルに溶かし，この溶液を炭酸水素ナトリウム水溶液とよく振ると，安息香酸のみが反応し水溶性のカルボキシラートイオンとなり，水層に移行する．この水層を分離した後，塩酸で酸性にすると再び結晶性の安息香酸が遊離する．これをろ取する（14.1節参照）（フェノールは炭酸水素ナトリウム水溶液には溶けずエーテル層に残る）．

12.5.2 化学反応

カルボン酸は次に示すように，酸塩化物，酸無水物，エステル，アミドなどの誘導体に変換できる．これらの誘導体については次節以下で述べるが，酢酸を例にとって次にまとめた．

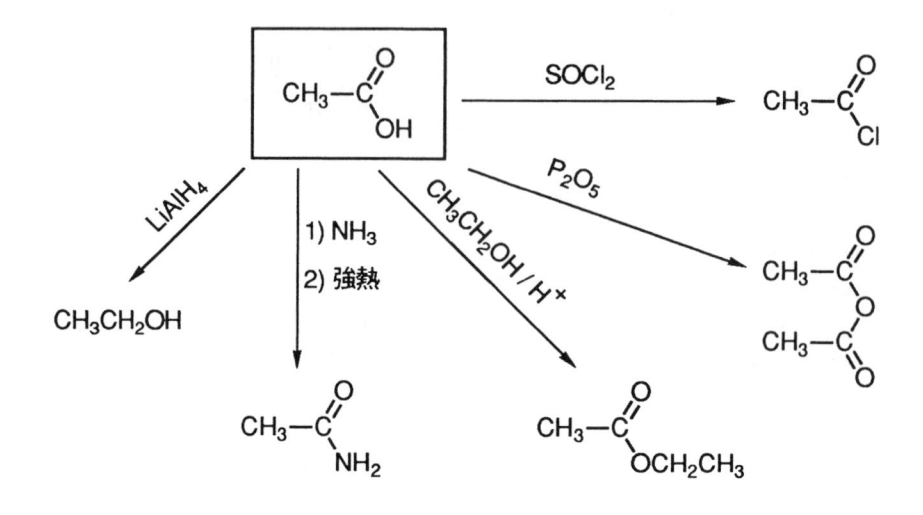

12.6 カルボン酸の合成法

カルボン酸の合成法はいろいろ知られているが，第一級アルコールまたはアルデヒドの酸化，芳香環上のアルキル側鎖の酸化，グリニャール試薬と CO_2 の反応，ニトリルの加水分解がその代表的なものである．

(1) **第一級アルコールの酸化による方法**（第9章）

第一級アルコールを過マンガン酸カリウム（$KMnO_4$）やクロム酸（CrO_3）で酸化すると，カルボン酸が生成する．

（例）

(2) **アルデヒドの酸化による方法**（第11章）

アルデヒドは非常に酸化されやすく，過マンガン酸カリウムやクロム酸では

もちろん，酸化銀（Ag$_2$O）のような緩和な酸化剤によっても酸化され，カルボン酸を与える．

（例）

$$\text{CH}_3\text{CH}_2\text{CH}_2\text{CHO} \xrightarrow[\text{2) H}_3\text{O}^+]{\text{1) Ag}_2\text{O} / {}^-\text{OH}} \text{CH}_3\text{CH}_2\text{CH}_2\text{COOH}$$

(3) アルキルベンゼンの酸化による方法

トルエンは塩基性条件下過マンガン酸カリウムによって酸化され，安息香酸を与える．

（例）

$$\text{C}_6\text{H}_5\text{CH}_3 \xrightarrow[\text{2) H}_3\text{O}^+]{\text{1) KMnO}_4 / \text{OH}^-} \text{C}_6\text{H}_5\text{COOH}$$

(4) グリニャール試薬と CO$_2$ の反応による方法

ハロゲン化アルキルまたはハロゲン化アリールとマグネシウムから合成されたグリニャール試薬に直接ドライアイスを作用すると，カルボン酸が得られる．この反応によって得られるカルボン酸は，元の化合物より炭素数が1個増えていることに注意しよう．

（例）

$$\text{CH}_3\text{CH}_2\text{CH}_2\text{CH}_2\text{Br} \xrightarrow{\text{Mg}} \text{CH}_3\text{CH}_2\text{CH}_2\text{CH}_2\text{MgBr} \xrightarrow[\text{2) H}_3\text{O}^+]{\text{1) CO}_2} \text{CH}_3\text{CH}_2\text{CH}_2\text{CH}_2\text{COOH}$$

$$\text{C}_6\text{H}_5\text{Br} \xrightarrow{\text{Mg}} \text{C}_6\text{H}_5\text{MgBr} \xrightarrow[\text{2) H}_3\text{O}^+]{\text{1) CO}_2} \text{C}_6\text{H}_5\text{COOH}$$

(5) ニトリルの加水分解

ハロゲン化アルキルとシアン化ナトリウム（NaCN）の S_N2 反応によって得られるニトリルを，酸またはアルカリで加水分解するとカルボン酸が得られる．このときにも元のハロゲン化アルキルよりも炭素数が1個増えている．この反応は S_N2 反応であるから，第三級ハロゲン化アルキルやブロモベンゼンのような芳香族ハロゲン化合物には使えない．

（例）

$$CH_3CH_2CH_2CH_2Br \xrightarrow{NaCN} CH_3CH_2CH_2CH_2CN \xrightarrow{H_3O^+} CH_3CH_2CH_2CH_2COOH$$

例題 12-5

次のカルボン酸を指定された出発物質から合成せよ．
(a) o-bromotoluene から o-toluic acid
(b) benzyl bromide から phenylacetic acid

解答

(a) グリニャール反応を用いる．

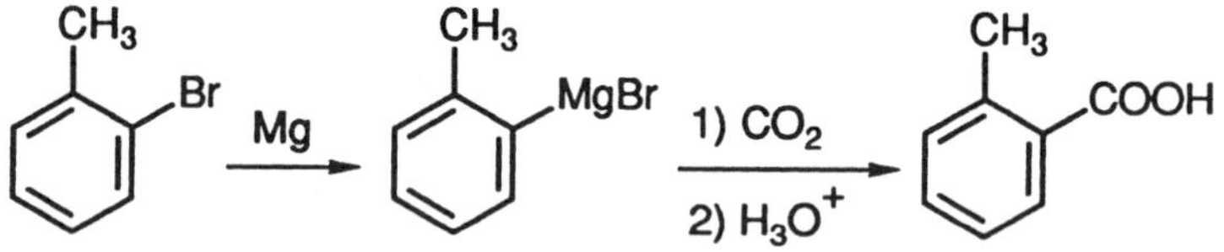

芳香族ハロゲン化合物はシアン化ナトリウムとは S_N2 反応をしないので，ニトリルの加水分解による方法は使えない．

(b) グリニャール反応とニトリルの加水分解法の両方が使える．

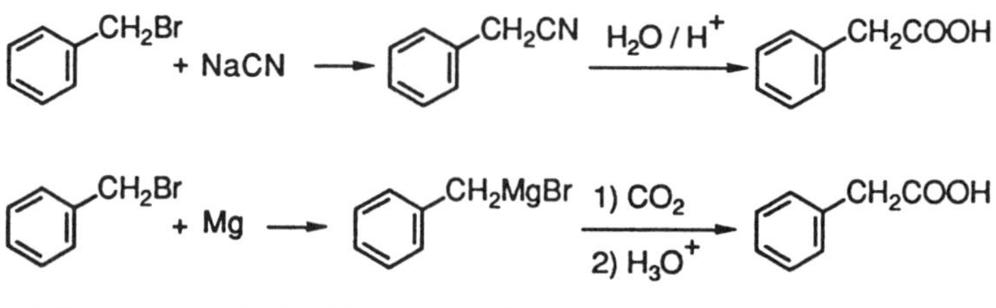

12.7 酸ハロゲン化物

酸ハロゲン化物はカルボン酸誘導体の中で最も反応性が高い．酸塩化物が最もよく用いられる．

酸塩化物（acid chloride）の命名は，アシル基の名称の後ろに chloride（塩化物）を置く．ただし，日本語名では順序が逆になるので注意しよう．

（例）

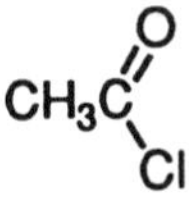

塩化アセチル
(acetyl chloride)

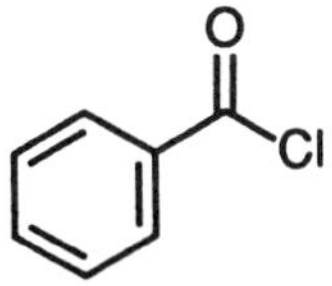

塩化ベンゾイル
(benzoyl chloride)

酸塩化物は，一般にカルボン酸に塩化チオニル（thionyl chloride）（$SOCl_2$）を作用させてつくられる．

酸塩化物は，ベンゼンのフリーデル–クラフツ–アシル化反応によるケトンの合成に利用されることを既に示した（8.5.1 節参照）．

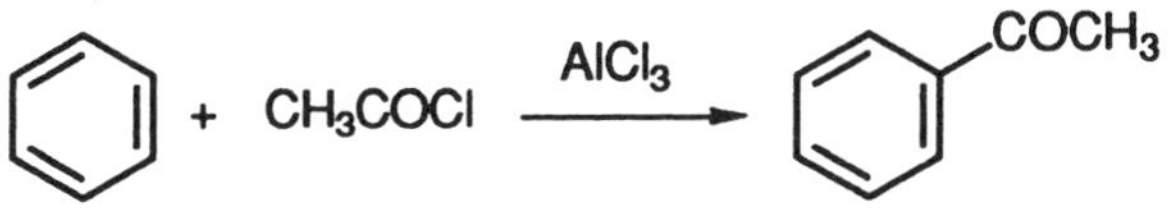

acetophenone

また，酸塩化物は反応性が高いので，水と反応してカルボン酸，アルコールと反応してエステル，アンモニアやアミンと反応してアミドを与える．これらの反応を，塩化アセチルを例にとって次にまとめて示す．

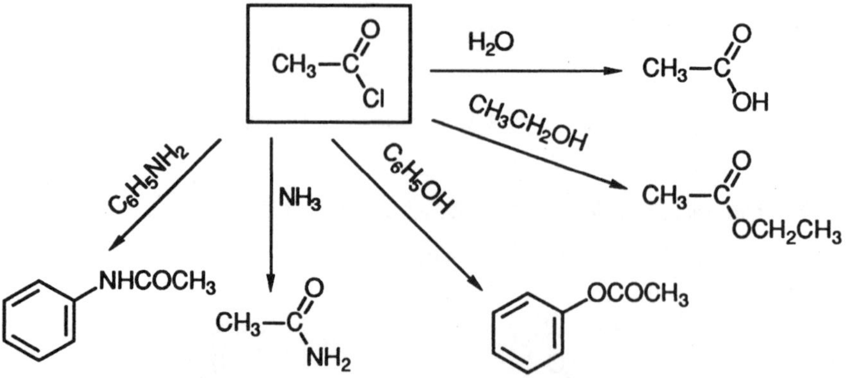

例題 12-6

次の物質に塩化ベンゾイルを反応させたとき，得られる生成物の構造式を書け（ただし，生成する HCl を除くためにピリジンなどの塩基を加える）．

(a) 水
(b) ethyl alcohol
(c) aniline
(d) phenol

解答

(a) C₆H₅COOH

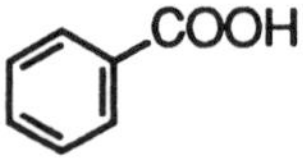

(b) C₆H₅COOCH₂CH₃

(c) C₆H₅CONHC₆H₅

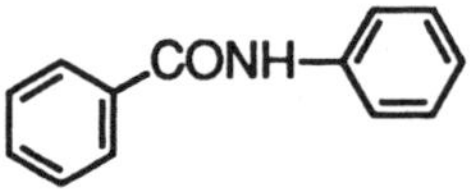

(d) C₆H₅COOC₆H₅

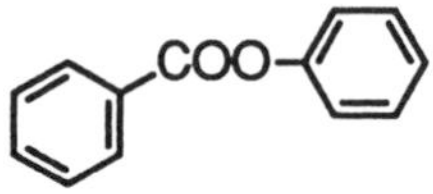

12.8　酸無水物

　酸無水物は，酸塩化物に次いで活性で，その反応性において両者はよく似ている．

　酸無水物（acid anhydride）の命名は，相当するカルボン酸の語尾 acid を anhydride とする．日本語名は〜酸無水物とするのが一般的であるが，慣用名として無水〜酸と呼ばれるものが若干ある．

　（例）

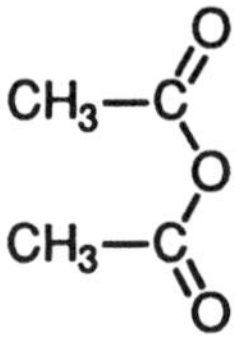

無水酢酸（慣用名）
（acetic anhydride）

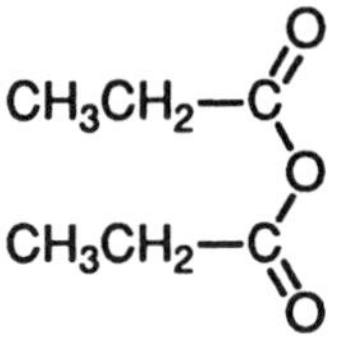

プロピオン酸無水物
（propionic anhydride）

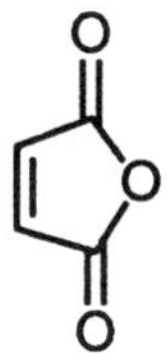

無水マレイン酸（慣用名）
（maleic anhydride）

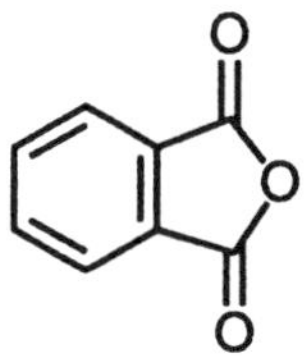

無水フタル酸（慣用名）
（phthalic anhydride）

　酸無水物は，酸塩化物にカルボキシラートイオンを反応させてつくられる．無水マレイン酸や無水フタル酸のような環状の無水物は，元のジカルボン酸を加熱すると脱水して酸無水物となる．

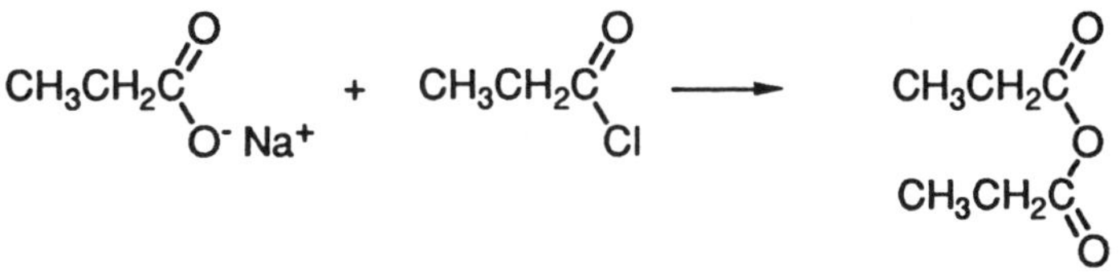

無水プロピオン酸
（propionic anhydride）

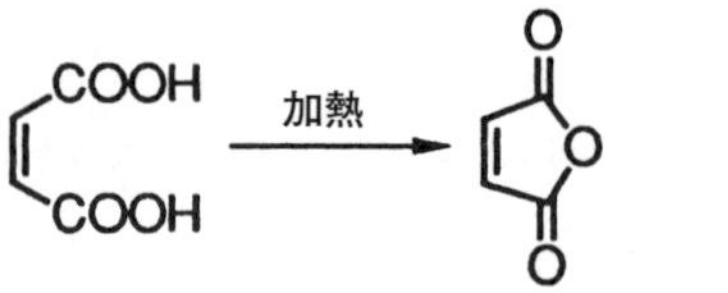

酸無水物は，水，アルコール，フェノール，アミンなどと反応して，それぞれカルボン酸，エステル，アミドを与える．無水酢酸を例にとって次にまとめる．

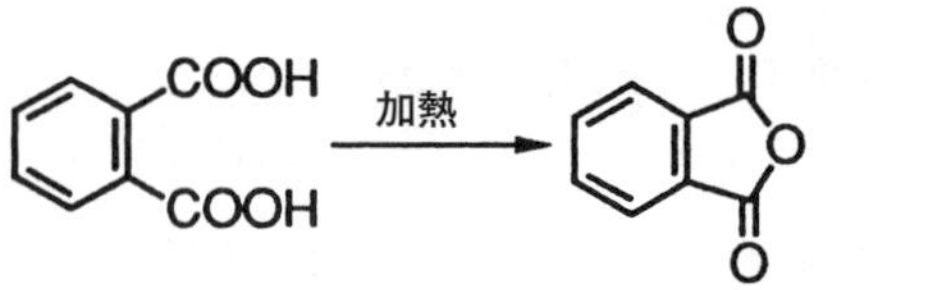

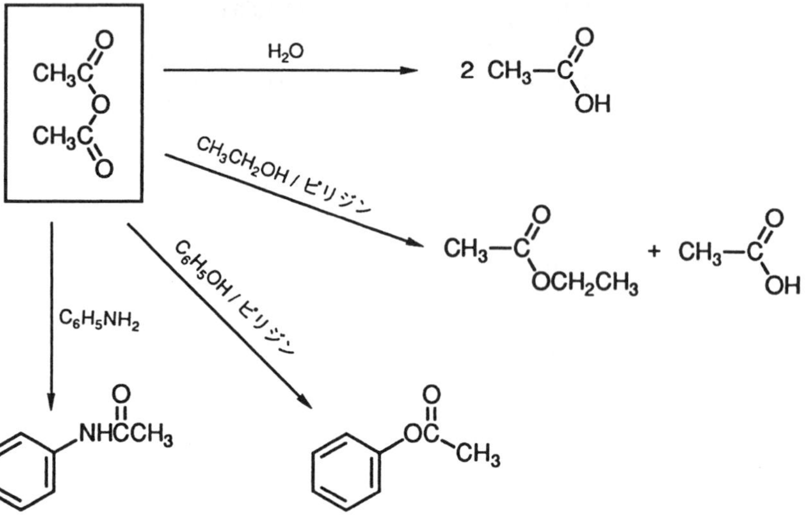

12.9 エステル

エステル（ester）は，形式的にはカルボン酸とアルコールから水がとれてできたものである．酸塩化物や酸無水物に比べると反応性はずっと穏やかになり，安定で取り扱いやすい．天然にも広く存在し，果物や花の香りは低分子量

のエステルである．また，ロウ（高級脂肪酸と高級アルコールのエステル）や油脂（高級脂肪酸とグリセリンのエステル）などは日常生活においても大量に使用されている．

$$CH_3(CH_2)_{14}\overset{O}{\overset{\|}{C}}OCH_2(CH_2)_{14}CH_3$$

パルミチン酸セチル（ろうの一種）
（鯨油から）

$$\begin{array}{l} CH_2-O\overset{O}{\overset{\|}{C}}-R \\ CH-O\overset{O}{\overset{\|}{C}}-R \\ CH_2-O\overset{O}{\overset{\|}{C}}-R \end{array}$$

グリセリントリアルカン酸エステル

表 12-4　代表的なエステルの物理的性質

構造式	名　称	mp(℃)	bp(℃)	水に対する溶解度 (g/100 mL, 20 ℃)
HCOOCH$_3$	Methyl formate (ギ酸メチル)	−99	31.5	易　溶
HCOOCH$_2$CH$_3$	Ethyl formate (ギ酸エチル)	−79	54	
CH$_3$COOCH$_3$	Methyl acetate (酢酸メチル)	−99	57	24.4
CH$_3$COOCH$_2$CH$_3$	Ethyl acetate (酢酸エチル)	−82	77	7.39 (25 ℃)
C$_6$H$_5$COOCH$_3$	Methyl benzoate (安息香酸メチル)	−12	199	不　溶
C$_6$H$_5$COOCH$_2$CH$_3$	Ethyl benzoate (安息香酸エチル)	−35	213	不　溶
CH$_3$COOC$_6$H$_5$	Phenyl acetate (酢酸フェニル)		196	不　溶
o-HOC$_6$H$_4$COOCH$_3$	Methyl salicylate (サリチル酸メチル)	−9	223	不　溶

エステルの名称は，まずアルコール部分のアルキルまたはアリール基名を書き，次にカルボン酸の名称 〜oic acid を 〜ate に変えて後ろに続ける．日本語名では，この順序が逆になるので注意しよう．

(例)

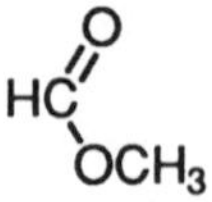

ギ酸メチル
(methyl formate)

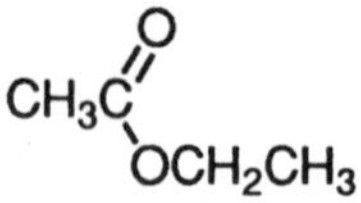

酢酸エチル
(ethyl acetate)

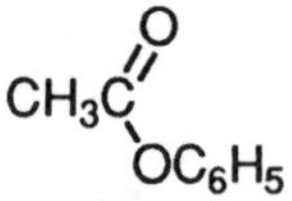

酢酸フェニル
(phenyl acetate)

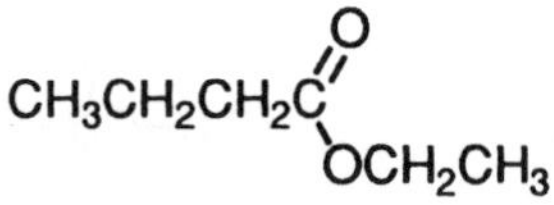

ブタン酸エチル
(ethyl butanoate)

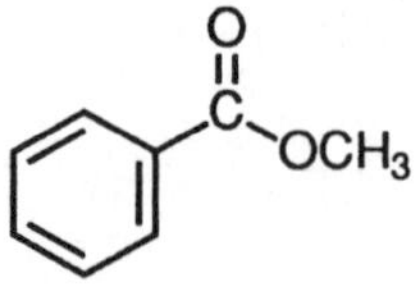

安息香酸メチル
(methyl benzoate)

エステルは2当量のグリニャール試薬と反応して，第三級アルコールを与える．3個のうち，2個同じ置換基をもつ第三級アルコールの合成に適している．ただし，ギ酸エステル（例，$HCOOC_2H_5$）との反応では第二級アルコールが得られる（その理由を考えてみよう）．

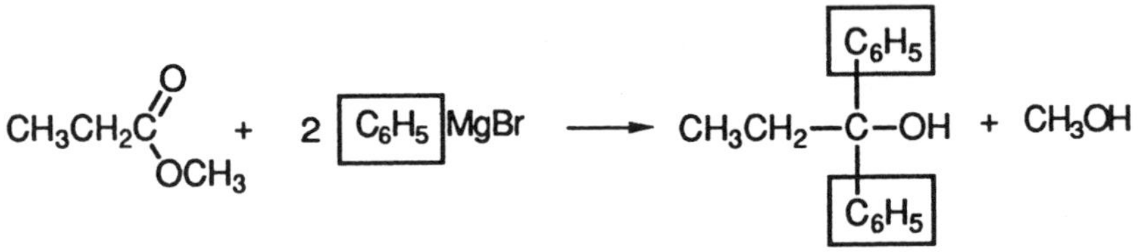

$$CH_3CH_2COOCH_3 + 2\ C_6H_5MgBr \longrightarrow CH_3CH_2-C(C_6H_5)(C_6H_5)-OH + CH_3OH$$

また，エステルは水素化アルミニウムリチウム（$LiAlH_4$）によって還元され，第一級アルコールを与える．しかし，水素化ホウ素ナトリウム（$NaBH_4$）とは反応しない．

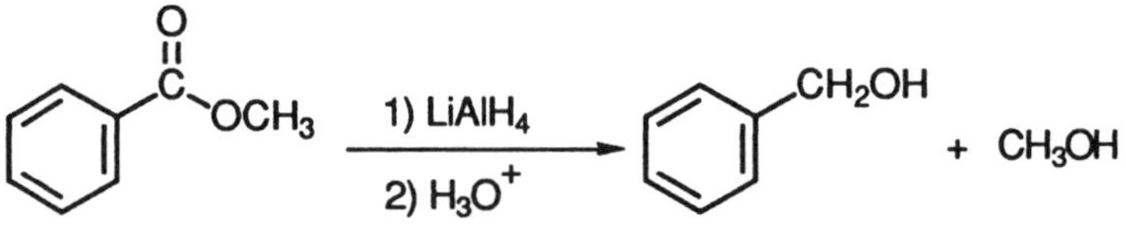

エステルは酸やアルカリによって加水分解され，カルボン酸とアルコールになる．

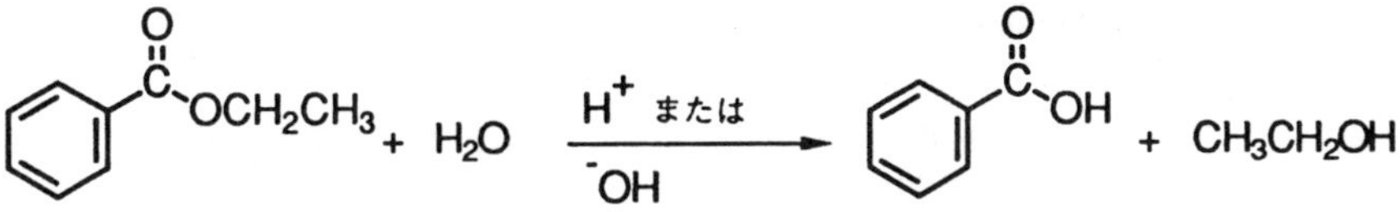

$$\text{C}_6\text{H}_5\text{COOCH}_2\text{CH}_3 + \text{H}_2\text{O} \xrightarrow[\text{}^-\text{OH}]{\text{H}^+ \text{または}} \text{C}_6\text{H}_5\text{COOH} + \text{CH}_3\text{CH}_2\text{OH}$$

12.10 アミド

アミド（amide）は，カルボキシ基のヒドロキシ基がアミノ基で置き換わったものである．アミド窒素上の水素をアルキル基などで置換したものを **N-置換アミド**と呼ぶ．アミドはカルボン酸誘導体の中では非常に反応性が低く，比較的安定である．自然界にも広く存在し，たん白質はアミド結合を有する高分子である．

アミドの命名法は，カルボン酸の語尾 〜oic acid または 〜ic acid を 〜amide に変える．N-置換アミドは母体アミドの名称の前に N-アルキル置換基名を置く．

（例）

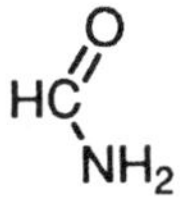

ホルムアミド
(formamide)

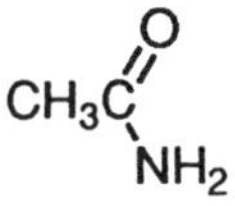

アセトアミド
(acetamide)

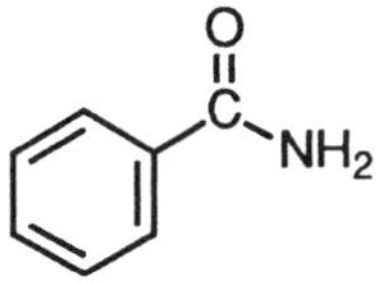

ベンズアミド
(benzamide)

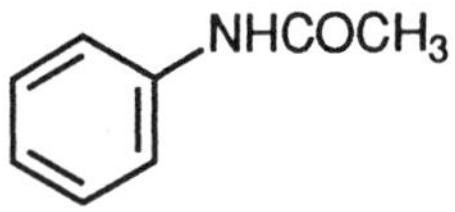

アセトアニリド
(acetanilide)

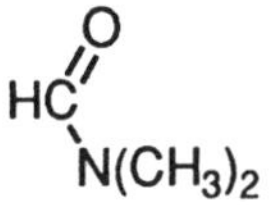

N,N-ジメチルホルムアミド
(N, N-dimethylformamide)

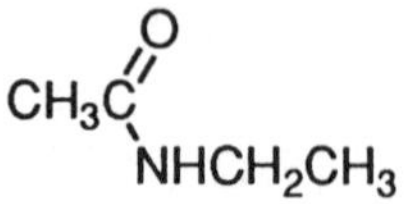

第12章 カルボン酸とその誘導体

N-エチルアセトアミド
(N-ethylacetamide)

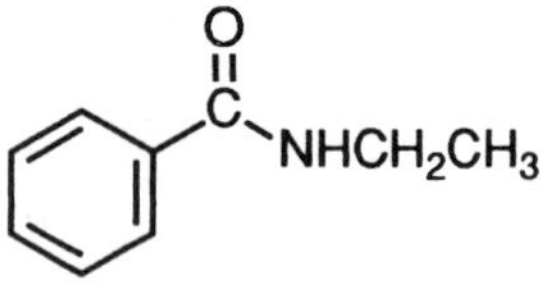

N-エチルベンズアミド
(N-ethylbenzamide)

アミドは次式に示されるように，窒素原子の非共有電子対がカルボニル基と共鳴するため，アミンに比べて塩基性がずっと弱く，水に不溶のアミドは塩酸にも溶けない．

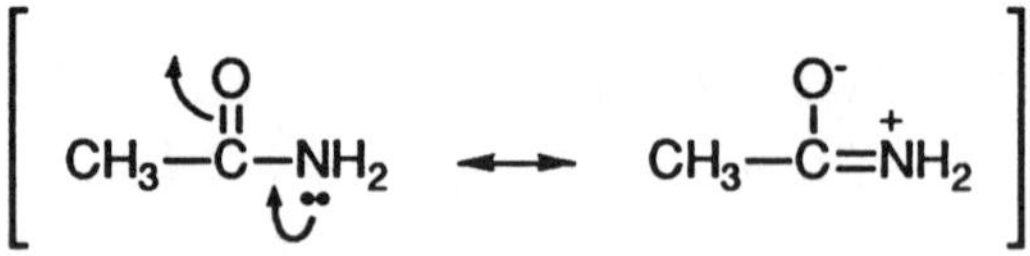

アミドは酸塩化物，酸無水物，エステルに比べて反応性がずっと低い．酸やアルカリと加熱すると加水分解され，カルボン酸とアミンを与える．

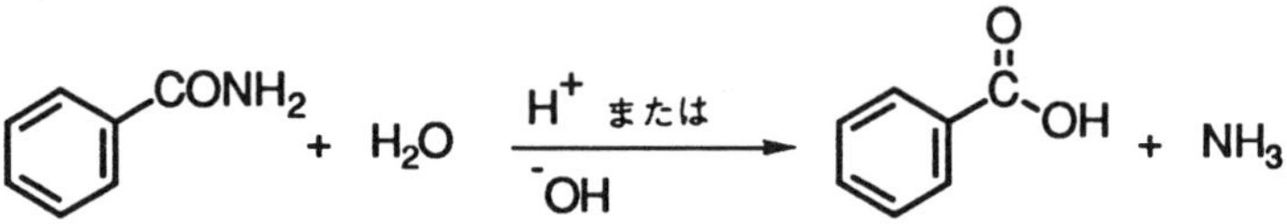

また，アミドは水素化アルミニウムリチウム（$LiAlH_4$）によって還元され，アミンを与える．C-O 結合の切れるエステルの場合と異なって，アミドではC-N 結合が切れていないことに注意しよう．結果的には，カルボニル酸素がそのまま水素に置き換わっている．

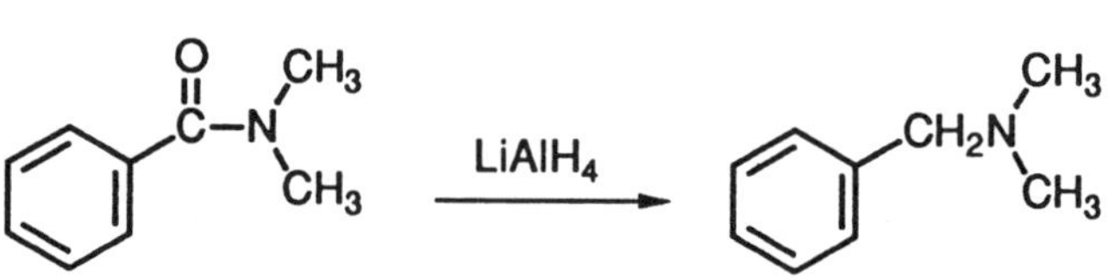

12.11 カルボン酸とその誘導体の反応

ケトンやアルデヒドのカルボニル基に求核試薬が攻撃すると，まず四面体構造を有する中間体を形成し，特別の場合を除けば，反応終了後に加えた酸からプロトンをとって生成物になる．この反応はカルボニル基上における付加反応である（第11章）．

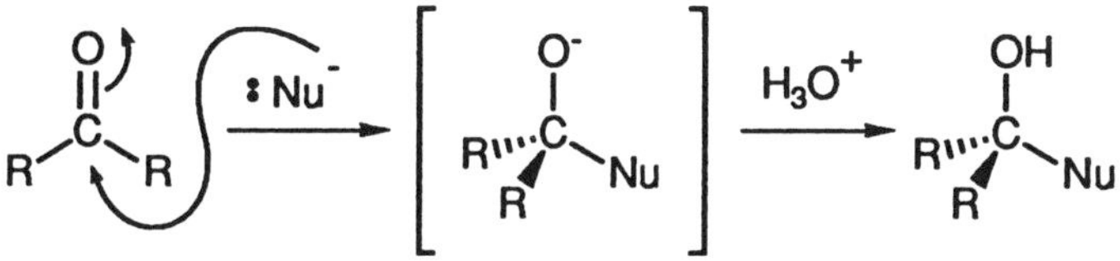

カルボン酸とその誘導体の場合は，求核試薬が攻撃して四面体構造を有する中間体を形成するところまでは同じであるが，中間体のその後の運命が異なる．この中間体はよい脱離基（Cl⁻や⁻OCOCH₃など）をもっているので，できるとすぐにその脱離基を放出し，新しいカルボニル誘導体を与える．すなわち，反応は2段階で起こり，第1段階は付加反応であるが，引き続いて脱離反応が起こる．結果的には，Y基が新たなNu基に置換されたことになる．この反応は**アシル基炭素上における求核置換反応**である．

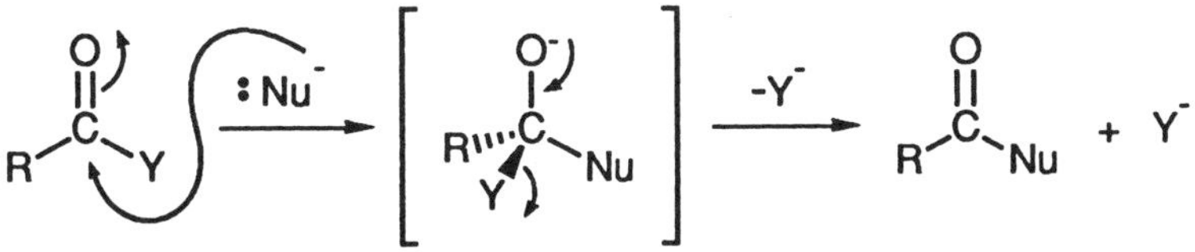

この置換反応の起こりやすさは，カルボン酸誘導体の種類によって異なる．一般に，その順序は次のようになる．これは脱離基の脱離しやすさの順である．

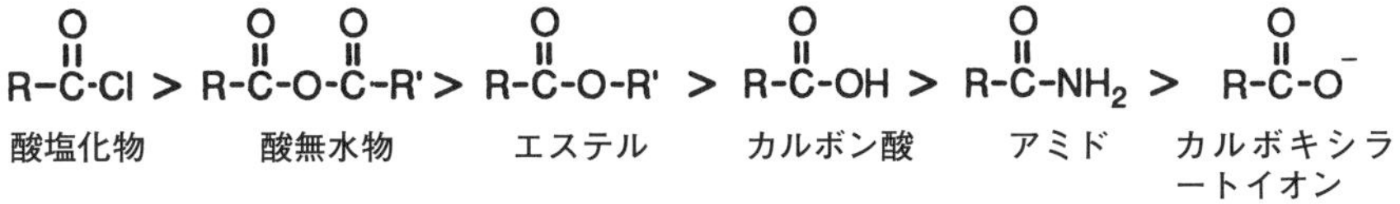

R-CO-Cl > R-CO-O-CO-R' > R-CO-O-R' > R-CO-OH > R-CO-NH₂ > R-CO-O⁻
酸塩化物　　酸無水物　　　エステル　　カルボン酸　　アミド　　カルボキシラートイオン

例題 12-7

無水酢酸とアニリンの反応の機構を書け.

解答

$$CH_3COOCCH_3 + C_6H_5NH_2 \rightleftharpoons \underset{\underset{H_2}{+N-C_6H_5}}{CH_3\overset{O^-}{\underset{|}{C}}-OCOCH_3} \rightleftharpoons$$

$$\underset{\underset{H}{N-C_6H_5}}{CH_3\overset{:OH}{\underset{|}{C}}-OCOCH_3} \rightleftharpoons \underset{\underset{H}{N-C_6H_5}}{CH_3\overset{+O-H}{\underset{|}{C}}} \xrightarrow{-H^+} \underset{\underset{H}{|}}{CH_3\overset{O}{\underset{||}{C}}-N-C_6H_5}$$

例題 12-8

酢酸エチルのアルカリによる加水分解の機構を書け.

$$CH_3COOCH_2CH_3 + OH^- \longrightarrow CH_3COO^- + CH_3CH_2OH$$

解答

$$CH_3\overset{O}{\underset{||}{C}}OCH_2CH_3 \xrightarrow{^-OH} \left[\underset{CH_3CH_2O}{CH_3\overset{O^-}{\underset{|}{C}}OH}\right] \longrightarrow CH_3\overset{O}{\underset{||}{C}}OH \xrightarrow{^-OH} CH_3\overset{O}{\underset{||}{C}}O^- + CH_3CH_2OH$$

ケトンやアルデヒドが酸の触媒下にアルコールを付加してアセタールを生成したように（11.6.5節参照），カルボン酸も酸の触媒下にアルコールと反応する．すなわち，カルボン酸とアルコールを酸の触媒（通常は，乾燥塩化水素か濃硫酸）の存在下で加熱するとエステルが生成する．これを**フィッシャー**

(Fischer) の**エステル化法**といい，エステルの合成法として最もよく用いられる方法である．

$$CH_3COOH + CH_3CH_2OH \overset{H^+}{\rightleftarrows} CH_3COOCH_2CH_3 + H_2O$$

この反応で触媒として酸が必要であるのは，アルコール自身の求核性が弱いので，カルボン酸のカルボニル炭素を直接攻撃することができない．そこでカルボニル炭素を酸で活性化し（陽イオンの性質をもたせて），アルコールの攻撃を助ける必要がある．

カルボニル酸素原子は非共有電子対をもっているので，塩基として反応しプロトンを取る．プロトン化されたカルボニル炭素は，強く正電荷を帯びる（段階1）．次にアルコールの酸素原子がその炭素を攻撃して付加する（段階2）．プロトン移動と脱水が起こり（段階3），最後にプロトンがはずれる（段階4）．これらの反応はすべて可逆反応であり，反応系から生成する水を除くと，平衡はエステル生成のほうに片寄る．逆に水を多くすれば，この反応はエステルの加水分解の反応機構になる．

段階1 プロトン付加

$$CH_3-\underset{}{\overset{\overset{\displaystyle \ddot{O}:}{\|}}{C}}-OH \xrightarrow{H^+} \left[CH_3-\underset{}{\overset{\overset{\displaystyle +OH}{\|}}{C}}-OH \longleftrightarrow CH_3-\underset{+}{\overset{\overset{\displaystyle OH}{|}}{C}}-OH \right]$$

段階2 アルコールの付加

$$CH_3-\underset{}{\overset{\overset{\displaystyle +OH}{\|}}{C}}-OH + C_2H_5-\overset{..}{\underset{..}{O}}H \rightleftarrows CH_3-\underset{\underset{+}{HOC_2H_5}}{\overset{\overset{\displaystyle OH}{|}}{C}}-OH$$

段階3 プロトン移動と脱水

$$CH_3-\underset{\underset{+}{HOC_2H_5}}{\overset{\overset{\displaystyle OH}{|}}{C}}-OH \rightleftarrows CH_3-\underset{OC_2H_5}{\overset{\overset{\displaystyle \dot{O}H}{|}}{C}}-OH_2 \rightleftarrows CH_3-\underset{OC_2H_5}{\overset{\overset{\displaystyle +OH}{|}}{C}} + H_2O$$

段階4 脱プロトン

$$\text{CH}_3-\underset{\underset{\text{OC}_2\text{H}_5}{|}}{\overset{\overset{+\text{O}-\text{H}}{||}}{\text{C}}} \xrightarrow{-\text{H}^+} \text{CH}_3-\overset{\overset{\text{O}}{||}}{\text{C}}-\text{OC}_2\text{H}_5$$

12.12 ニトリル

　ニトリル（nitrile）は一般式 R-CN で示される化合物であり，カルボン酸誘導体ではない．しかし，アミドの脱水によって合成されたり，その加水分解によってアミドを経てカルボン酸を生成し，カルボン酸と深い関係にあるので一緒に扱われることが多い．

　ニトリルの命名にはいろいろあるが，アルカンニトリル（CN 基の炭素原子を含める）（alkanenitrile），シアン化アルキル（alkyl cyanide）として命名するか，同じ炭素数のカルボン酸名 ～ic acid を ～onitrile に置き換える．例えば，CH_3CN はエタンニトリル（ethanenitrile），シアン化メチル（methyl cyanide），アセトニトリル（acetonitrile）となる．この中では，アセトニトリルが最もよく用いられる．

　（例）

CH₃CH₂CN

シアン化エチルまたは
プロピオノニトリル
(ethyl cyanide)
(propiononitrile)

ベンゾニトリル
(benzonitrile)

　ニトリル基の炭素原子はアセチレンと同じで，sp混成をしている．この混成軌道を使って一方は R 置換基とシグマ結合し，もう一方は窒素原子とシグマ結合している．したがって，炭素-窒素の三重結合の一つがシグマ結合，他の二つの結合はパイ結合である．R-C≡N の結合角は 180° である．アセチレン

の三重結合と異なるのは，窒素原子が炭素原子より電気陰性度が大きいために，そのパイ電子は窒素のほうに引き寄せられている．そのため，炭素原子は部分的に正電荷を帯びる．カルボニル炭素と同様，ニトリル炭素も求核試薬の攻撃を受けやすい．

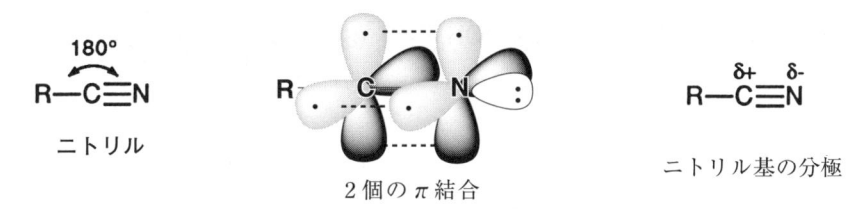

R—C≡N 180°
ニトリル

2個のπ結合

$R-\overset{\delta+}{C}\equiv\overset{\delta-}{N}$
ニトリル基の分極

ニトリルの簡単な合成法は，第一級または第二級ハロゲン化アルキルにシアン化物イオン（CN⁻）を S_N2 反応によって置換する方法である．

$$CH_3CH_2CH_2CH_2Br + NaCN \longrightarrow CH_3CH_2CH_2CH_2-CN$$

ニトリルは酸またはアルカリによって加水分解され，アミドを経てカルボン酸を生成する．

$$CH_3CH_2CH_2CH_2CN + H_2O \xrightarrow[-OH]{H^+ \text{または}} CH_3CH_2CH_2CH_2\underset{NH_2}{\overset{O}{C}} \longrightarrow CH_3CH_2CH_2CH_2COOH$$

また，水素化アルミニウムリチウム（$LiAlH_4$）によって還元され，アミンを与える．

$$CH_3CH_2CH_2CH_2CN \xrightarrow{LiAlH_4} CH_3CH_2CH_2CH_2CH_2NH_2$$

還元剤のまとめ

	Pt/H_2	$LiAlH_4$	$NaBH_4$
$-CH=CH- \longrightarrow -CH_2-CH_2-$	○	×	×
$>C=O \longrightarrow >CH-OH$	○	○	○
$-COOR \longrightarrow -CH_2OH$	×	○	×
$-CONRR' \longrightarrow -CH_2NRR'$	×	○	×
$-C\equiv N \longrightarrow -CH_2NH_2$	○	○	×

問 題

問題 1 次の化合物を命名せよ．

(a) CH₃CH₂CH₂CH₂COOH

(b) C₆H₅-CH₂COOH

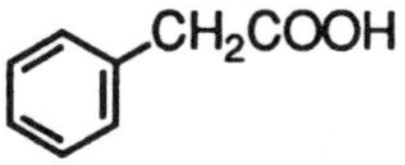

(c) CH₃CH₂CH₂COCl

(d) C₆H₅-CH₂COOCH₂CH₃

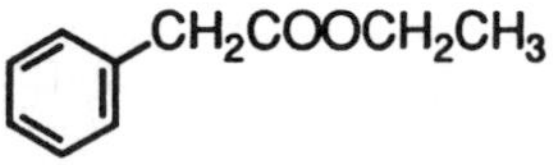

(e) CH₃CONHCH₂CH₃

(f) C₆H₅-CON(CH₃)₂

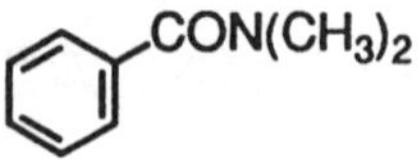

問題 2 安息香酸に次の試薬を作用させたとき，得られる生成物の構造式を書け．

(a) NaOH 水溶液　　(b) SOCl₂（塩化チオニル）
(c) CH₃OH, HCl, 加熱　　(d) 過剰の NH₃, 加熱

問題 3 次の化合物に過剰の CH₃MgBr を作用させたとき，得られる生成物の構造式を書け．

(a) CH₃CH₂CH₂COOCH₂CH₃

(b) C₆H₅-COOCH₂CH₃

問題 4 次の化合物に水素化アルミニウムリチウム（LiAlH₄）を反応させたとき，得られる生成物の構造式を書け．

(a) CH₃CH₂COOCH₃　　(b) CH₃CH₂CONHCH₃
(c) CH₃CH₂CON(CH₃)₂　　(d) CH₃CH₂CN

問題 5 酸触媒による次のエステルの加水分解の機構の誤りを正せ．

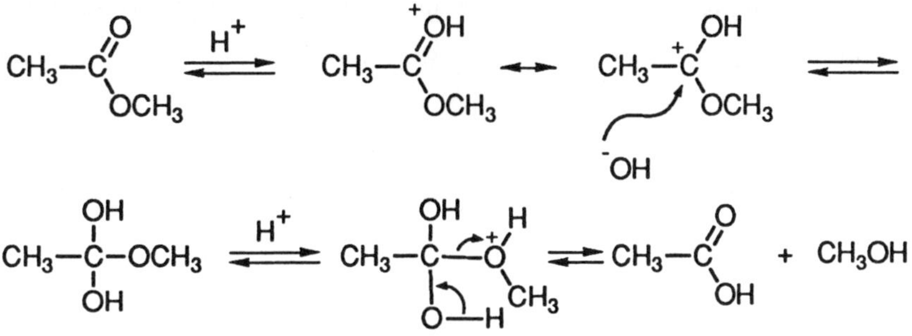

コーヒーブレイク

(1) マツタケの香り

　マツタケは日本の秋の味覚の筆頭にあげられよう．年々生産高が減って，値段が大変高くなっている．人工的に栽培する研究が行われているが，なかなか難しいらしい．最近は韓国産や中国産などの外国産のマツタケが輸入されているが，香りの点で日本産に劣るようだ．そこで，これに人工的に香りをふりかけて売られることが多い．マツタケの香りの主役は桂皮酸メチル（**1**）とマツタケオール（1-オクテン-3-オール）（**2**）であるが，ときどきかけすぎてひんしゅくをかっている八百屋さんがある．過ぎたるは及ばざるがごとし．

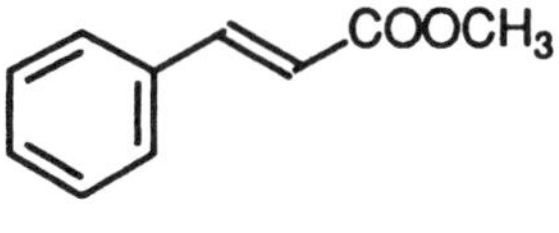

methyl cinnamate (**1**) 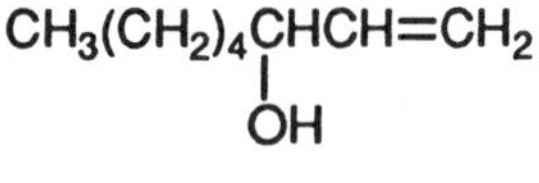　　　1-octen-3-ol (**2**)

(2) 電気蚊とり器

　夏になると，昔は「蚊とり線香」と「かや」は必需品であった．蚊とり線香には除虫菊から得られるピレトリン I, II を主成分とする殺虫成分が含まれてい

る．線香に火をつけるとその近くがあたためられ，ピレトリンが揮発して蚊をやっつける．煙が効くわけではない．除虫菊の活性成分は環境中で分解されるのが速いので，現在は，ピレトリンの有効な部分を残して人工的にその構造を変換し，もっと有効で安定な化合物が合成され実際に使われている．要するに，有効成分を気化させればよいわけだから，紙にしみこませて電気ヒーターで加熱する方法や液体を直接加熱する方法のほうが煙が出ず，火災の危険性もなくてよい．煙がないと淋しいという人は，クラシックな蚊とり線香をどうぞ．

pyrethrin I (R=CH$_3$)
pyrethrin II (R=CO$_2$CH$_3$)
ピレトリン I
（pyrethrin I）

第 13 章

アミン

アミン（amine）はアンモニアの水素原子がアルキル基やアリール基で置換された構造を有する化合物である．アミンはアミノ酸，核酸，医薬品など重要な化合物中にしばしば見られる．塩基あるいは求核試薬としても重要なアミンの命名法，基本的事項，化学的性質，および反応性について述べる．

13.1 命名法

アミンはアンモニアのアルキルまたはアリール誘導体と見なすことができる．アンモニアの水素を1個，2個，3個置換したものは，それぞれ第一級アミン（primary amine），第二級アミン（secondary amine），第三級アミン（tertiary amine）と呼ばれる．このようなアミンの分類法はアミンに特有のもので，アルコールやハロゲン化アルキル，炭素陽イオンの分類法とは異なっているので注意しよう．

第四級アンモニウム塩はアンモニウム塩 $NH_4^+ X^-$ の4個の水素原子をすべ

てアルキル基またはアリール基で置換した化合物である．

R—NH$_2$ 　　　R^{1}R^{2}NH　　　　R^{1}R^{2}R^{3}N

第一級アミン　　　　第二級アミン　　　　第三級アミン

R^1—N$^+$(R^2)(R^3)(R^4) X$^-$

第四級アンモニウム塩

第一級アミンの名称：アルキルアミン（alkylamine）または，アルカン（alkane）のeをとりアルカンアミン（alkanamine）として命名される．アルキルアミンの英語名でalkylとamineを離さない．また，アルカナミンとはいわないので注意しよう．

（例）

CH$_3$CH$_2$NH$_2$　　エチルアミン（ethylamine）
　　　　　　　　　　エタンアミン（ethanamine）

CH$_3$CH$_2$CH$_2$CH(CH$_2$CH$_3$)NH$_2$　　1-エチルブチルアミン（1-ethylbutylamine）
　　　　　　　　　　　　　　　　　3-ヘキサンアミン（3-hexanamine）

シクロヘキシル-NH$_2$　　シクロヘキシルアミン（cyclohexylamine）
　　　　　　　　　　　シクロヘキサンアミン（cyclohexanamine）

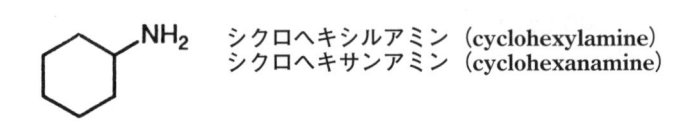

第二級および第三級アミンの名称：同一の置換基を有する第二級および第三級アミンは，窒素に結合する基名にジ（di-），トリ（tri-）を付け，接尾語アミン（-amine）を付ける．

（例）

ジメチルアミン
(dimethylamine)

トリエチルアミン
(triethylamine)

ジフェニルアミン
(diphenylamine)

置換基の異なる第二級および第三級アミンは，最も複雑な置換基を母体とした第一級アミンの N-置換誘導体として命名する．

（例）

N,N-ジメチルペンチルアミン
(N,N-dimethylpentylamine)
N,N-ジメチル-1-ペンタンアミン
(N,N-dimethyl-1-pentanamine)

N-エチル-N-メチルプロピルアミン
(N-ethyl-N-methylpropylamine)
N-エチル-N-メチル-1-プロパンアミン
(N-ethyl-N-methyl-1-propanamine)

例題 13-1

次の化合物を命名し，分類せよ．

(a) $CH_3NHCH_2CH_2CH_3$　　(b) $(CH_3)_2CHNH_2$
(c) $(CH_3)_2NCH_2CH_3$　　(d) $(CH_3)_3CNH_2$

解答

(a) N-methylpropylamine, N-methyl-1-propanamine（第二級）

(b) isopropylamine, 2-propanamine（第一級）

(c) N,N-dimethylethylamine, N,N-dimethylethanamine（第三級）

(d) *tert*-butylamine, 2-methyl-2-propanamine（第一級）

簡単なアミンには慣用名が用いられる．

（例）

アニリン
(aniline)

o-トルイジン
(o-toluidine)

m-アニシジン
(m-anisidine)

接頭語として用いるときは，アミノ（amino-）を用いる．

（例）

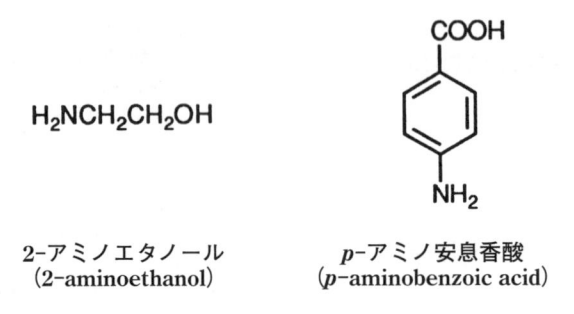

H₂NCH₂CH₂OH

2-アミノエタノール
(2-aminoethanol)

p-アミノ安息香酸
(p-aminobenzoic acid)

13.2　代表的なアミン

(1)　**メチルアミン**（methylamine），CH_3NH_2（bp $-6.3\,°C$）

アンモニア臭を有する気体．水，アルコール，エーテルに可溶．工業的には脱水剤の存在下アンモニアとメタノールからつくられる．

(2)　**アニリン**（aniline），$C_6H_5NH_2$（bp 184.6 °C）

特有の臭気を発する無色の液体．アルコール，ベンゼン，エーテルに可溶．ニトロベンゼンを接触還元または金属（鉄，亜鉛，スズなど）と塩酸で還元して合成される（13.5節参照）．ポリウレタン樹脂，染料，医薬品原料などに用いられる．

13.3 アミンの構造

アミンの構造はアンモニアに似ている．アミンの窒素原子は sp^3 混成（四面体構造）で，そのうち3個の軌道はシグマ結合によって置換基と結合し，残りの1個には非共有電子対が入っている．この非共有電子対はアミンの塩基性や求核性の原因となっている．アンモニアとメチルアミンの構造を次に示す．

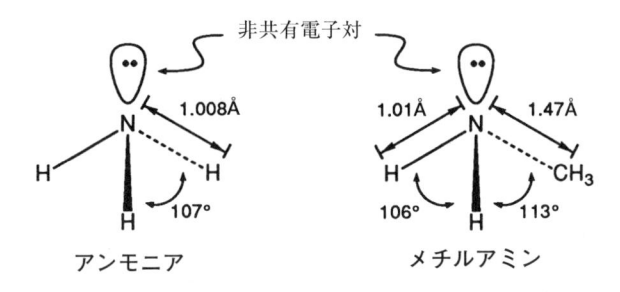

アミンが固定された四面体構造であれば，もし3個の置換基がすべて異なる化合物，例えば N-メチルエチルアミンでは，非共有電子対を1個の置換基と見なすと，この窒素原子はキラル中心となり，2種類の鏡像体が存在することになる（第4章参照）．しかし，この2種類の鏡像体は室温でも容易に相互変換し，それぞれを別々に取り出すことはできない．この過程は**窒素反転**と呼ばれる．そのため，一般にアミンには光学異性体は存在しない．

この遷移状態の窒素原子は Sp^2 混成である．
アミンの窒素反転

しかし，第四級アンモニウム塩になると，非共有電子対がないので，このような反転は起こらず，4個の置換基が異なると炭素原子と同じようにキラル中心となり得る．

13.4　アミンの物理的性質

メチルアミンやエチルアミンなど分子量の小さいものは気体であるが，分子量が大きくなるにつれて沸点も高くなり，室温で液体となる．第一級および第二級アミンでは分子間で水素結合ができるので，沸点は相当するアルカンより高いが，アルコールよりは若干低い．その理由は，窒素原子の電気陰性度が酸素原子のそれより小さく，その結果，分子間の水素結合がアルコールの水素結合ほど強くないためである．アルコールやエーテルによく溶ける(14.8節参照)．

例題 13-2

トリメチルアミン $(CH_3)_3N$（bp 3.5 ℃）とプロピルアミン $CH_3CH_2CH_2NH_2$（bp 49 ℃）は同じ分子量をもつにもかかわらず，沸点は後者のほうが前者よりかなり高い．その理由を説明せよ．

解答

プロピルアミンは，窒素原子上に水素をもっているので分子間水素結合ができるのに対して，トリメチルアミンは第三級アミンで，水素結合できる水素原子をもっていないためである．

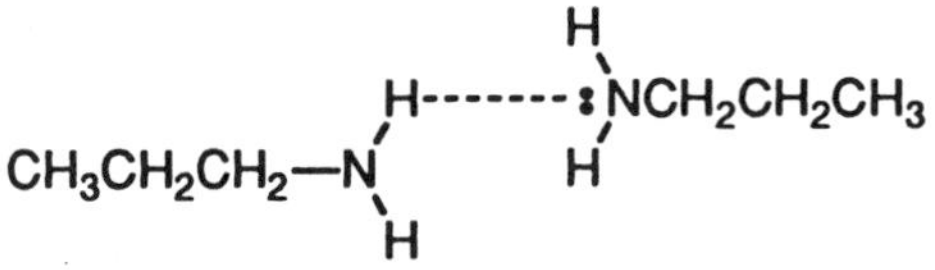

$$CH_3CH_2CH_2-\underset{H}{\overset{H}{N}}-\cdots H-\underset{H}{\overset{H}{N}}CH_2CH_2CH_3$$

表 13-1　アミンの物理的性質

化合物名	構造式	mp, ℃	bp, ℃	水に対する溶解性(25 ℃)	K_b(25 ℃)
第一級アミン					
Methylamine（メチルアミン）	CH_3NH_2	−94	−6.3	易溶	4.4×10^{-4}
Ethylamine（エチルアミン）	$CH_3CH_2NH_2$	−84	17	易溶	5.6×10^{-4}
tert-Butylamine（tert-ブチルアミン）	$(CH_3)_3CNH_2$	−68	45	易溶	2.8×10^{-4}
Cyclohexylamine（シクロヘキシルアミン）	Cyclo-$C_6H_{11}NH_2$	−18	134	難溶	4.4×10^{-4}
Benzylamine（ベンジルアミン）	$C_6H_5CH_2NH_2$		185	難溶	2.0×10^{-5}
Aniline（アニリン）	$C_6H_5NH_2$	−6	184.6	3.7 g/100 mL	3.8×10^{-10}
第二級アミン					
Dimethylamine（ジメチルアミン）	$(CH_3)_2NH$	−96	7	易溶	5.2×10^{-4}
Diethylamine（ジエチルアミン）	$(CH_3CH_2)_2NH$	−48	56	易溶	9.6×10^{-4}
N-Methylaniline（N-メチルアニリン）	$C_6H_5NHCH_3$	−57	196	難溶	5.0×10^{-10}
第三級アミン					
Trimethylamine（トリメチルアミン）	$(CH_3)_3N$	−117	3.5	易溶	5.0×10^{-5}
Triethylamine（トリエチルアミン）	$(CH_3CH_2)_3N$	−115	90	14 g/100 mL	5.7×10^{-4}
N,N-Dimethylaniline（N,N-ジメチルアニリン）	$C_6H_5N(CH_3)_2$	3	194	難溶	11.5×10^{-10}

13.5　アミンの化学的性質

　アミンの反応の主役は非共有電子対である．非共有電子対をもつためにアミンは塩基性（H^+をとる性質）を示し，また求核性（C^+を攻撃する性質）を示す．

第13章 アミン

塩基性: —N: + H⁺

求核性: —N: + CH₃—Br (δ+ δ−)

—N: + CH₃−CO−CH₃

孤立電子対

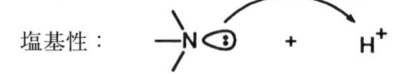

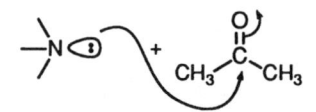

図 13-1 非共有電子対（孤立電子対ともいう）は H⁺ や E⁺ が恋しい．

13.5.1 塩基性

アミンの塩基性は，アルコールやエーテル，水よりずっと強い．実際，アミンを水に溶かすと水からプロトンをとり，次のような平衡になる．

$$R-NH_2 + H_2O \rightleftharpoons R-NH_3^+ + OH^-$$

13.5 アミンの化学的性質　**251**

　この違いは，主としてNとOの電気陰性度の差に基づいて説明される．電気陰性度の大きい酸素原子は非共有電子対をあまり出したがらない．その点，窒素原子は融通が利くといえる．

例題 13-3

次の酸-塩基反応について，カーブした矢印を用いて完成せよ．

(a) $CH_3CH_2CH_2NH_2 + HCl \longrightarrow$

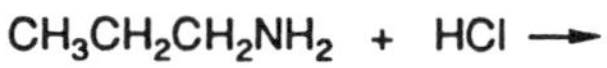

(b) $(CH_3)_2NH + HCl \longrightarrow$

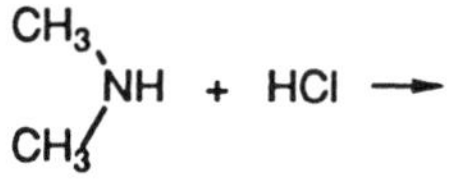

(c) $(CH_3)_3N + HCl \longrightarrow$

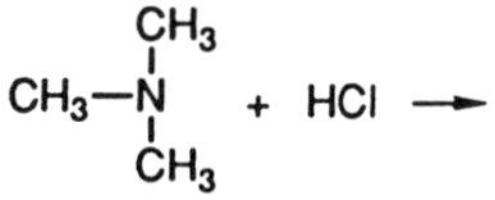

(d) $C_6H_5NH_2 + HCl \longrightarrow$

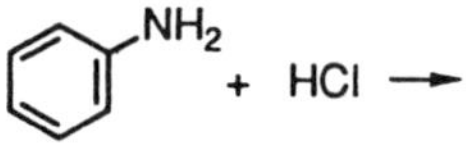

解答

(a) $CH_3CH_2CH_2CH_2\ddot{N}H_2 + H-Cl \longrightarrow CH_3CH_2CH_2CH_2\overset{+}{N}H_3\ Cl^-$

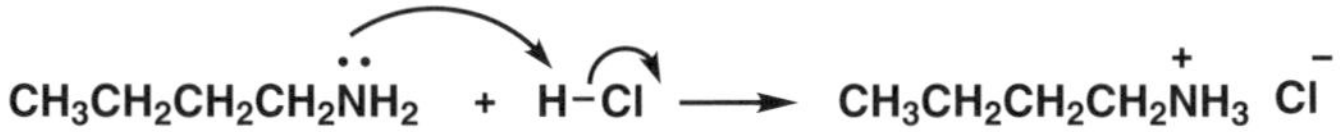

(b) $(CH_3)_2\ddot{N}H + H-Cl \longrightarrow CH_3-\overset{+}{N}H_2-CH_3\ Cl^-$

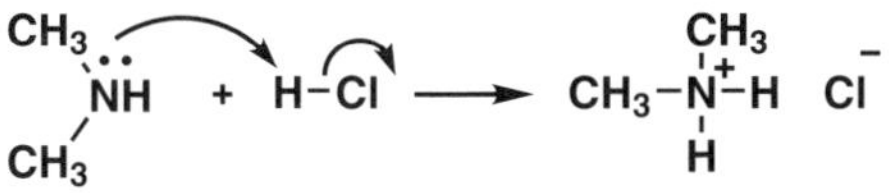

(c) $(CH_3)_3\ddot{N}: + H-Cl \longrightarrow (CH_3)_3\overset{+}{N}-H\ Cl^-$

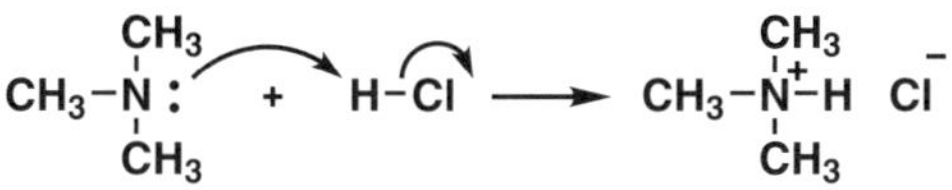

(d) $C_6H_5\ddot{N}H_2 + H-Cl \longrightarrow C_6H_5\overset{+}{N}H_3\ Cl^-$

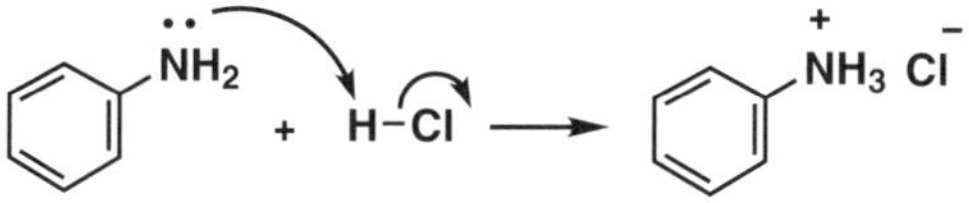

アニリンのように水に溶けにくいアミンも塩酸塩になるとイオン性が大きくなって水に溶ける．

> ### 例題 13-4
>
> ニトロベンゼンとアニリンの混合物からアニリンを分離する方法を述べよ．
>
> **解答**
>
> 混合物をエーテルに溶かし，この溶液を希塩酸と振ると，アニリンのみが塩酸と反応して，アニリンの塩酸塩となり水層に移行する．この水層を分離した後，水酸化ナトリウム水溶液でアルカリ性にすると，アニリン塩酸塩は再びアニリンとなり水層から遊離する．これをエーテルで抽出した後，エーテルを蒸発させて除去するとアニリンが得られる（14.1 節参照）．

アミンの塩基性の強さは，置換基の種類によって変わる．一般に，脂肪族アミンはアンモニアや芳香族アミン（アニリン）より強い．塩基性は非共有電子対の電子密度が高いほど強くなる傾向にあるから，電子供与性のアルキル基をもつ脂肪族アミンの塩基性がアンモニアより強くなるのは当然である．

アニリンなどの芳香族アミンの塩基性が脂肪族アミンより弱いのは，非共有電子対がベンゼン環と共鳴し，結果として窒素原子上の電子密度が減少するためである（共鳴については 14.2 節参照）．

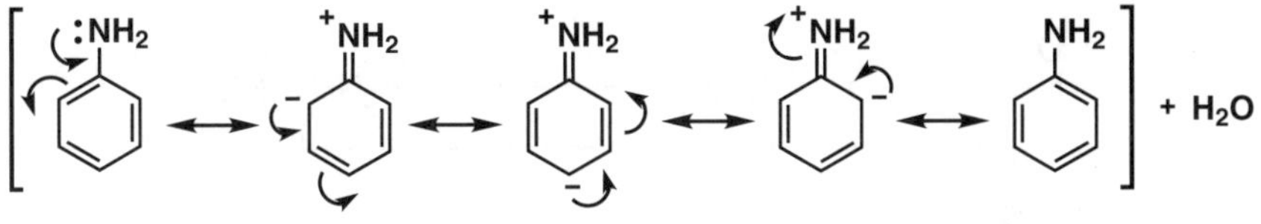

13.5 アミンの化学的性質 **253**

アニリンの共鳴構造

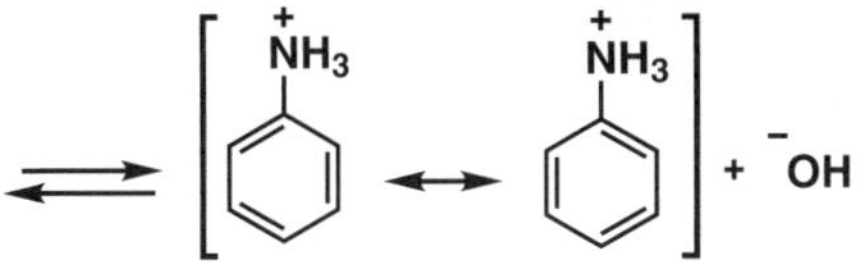

アニリニウムイオンの共鳴構造

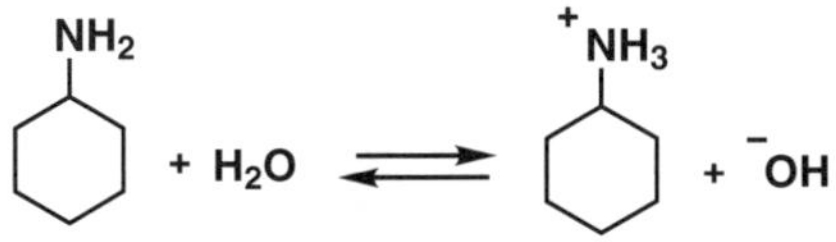

13.5.2 アルキル化－ハロゲン化アルキルとの反応－

　アミンの非共有電子対は塩基性を示すもとになるが，同時にこの非共有電子対は求核性を示し，ハロゲン化アルキルなどと求核置換反応をする．後者の反応は S_N2 反応で進行するので，ハロゲン化メチル，第一級および第二級ハロゲン化アルキルに限られる．例えば，アンモニアは塩化メチルと反応しメチルアミンを生成する．生じたメチルアミン（第一級アミン）は過剰の塩化メチルと反応し，ジメチルアミン（第二級アミン），トリメチルアミン（第三級アミン）を生成する．第三級アミンはさらにアルキル化が進むと第四級アンモニウム塩を生じる．このように，通常，ハロゲン化アルキルとアンモニアや第一級アミンとの反応は混合物を与える．しかし，生成物の分離が容易であったり，条件の選択により主生成物がある場合には簡便なアルキルアミンの合成法となる．

254   第13章　アミン

NH_3 + CH_3Cl → $CH_3NH_2 \cdot HCl$

CH_3NH_2 + CH_3Cl → $(CH_3)_2NH \cdot HCl$

$(CH_3)_2NH$ + CH_3Cl → $(CH_3)_3N \cdot HCl$

$(CH_3)_3N$ + CH_3Cl → $(CH_3)_4N^+ Cl^-$

第四級アンモニウム塩

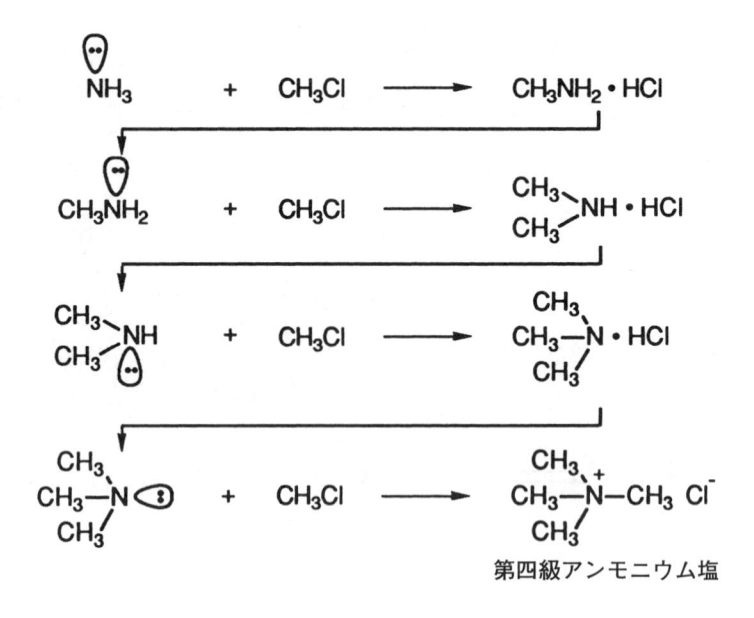

忍者求核試薬　　忍者塩基

図 13-2　分身の術
本体は同じだが，攻撃相手が変わると呼び名も変わる．

13.5.3 アシル化 ―アミドの生成―

第一級アミンや第二級アミンは酸塩化物や酸無水物のように反応性の高いカルボン酸誘導体と反応して N-置換アミドを生成する（12.9節参照）. 第三級アミンは反応しない.

（例）

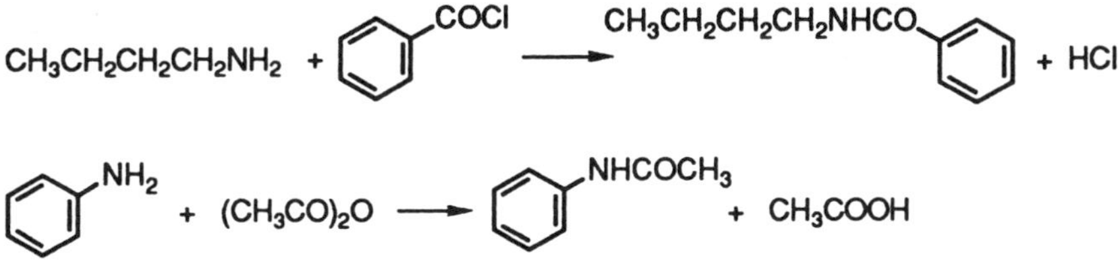

$$CH_3CH_2CH_2CH_2NH_2 + C_6H_5COCl \longrightarrow CH_3CH_2CH_2CH_2NHCOC_6H_5 + HCl$$

$$C_6H_5NH_2 + (CH_3CO)_2O \longrightarrow C_6H_5NHCOCH_3 + CH_3COOH$$

アミドの塩基性は，アミンに比べるとはるかに弱いので（12.10節参照），水に不溶なアミドは希塩酸や希硫酸にも溶けない.

例題 13-6

次の反応式を完成せよ.

(a) $(CH_3CH_2CH_2)_2NH + (CH_3CO)_2O \longrightarrow$

(b) $C_6H_5CH_2NH_2 + C_6H_5COCl \longrightarrow$

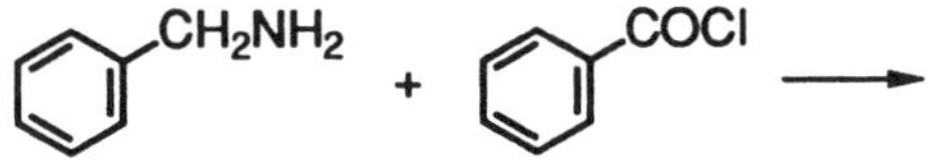

解答

(a) $(CH_3CH_2CH_2)_2NCOCH_3 + CH_3COOH$

(b) $C_6H_5CH_2NHCOC_6H_5 + HCl$

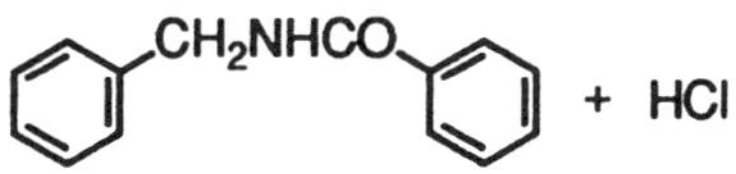

13.5.4 亜硝酸との反応

アミンは，その種類によって亜硝酸に対して異なる反応性を示す．脂肪族アミンであるか芳香族アミンであるか，またそれが第何級のアミンであるかによって異なった生成物を与えるので大変複雑である．この中で芳香族第一級アミンの反応は合成化学的に重要であるので，この反応を中心に述べることにする．

例えば，アニリンを希塩酸に溶かし，5℃以下に反応温度を保ちながら亜硝酸ナトリウム水溶液を加えていくと，ジアゾニウム塩の水溶液が得られる．この反応を**ジアゾ化**（diazotization）**反応**という．この反応は亜硝酸から酸性条件下に発生した$^+$NO（ニトロソニウムイオン）が求核試薬として作用する．

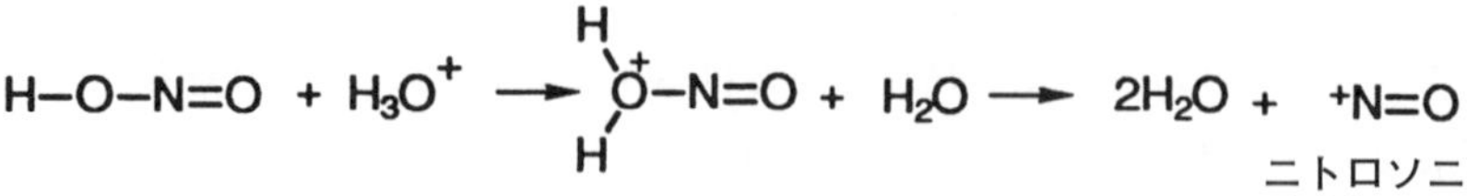

$$H-O-N=O + H_3O^+ \longrightarrow H_2O^+-N=O + H_2O \longrightarrow 2H_2O + {}^+N=O$$

ニトロソニウムイオン

$^+$NOがアニリンの窒素原子の非共有電子対と反応し，N-ニトロソ化合物を生成，その後プロトンの移動を繰り返して最終的にはジアゾニウムイオンが生成する．

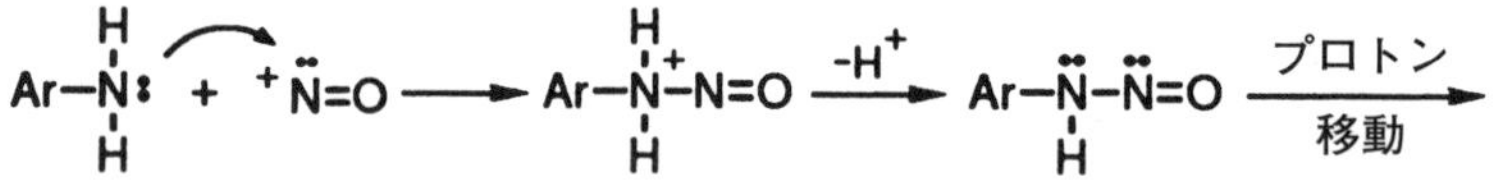

芳香族第一級アミン → N-ニトロソアンモニウムイオン → N-ニトロソアミン → プロトン移動

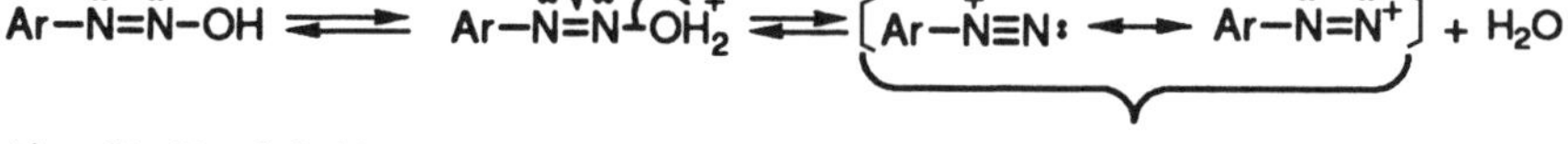

ジアゾヒドロキシド ⇌ ⇌ [ジアゾニウムイオン] + H_2O

このイオンはベンゼン環と共鳴し，5℃以下では比較的安定に存在する．これに対して，脂肪族第一級アミンから得られるジアゾニウムイオンは不安定で，窒素分子を放出して陽イオンとなり，その反応系内に存在するいろいろな求核

試薬と反応したり，$-\overset{+}{N}\equiv N$への付加反応をしたりして複雑な混合物を与える．

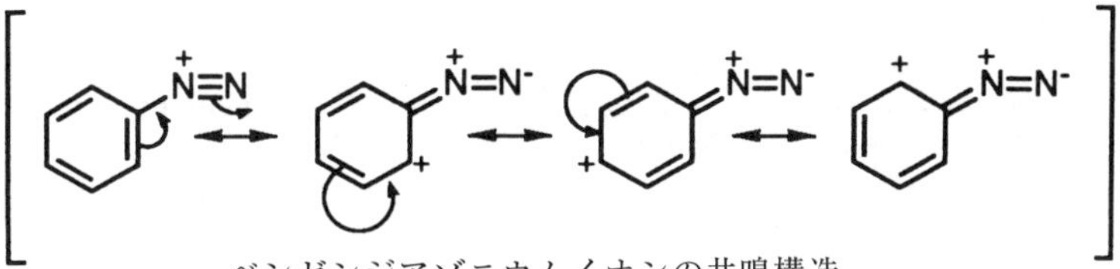

ベンゼンジアゾニウムイオンの共鳴構造

13.5.5　ベンゼンジアゾニウム塩の反応
(1)　アゾカップリング反応

ベンゼンジアゾニウムイオンは求電子試薬であり，反応性の高い（すなわち，環の電子密度が高い）フェノールや芳香族第三級アミンと反応してアゾ基（$-N=N-$）を有するアゾ化合物を生成する．**アゾカップリング**（azo coupling）**反応**と呼ばれるこの反応は，ジアゾニウムイオンの共鳴構造のⅠまたはⅡ式と反応し，通常，パラ位にフェニルアゾ基（$C_6H_5-N=N-$）が導入される．

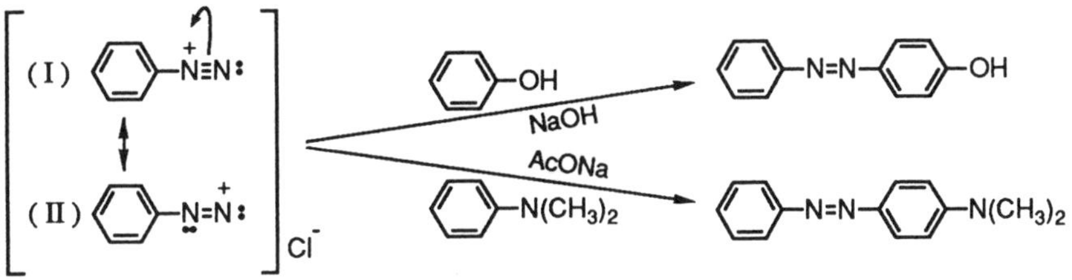

アゾ化合物は強い色をもつので，染料として用いられる．

(2)　ザンドマイヤー（Sandmeyer）反応

ベンゼンジアゾニウム塩は，次に示すような試薬を作用させることによって別のいろいろな官能基に変換できるので，合成化学的に重要である．特に銅塩を用いる反応を**ザンドマイヤー反応**と呼んでいる．

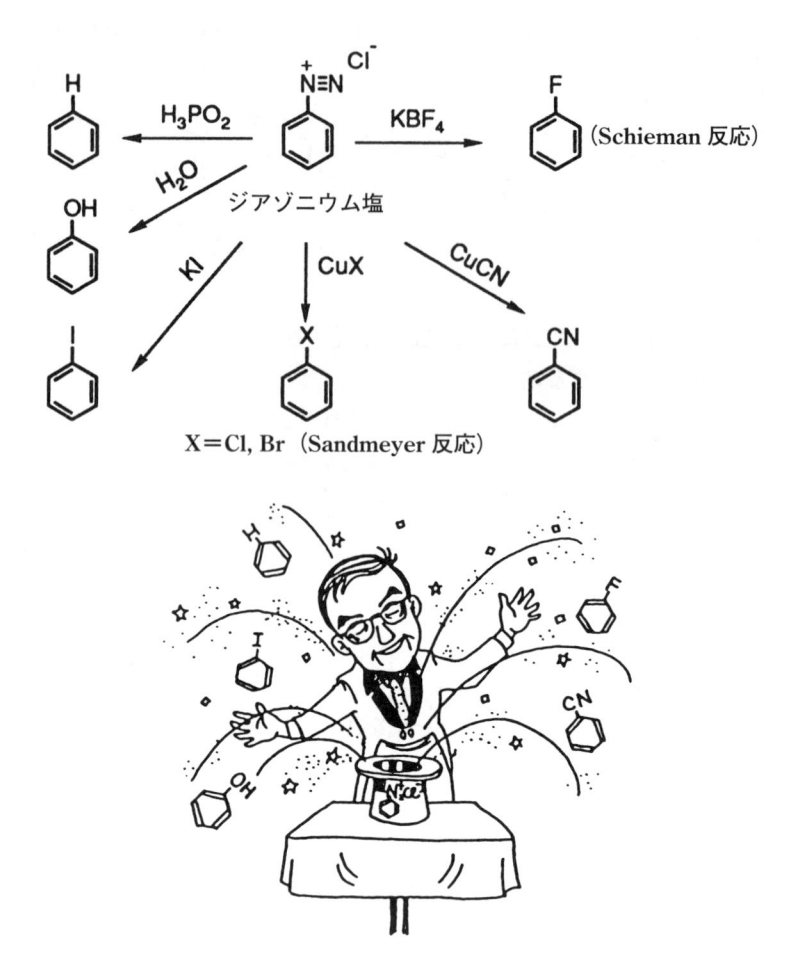

図 13-3　ジアゾニウム塩は七変化

13.6　アミンの合成法

　アミンの合成法として，いろいろな方法が知られている．以下に，基本的な反応を利用するいくつかの方法について述べる．

(1) ハロゲン化アルキルのアミノ化（13.5.2 節参照）

アンモニアとハロゲン化アルキルの反応は脂肪族アミンの合成に応用できるが，通常，第一級，第二級，第三級アミンの混合物を与え，目的の段階で停止するのが難しい．第一級アミンを目的にする場合，アンモニアを過剰に使用して第二級，第三級アミンの生成を最小限に抑える．

(2) ニトリルの還元

ニトリルは，ニッケル（Ni）を触媒にして水素化するか水素化アルミニウムリチウム（$LiAlH_4$）によって還元すると，対応する第一級アミンに変換できる．

$$CH_3CH_2CH_2CH_2C\equiv N \xrightarrow{LiAlH_4} CH_3CH_2CH_2CH_2CH_2NH_2$$

(3) アミドの還元

アミドを水素化アルミニウムリチウム（$LiAlH_4$）で還元するとアミンが得られる．アミドの種類によって，第一級，第二級，第三級アミンをつくることができる．

$$C_6H_{11}\text{-}CONH_2 \xrightarrow{LiAlH_4} C_6H_{11}\text{-}CH_2NH_2$$

$$C_6H_{11}\text{-}CONHCH_3 \xrightarrow{LiAlH_4} C_6H_{11}\text{-}CH_2NHCH_3$$

$$C_6H_{11}\text{-}CON(CH_3)_2 \xrightarrow{LiAlH_4} C_6H_{11}\text{-}CH_2N(CH_3)_2$$

(4) 芳香族ニトロ化合物の還元

芳香族アミンの代表的合成法である．芳香族ニトロ化合物は芳香族炭化水素のニトロ化によって容易に合成できるので，応用範囲は広い．

一般に，ニトロ基の還元は鉄，亜鉛，スズなどの金属と酸で行われる．

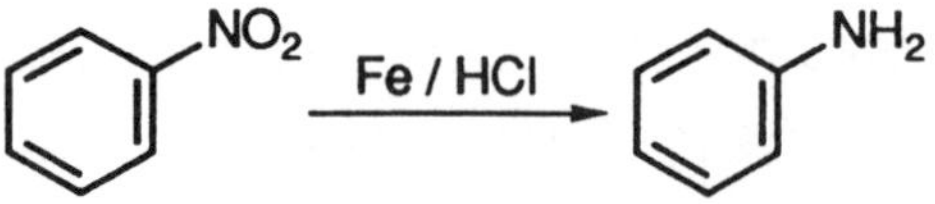

$$\text{C}_6\text{H}_5\text{NO}_2 \xrightarrow{\text{Fe/HCl}} \text{C}_6\text{H}_5\text{NH}_2$$

例題 13-8

N-エチルアニリンをベンゼンから合成せよ．

解答

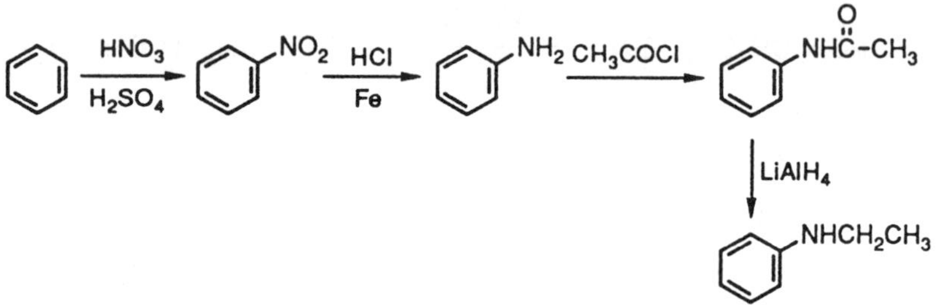

$$\text{C}_6\text{H}_6 \xrightarrow[\text{H}_2\text{SO}_4]{\text{HNO}_3} \text{C}_6\text{H}_5\text{NO}_2 \xrightarrow[\text{Fe}]{\text{HCl}} \text{C}_6\text{H}_5\text{NH}_2 \xrightarrow{\text{CH}_3\text{COCl}} \text{C}_6\text{H}_5\text{NHCOCH}_3 \xrightarrow{\text{LiAlH}_4} \text{C}_6\text{H}_5\text{NHCH}_2\text{CH}_3$$

13.7 アルカロイド

　アルカロイド (alkaloid) は塩基性植物成分として見出され，「アルカリ (alkali)」と「……様のもの (-oid)」という言葉を語源とする．簡単なものから複雑な構造のものまで，多数の天然アルカロイドが知られている．次に示した化合物はその代表的なものである．強い生理活性をもつものが多く，中には医薬品として実際に使われているものもある．これらの化合物の塩基性は分子中に含まれるアミノ基窒素の非共有電子対に起因している．

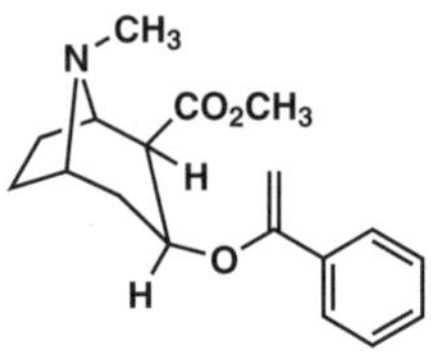

コカイン
(cocaine)
局所麻酔薬

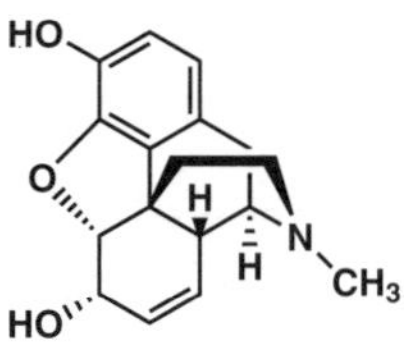

モルヒネ
(morphine)
鎮痛薬

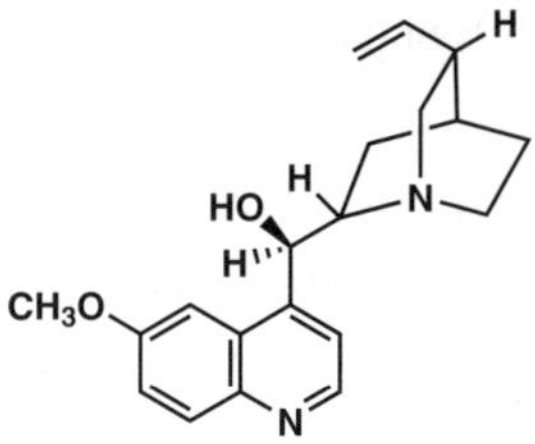

キニーネ
(quinine)
抗マラリア薬

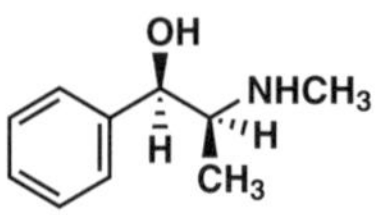

エフェドリン
(ephedrine)
気管支喘息の治療薬

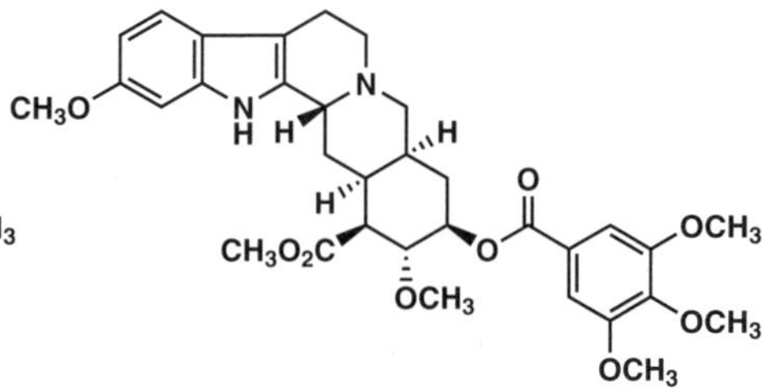

レセルピン
(reserpine)
向精神薬

問 題

問題1 次の化合物の構造式を書き，第何級アミンかを示せ．
 (a) triethylamine
 (b) *N*-methylaniline
 (c) cyclopentylamine
 (d) *N*,*N*-diethyl-1-pentanamine

問題2 次の事実を説明せよ．
 (a) メチルアミンよりジメチルアミンのほうが塩基性が強い．
 (b) トリメチルアミンはジメチルアミンより塩基性が弱い．

問題3 アニリンを出発物質として次の化合物を合成せよ．
 (a) acetanilide
 (b) *N*,*N*-dimethylaniline

(c) phenol   (d) bromobenzene

問題4 適当なハロゲン化アルキルを用いて次のアミンを合成せよ．
(a) $CH_3CH_2CH_2CH_2NH_2$ (b) $C_6H_5CH_2CH_2NH_2$

問題5 次の化合物からベンジルアミンを合成せよ．
(a) benzamide   (b) benzonitrile
(c) benzyl bromide

コーヒーブレイク

(1) **人工合成染料モーブの発見**

マラリアの特効薬として当時既に知られていたキニーネ（キナという南米産の植物の皮に含まれるアルカロイドの1種）（13.7節参照）をつくろうと，1856年イギリスの若き化学者パーキン（W. H. Perkin）(1838～1907)は自宅に実験室をつくり，その合成を試みた．当時はキニーネの構造式もわかっていなかった（正しい構造式がわかったのは1908年である）から，元素分析による分子式だけが頼りであった．彼のアイディアは石炭から得られるトルイジンに適当な数の炭素，水素，酸素原子を加えてキニーネの分子式に到達しようというものであった．今から考えれば無茶苦茶な話である．最初トルイジンの硫酸塩を重クロム酸カリウム（$K_2Cr_2O_7$）で酸化したが，真っ黒な固まりしか得られなかった．実験をアニリン（実は不純でトルイジンが含まれていたのが幸いした）に切り替えて行ってみたところ，やはり真っ黒な生成物が得られたが，その中から藤色のきれいな結晶（収率は約5%）を得たのであった．これが，人工染料第一号モーブ誕生の物語である．パーキン18歳のときであった．酢酸塩（$X^- = CH_3COO^-$）として市販された．この発見がその後の染料工業の発展のみならず，化学工業の発展に大きく寄与することになった．彼は大学（助手をしていた）をやめ，自ら染料の会社を設立し大成功をおさめた．36歳の

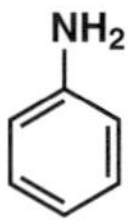

アニリン 　　p-トルイジン 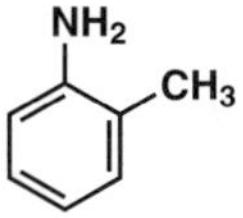　o-トルイジン

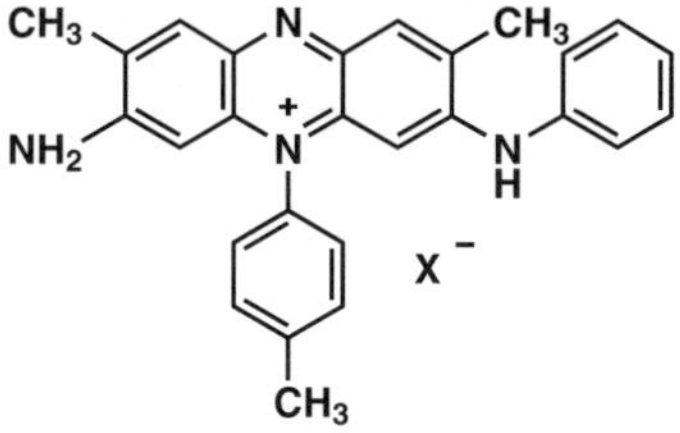

(1)

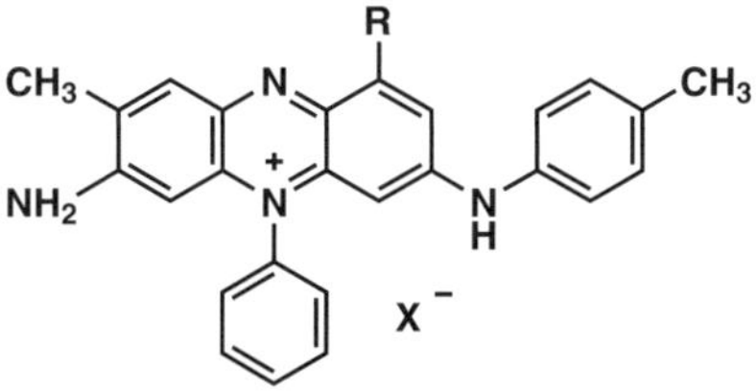

(2) R=H , CH₃

とき会社を売り払い，再び基礎研究に戻り，現在パーキン反応として知られる桂皮酸の合成法などを見出している．なお，モーブの構造式は長く（1）と考えられてきたが，1994年に二つの化合物の混合物（2）に修正された．

(2) サルファ剤の発見

　今世紀のはじめ，医学者であったエールリッヒ（P. Ehrlich）（1854～1915）は，ある種の色素がある特定の細胞だけを染めるという事実から，これは組織と色素間の化学反応であると考えた．それなら，細菌だけを選択的に殺す色素があるはずであるという仮定で，いろいろな色素を調べ，ついに1904年トリパノゾーマ（睡眠病ともいわれ，原虫による伝染病でアフリカの西海岸に発生）に対して有効なトリパン・レッドという色素を，また1910年梅毒菌スピロヘータ・パリダの特効薬サルバルサンを見出した．後者が最初の化学療法剤であるといわれている．サルバルサンの構造式は（1）と考えられてきたが，2005年三量体（2）や五量体（3）に修正されている．

　その後しばらくは見るべき成果は出なかったが，1930年の半ばになってドイツのイー・ゲー染料会社のグループは，いろいろな染料についてエールリッ

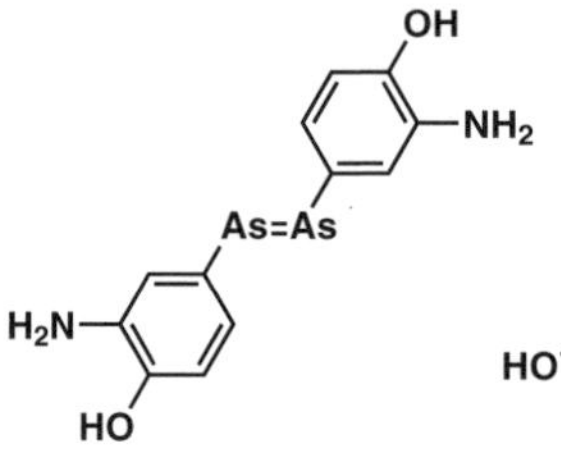

第13章 アミン

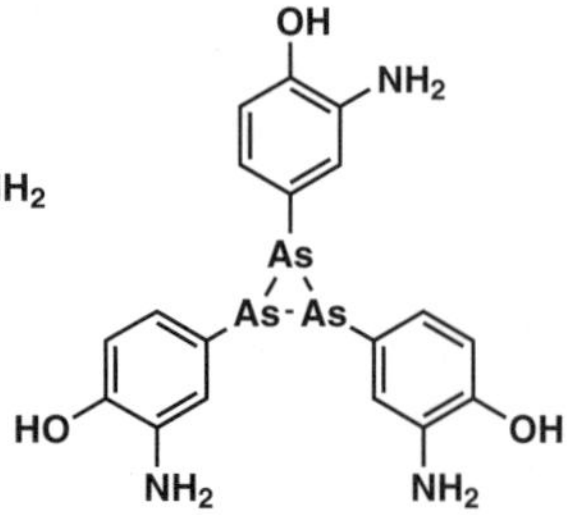

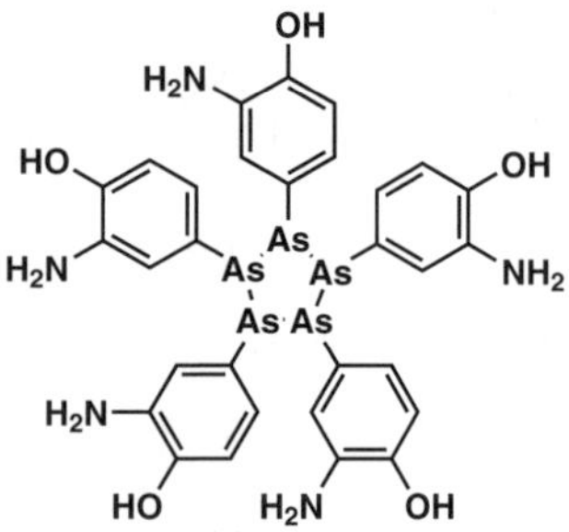

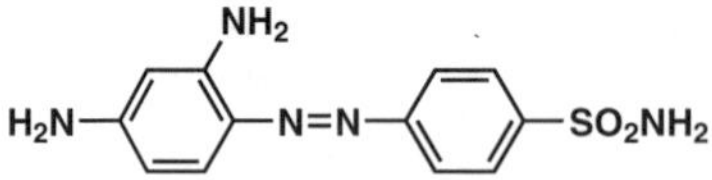

(構造式 (1)〜(5))

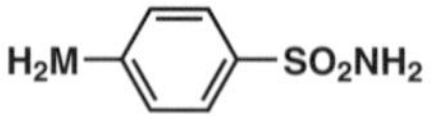

ヒと同じ考えで研究を進めていたところ，赤い染料プロントジル（**4**）が動物実験で連鎖球菌に対して有効であることを発見した．最初のヒトへの適用は，プロントジルの有効性を見出したドマーク（G. Domagk）が自分の娘に対して行った．彼女はピンの刺し傷から敗血症（化膿菌が血管などに入って起こる病気）にかかり，ほとんど死の寸前となった．そこで，ドマークは決心してこの薬を投与したところ，奇跡的に彼女の病状は回復した．これがサルファ剤の誕生物語である．1935年のことである．しかし，この物語はこれで終わりではない．実際に効いたのはプロントジルではなく，体内で分解されてできたスルファニルアミド（**5**）であることがすぐ後にわかり，しかも，この化合物は既に知られ特許も切れてしまっていた．しかし，これを基にして種々の構造変換が加えられ，以後のサルファ剤時代の幕開けとなった．エールリッヒは1908年，ドマークは1939年（辞退）に，それぞれノーベル医学賞を受賞している．彼らの仮説は決して正しいものではなかったが，創造というのはこういうものかもしれない．

第14章

有機化学における重要事項

14.1 化合物の分離と確認

　目的とする化合物だけを合成できればそれにこしたことはない．しかし，大抵の有機反応は同時に二つ以上の経路で進行し，いろいろな生成物が混じってくるのが普通である．また，反応が完了するとは限らず，原料が残ってくることもしばしばある．このような場合には目的の化合物をそれらの混合物から分離し，精製する必要が生じる．ましてや植物や動物体から天然有機化合物を取り出すとなると，ほとんど例外なく多数の類似化合物の混合物であるから，さらに高度な分離操作が要求される．

　分離には原理的には化学的性質の違いを利用する方法と物理的性質の違いを利用する方法とがあるが，通常はこれらをうまく組み合わせて行うことが多い．

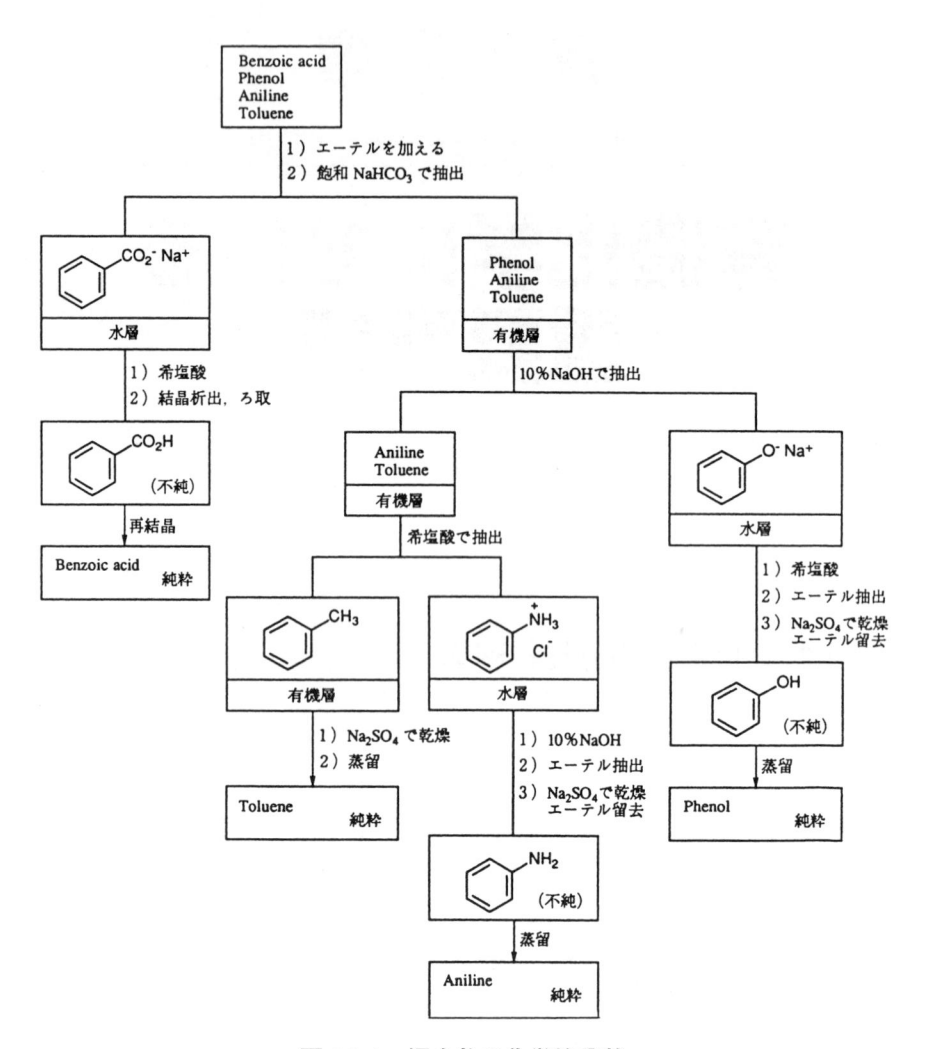

図 14-1　混合物の化学的分離

14.1.1 化学的性質の違いを利用する方法
(1) 有機化合物の酸・塩基の性質を利用
　一般に図14-1に示すようなフローチャートにしたがって分離する．ただし，この方法は用いる有機溶媒が水と混じらないことと，分離する化合物自体がその有機溶媒に溶けるが水には難溶でなければならない．

(2) 誘導体に導いてから分離する方法
　そのままでは分離が困難である場合，含まれる官能基の誘導体に導いて分離した後，元の化合物に戻す方法である．例えば，第一級アミンと第三級アミンはどちらも塩基性であるから (1) の方法は使えない．この混合物を分離するには，無水酢酸を作用させ第一級アミンだけをアセチル化すると中性のアミドとなり，アセチル化をうけない第三級アミンは希塩酸に溶けるから簡単に分離することができる．

$$\text{図式: } C_6H_5NH_2 + C_6H_5N(CH_3)_2 \xrightarrow{(CH_3CO)_2O} C_6H_5NHCOCH_3 + C_6H_5N(CH_3)_2 \xrightarrow{\text{希 HCl}} C_6H_5NHCOCH_3 + C_6H_5N(CH_3)_2 \cdot HCl \text{ (希 HClに溶解)} \xrightarrow{NaOH} C_6H_5NH_2 \text{ (加熱)} \text{ と } C_6H_5N(CH_3)_2 \text{ (中和)}$$

　分離が終わってから，アミドを酸やアルカリで加水分解すれば元のアミンに戻すことができる．

14.1.2 物理的性質の違いを利用する方法
(1) 蒸 留
　成分の沸点の違いによって分離する．沸点が近い場合や，多成分を含む場合は難しい．大気圧下に行う場合（常圧蒸留）と減圧下に行う場合（減圧蒸留または真空蒸留）があるが，後者では沸点を下げて行える利点がある．

(2) 再結晶
　溶媒に対する溶解度の温度差を利用して，結晶性物質を精製する簡便で確実

な方法である．しかし，不純物が多量に含まれていたり，多成分を含む場合はあらかじめ，クロマトグラフィーなどの他の適当な精製法を行ってから再結晶するほうが望ましい．適当な溶媒に熱時溶かし，不溶成分を濾過によって取り除いた後，冷却して結晶を析出させる．再結晶溶媒としては熱時の溶解度が冷時のそれに比べて十分大きいものを選ぶ．

(3) クロマトグラフィー

カラムクロマトグラフィー：アルミナまたはシリカゲルなどの微細粒子（固定相という）をガラス管に詰めて，カラムを作る．これに分離すべき混合物を含む溶液を吸着させてから，ヘキサン，ベンゼン，酢酸エチル，クロロホルムなどの溶媒（移動相という）を上部から流すと，各成分の固定相への吸着力や分配係数（溶媒への溶解度と固定相への吸着力との比）の差に応じて各成分が順次ガラス管の下部から溶出してくる．

薄層クロマトグラフィー（TLC）：アルミナまたはシリカゲルがコーティングされたアルミの板が市販されている．これを約 2×5 cm に切り，その下部にガラスキャピラリー（毛細管）を用いて微量の試料を吸着させる．これを少量の溶媒を入れた密閉容器中に立て，毛細管現象を用いて下部から溶媒を移動させると，各成分が分離する．これを風乾後，紫外線ランプや適当な発色剤を用いて検出することができる．主として，反応の進行の程度のチェックや，カラムクロマトグラフィーの分離の確認などに用いられる．

ガスクロマトグラフィー（GC）：高分子ポリマーを固定相とし，窒素やヘリウムガスを移動相として高温で試料を分析する方法で，数 mg の分取から，ごく微量の混合物の成分分析に用いられる．高性能の装置が市販されている．

高速液体クロマトグラフィー（HPLC）：特殊加工したシリカゲルや高分子ポリマーを細いスチール管に詰め（固定相），これに試料を入れて加圧下に溶媒（移動相）で分離を行う方法で，これも装置が市販されている．

14.1.3　化合物の構造証明

分離精製された化合物は，それが何であるか構造を決める必要がある．合成

反応では原料や試薬の構造，反応の性質はわかっているから，生成物の構造はある程度予測でき確認も比較的容易にできることが多い．しかし，時に全く予想外な反応が起こることもあり，あまり信じ込むと間違った結論を得ることがある．構造の証明は実験者にとって最も重要なことであり，あくまで慎重でなければならない．

(A) 既知化合物の同定と確認
(1) 物性の比較

融点，沸点，旋光度，屈折率などは測定値が大きく変動しない物理定数で，予測される化合物が既知化合物である場合には，これらの値を文献値と比較したり，あるいは標準品が手元にあれば同時に同一条件下に測定して比較する．特に融点は微量で手軽に測定できるので，結晶性物質の同定には欠かせない．標準品とほぼ同量ずつ混合して融点を測定すると，もし同一物質であるときは融点に変化はないが，異物質であるときは一般に融点が著しく下がる（凝固点降下）．この操作を**混融試験**（mixed melting point test）という．

(2) クロマトグラムの比較

未知物質と標準物質のガスクロマトグラフィーや薄層クロマトグラフィーなどを同一条件下で測定し，それらの検出時間や検出位置を比較する．

(3) 定性反応

試料の数滴ないし少量を試験管にとり，含まれる官能基に特有の定性反応を行い，その存在を試験する．

(4) スペクトルの比較

化合物はそれぞれ特有のスペクトルを与える．今日，スペクトルを得るのに必要な試料量は通常数 mg あればよい．この目的には，赤外線吸収スペクトル（IR），可視・紫外吸収スペクトル（Vis-UV），質量分析（MS），核磁気共鳴スペクトル（NMR），旋光分散（ORD）などが用いられる．

(B) 未知化合物の構造証明

(1) 定性反応

前頁と同じ．

(2) スペクトルの解析

前頁と同じ．

(3) 元素分析

純粋な有機化合物は分子式に応じた一定の元素組成をもっている．これを完全燃焼すると，炭素は CO_2，水素は H_2O，窒素は N_2 となり，これらの生成物の量から物質の元素組成を高い信頼性で知ることができる．今日，数 mg のサンプルがあれば，元素の組成重量比で 0.3 % 以内の誤差で測定できるので，特に新規物質の構造証明には不可欠のデータである．

一方，近年質量分析計の分解能が上昇し，千分の一以下の単位まで質量数の測定が可能となり，この値から分子式を導くことができるようになっている．

(4) X 線結晶解析

現在知られている構造決定の方法の中で，最も直接的で確実な方法である．今日，大型コンピューターの利用によって，酵素たん白質の三次元構造も解析可能になっている．X 線結晶解析の手法は，高度に純粋な単結晶が必要なことや，測定にある程度の時間を要すること，装置が比較的高価であることなどの制約はあるが，有機化学者にとって不可欠の手段になりつつある．

14.2 共役と共鳴理論

炭素-炭素二重結合（ベンゼン環も含まれる）に，他の二重結合，アリール基，非共有電子対，または空の p 軌道が単結合を挟んでつながっているとき，共役（キョウヤク）しているという．このような分子またはイオンは一つのルイス構造だけではその構造を正しく表すことができない．p 軌道が重なりあって，π 電子や非共有電子対が指定席以外の原子にまで広がっている（これを**非局在化**するという）からである．1 個の p 軌道には電子は最高 2 個までしか入れないという

14.2 共役と共鳴理論

図 14-2
男の顔が右に行くにつれて少しずつ変わって，ついには女の人になっている．誰が見ても左上の絵 **A** は男の顔であり，右下の絵 **C** は女の人である．しかし，その途中の絵はこの両者がある割合で混じりあったものと考えられる．今，仮に右上の絵 **B**（これを真の分子であるとしよう）を見てみると，これは男の顔 **A** と女の人の絵 **C**（共鳴構造）がある割合で混成したものとして表される．これが共鳴の考え方である（*"American Journal of Psychology"* より引用）．

「パウリの原理」にしたがう．このような電子の広がり方を説明するのが共鳴理論である．

共鳴理論によると，実際の分子やイオンの構造は，電子が広がってできた共鳴構造とよばれる構造を混成（頭の中で寄せ集めること）したものと考える．これらの共鳴構造を両頭の矢印 ⟷ で結ぶ．

14.2.1 共鳴構造を書くときの規則

1. C，N，O，F などの第 2 周期元素は 8 個以上の価電子をもつことができない．

酸素原子が 10 個の電子をもっている

2. 電子のみを動かすことができ，核の位置を動かしてはいけない．

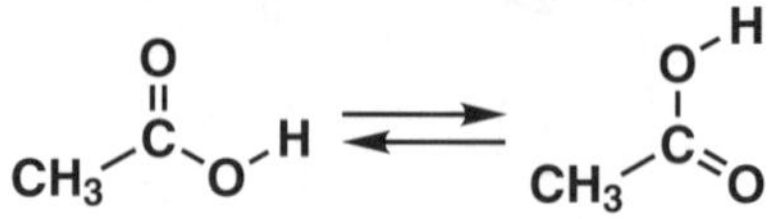

> プロトン（核）が移動しているので，これは共鳴ではなく，平衡反応である．

3. 一般に σ 結合は共鳴に関係しない．

共鳴には三つの基本型がある．
1. C＝C 結合またはアリール基と共役するとき

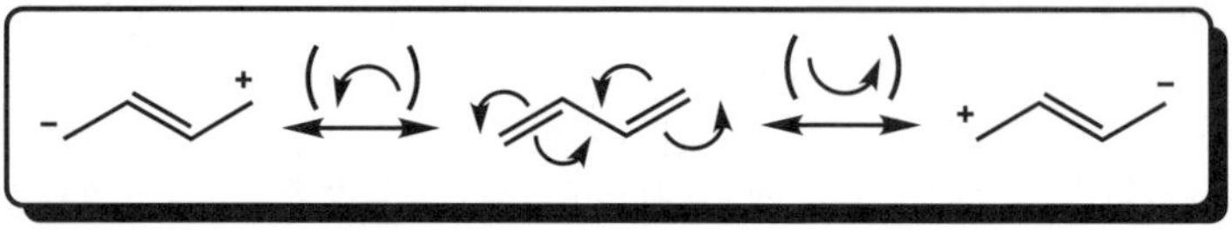

2. 電子供与性基（非共有電子対または負電荷をもつ原子または基）と共役するとき

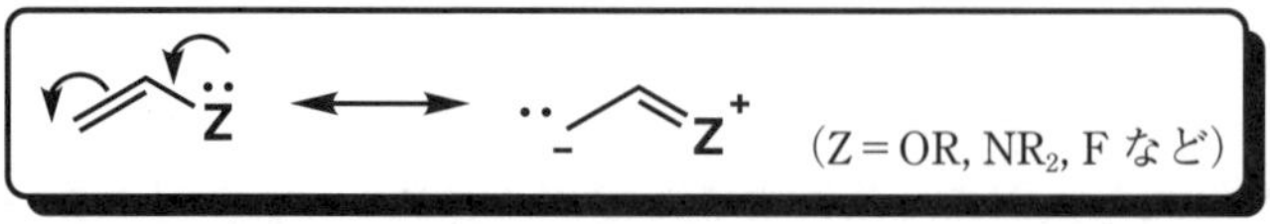

(Z = OR, NR$_2$, F など)

3. 電子吸引性基と共役するとき

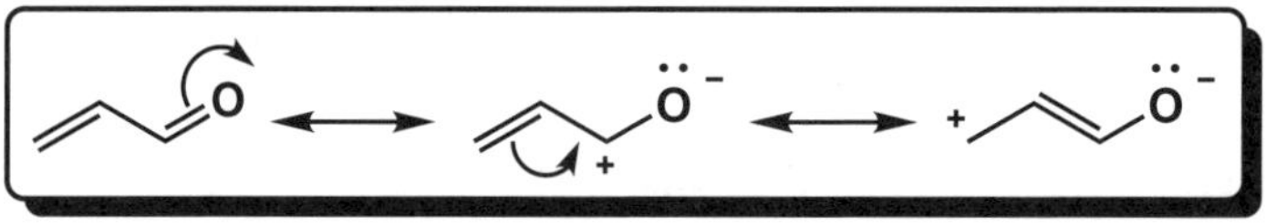

例えば，酢酸イオンやニトロ基の共鳴は，2 と 3 の組合せである．炭素原子が酸素原子や窒素原子に置き換わったと考えればよい．

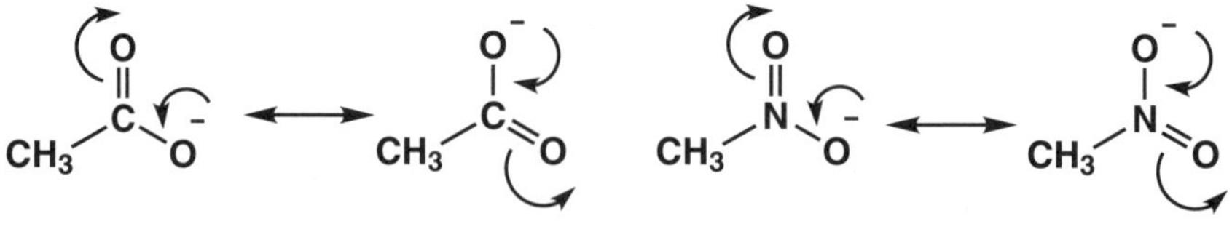

(a) 1,3-ブタジエン型（CH$_2$=CH-CH=CH$_2$）

(b) ビニルエーテル型（CH$_2$=CH-OCH$_3$）

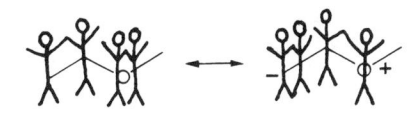

(c) アクロレイン型（CH$_2$=CH-CH=O）

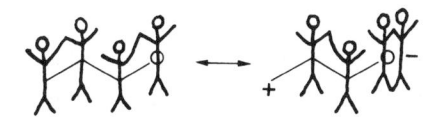

図 14-3　くるみ割り人形—パイ電子の踊り

共役した結合の中を，手をつないだ人形（π電子）は動く（非局在化するという）が，次の制約がある．
(1) 1個の原子上には最高2個の人形（パイ電子）までしか入れない（パウリの規則）．
(2) 人形はいつも二つが手をつないで動く（電子対で移動する）．

14.2.2　混成体（実際の分子またはイオンの構造）に対する各共鳴構造の寄与の割合

混成体（実際の分子またはイオン）＝ a × I ＋ b × II ＋ c × III ……

混成体（実際の分子またはイオンの構造）は，共鳴構造を頭の中で合わせたものと考える（**個々の共鳴構造は存在しない．紙の上だけで存在する**）．

共鳴構造は混成体に対して必ずしも同じ割合で寄与するとは限らない．共鳴理論の弱点は，共鳴構造 I, II, III ……の寄与の割合，すなわち上式の係数 a, b, c を数字で表すことがほとんどできないことである．次の規則でおおよその寄与の割合を推測する．

1. **等価な共鳴構造は同じ寄与（50：50）をする**（このときだけ数字で表せる）．"等価"とは次の例のように異なるが，同じ構造のことである．

（例）

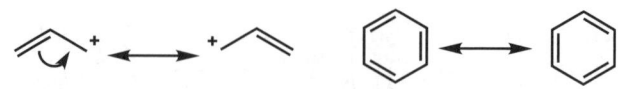

2. 共有結合が多い構造ほどその寄与は大きい．

　（例）1,3-ブタジエン $CH_2=CH-CH=CH_2$ では，

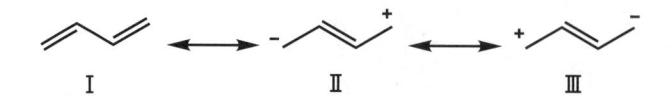

　　　 Ⅰ　　　　　　　　Ⅱ　　　　　　　　Ⅲ

　のうちⅠの構造が最も寄与が大きい．

3. 一般に電荷の数が少ない構造ほど寄与が大きい．

　（例）1,3-ブタジエンのⅠの構造には電荷はないが，ⅡとⅢには電荷がある．

4. 電気陰性度の大きい原子上に，負電荷のある構造Ｖの寄与の方が大きい．

　（例）

　　　 Ⅳ　　　　　　　Ｖ　　　　　　Ⅵ
　　　　　　　　　　　　　　　　　寄与は無視できる

5. 同符号の電荷が隣接する構造Ⅷの寄与は無視できる．

　（例）

　　　　 Ⅶ　　　　　　　Ⅷ
　　　　　　　　　寄与は無視できる

14.2.3　共鳴構造を書くことによって何がわかるか

1. 共鳴していないとした仮想の分子やイオンと比べて，共鳴することによって安定化する（**共鳴安定化**という）．一般に電子が非局在化（広がる）

すると安定化する．その安定化効果は，等価またはほとんど等価な共鳴構造が多く書けるほど大きい．

　（例）アリル陽イオンやベンゼン

2. 結合の長さ（結合距離）がある程度予測できる．

　（例）1,3-ブタジエンの中央の結合距離が通常の単結合の距離より短くなっているのは，中央の単結合が二重結合性をもっているからである．

3. 反応部位が予想できる．

　（例）次のビニルケトンの共鳴構造から正電荷をもっている炭素が2か所あることがわかる．求核試薬はこの2か所の炭素を攻撃できる．

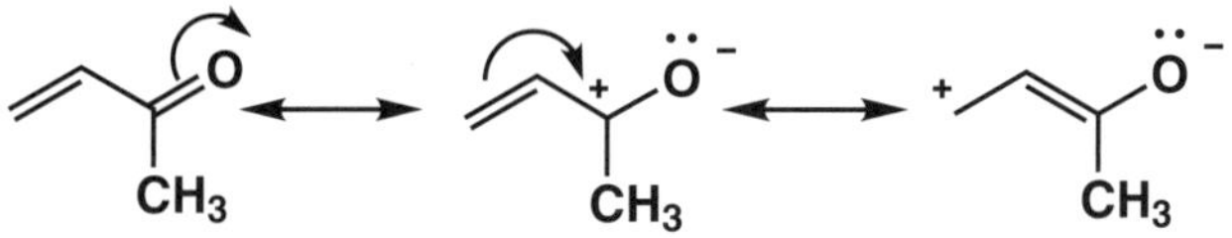

例題 14-1

次の化合物またはイオンの共鳴構造を，カーブした矢印を用いて書け．

(a) 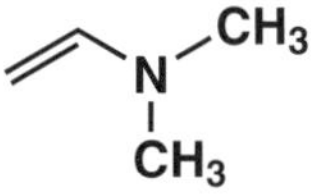 CH₂=CH-N(CH₃)₂

(b) CH₂=CHF

(c) シクロヘキセノン

(d) シクロヘキサジエニルカチオン

(e) シクロヘキサジエニルアニオン

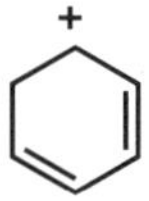

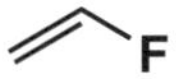

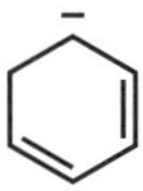

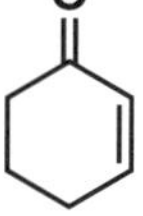

(f) CH₃CO₂CH₃

解答

(a)

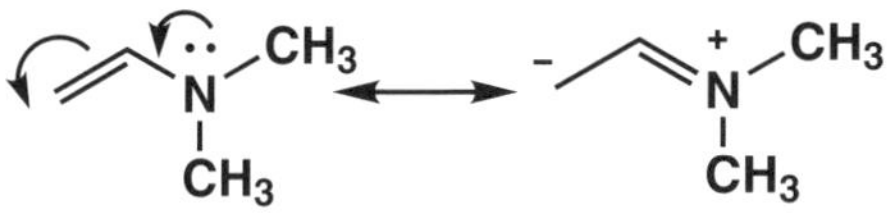

(b) [共鳴構造の図]

(c) [共鳴構造の図]

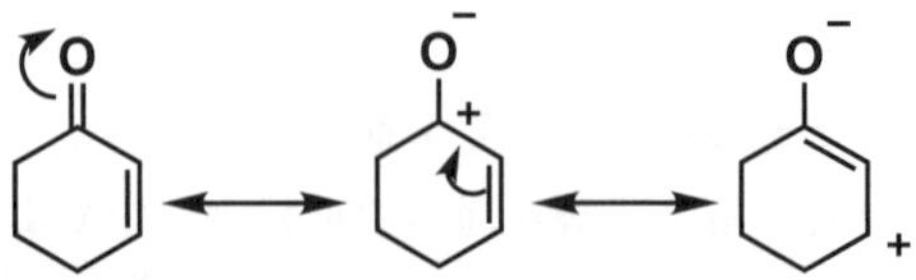

(d) [共鳴構造の図]

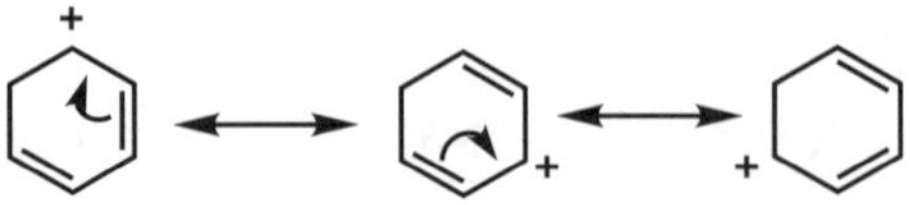

(e) [共鳴構造の図]

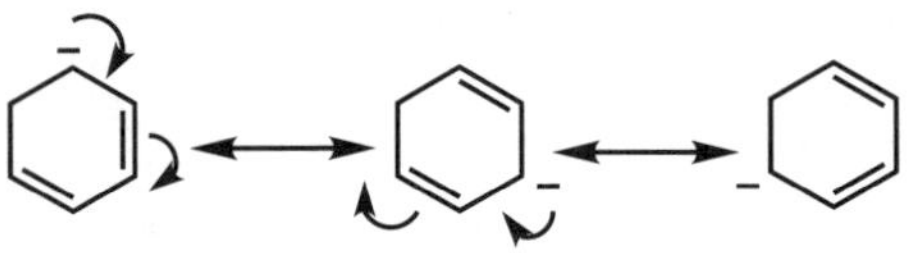

(f) [共鳴構造の図]

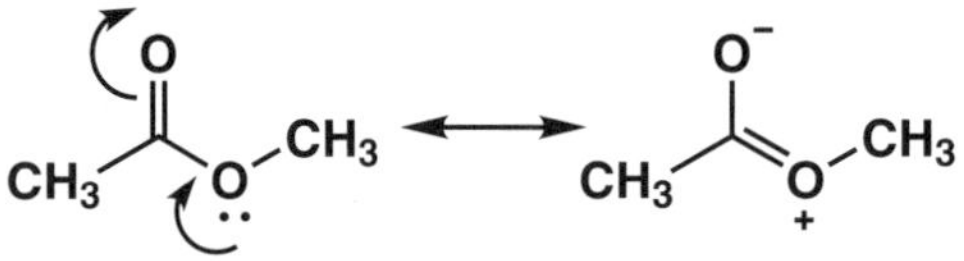

例題 14-2

次の化合物の共鳴構造を正しく書き直せ.

(a) [構造式]

(b) [構造式]

(c) [構造式]

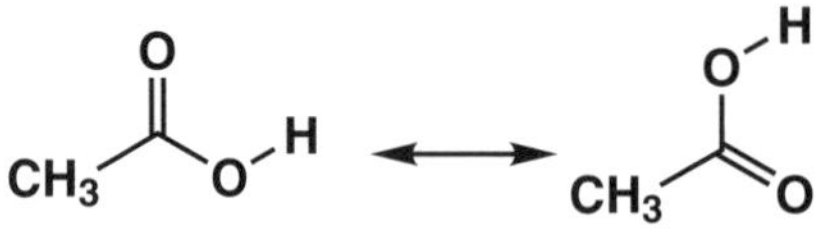

(d) 

(e) 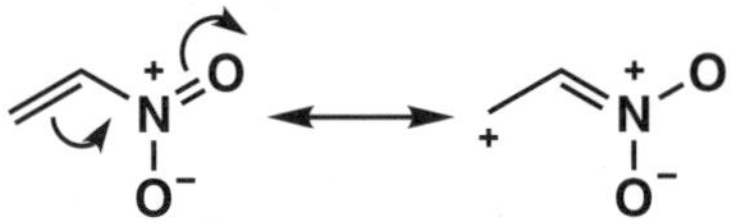

解答

(a) 左端のメチル基は共鳴に関係しない.

(b) 左端のヒドロキシ基は，炭素-炭素二重結合とはメチレン基で隔てられているので，共鳴に関係しない．右側の共鳴構造のメチレン基は価電子を 10 個もっている.

(c) プロトン（核）が移動しているので，これは共鳴構造ではなく，平衡反応である．それぞれの酢酸にはそれぞれの共鳴構造が書ける.

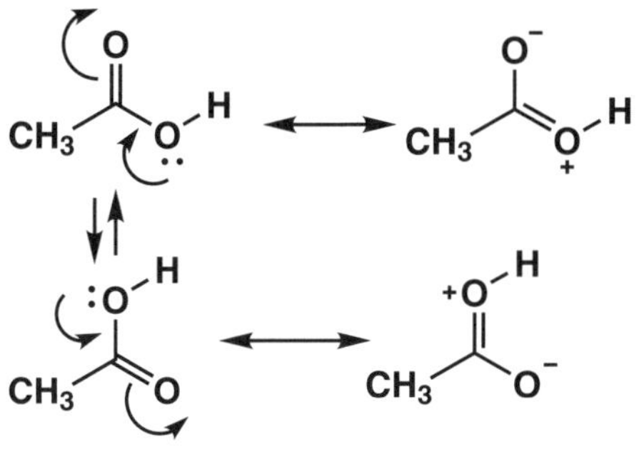

(d) カルボニル酸素は電子吸引性基で，電子対を出さない．

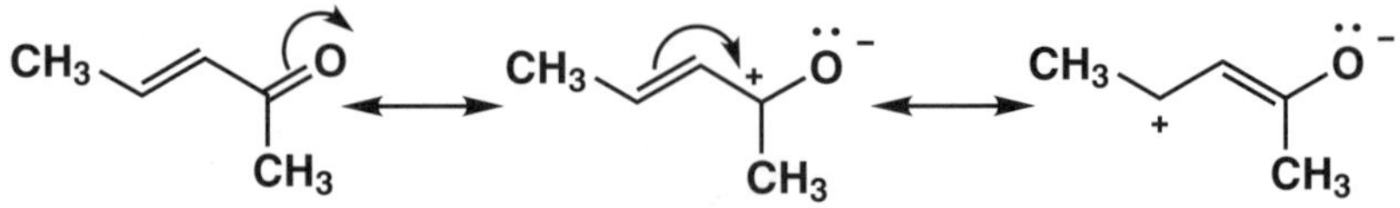

(e) 共鳴構造の中で，＋または－のいずれか一方だけが増えたり減ったりしない．全体として同じでなくてはならない．このことは，書いた構造が正しいかどうかを確かめるときに役立つ．右の構造は＋だけが1個増えている．ニトロ基の酸素に－が抜けている．

14.3　反応機構とエネルギー図

反応機構（reaction mechanism）は，化学反応で出発物質（反応物）から生成物になるときに，どの結合が切れてどの結合が新しくできるか，それは同時に起こっているのか，それとも先に結合が切れてから新しい結合ができるのかについて述べる．言い換えれば，反応物と生成物の間に矢印→を書いているが，その矢印のところで一体何が起こっているかをもっと詳しく述べることである．実際に起こっている様子は誰も直接見ることはできない．しかし，いろいろな状況証拠を集めることによってそれを推測することはできる．

化学反応が起こるためには必ずエネルギーの変化が伴う．例えば，ある結合が切れるためにはエネルギーが必要である．それはちょうどバネに例えることができる．バネを伸ばそうとするときには力を加えなければならない．伸びたバネは自然に元の状態に戻ろうとする．この伸びたバネは加えた力をエネルギーとしてもっているからである．元に戻れば最初に加えたエネルギーは放出される．このようなエネルギーの変化をわかりやすく表すために，化学反応では

14.3 反応機構とエネルギー図

エネルギー図を用いる．

$CH_3\text{-}Cl + {}^-OH \longrightarrow CH_3\text{-}OH + Cl^-$ という置換反応を見てみよう（6.5.1 節）．そのエネルギー図は図 14-4 のように書き表される．縦軸には**エネルギー変化**，また横軸には反応の進行の度合いを示す．反応が進行すると，結合距離の変化や結合角の変化などが起こるが，通常結合距離の変化を尺度にして反応の進行の度合いを表す．これを**反応座標**と呼んでいる．時間を表すものではないことに注意しよう．

この反応は 1 段階で進行している．すなわち，反応物の結合の切断と生成物の新しい結合の生成が同時に起こっている．反応物と生成物のエネルギーの差を**反応熱**という．生成物のエネルギーの方が反応物のエネルギーより小さい場合は余ったエネルギーが熱として放出される．このときこの反応を**発熱反応**という．図 14-4 の反応は発熱反応である．逆に，生成物のエネルギーの方が反応物のエネルギーより大きい場合にはエネルギーが吸収される．このときこの反応を**吸熱反応**という．

化学反応が起こるためには，その反応がたとえ発熱的であっても，反応物から生成物に変わるときに下り坂を転がるように進むのではない．必ず一度坂を登らなくてはならない．結合が切れるためにはバネを伸ばすのと同様にエネルギーを加えなくてはならないからである．その坂の頂上を**遷移状態**（transition

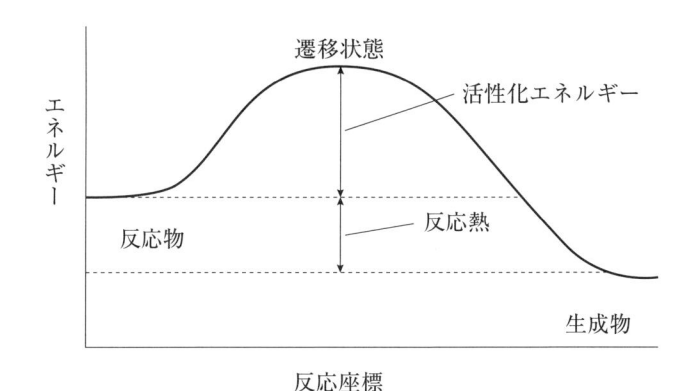

図 14-4　1 段階反応のエネルギー図（発熱反応の例）

state）という（14.5 節参照）．反応物と遷移状態とのエネルギーの差を**活性化エネルギー**（activation energy）という．これは反応物と生成物の間に横たわるエネルギー障壁である．このエネルギーの障壁を越えなければ反応は進行しない．もしこのような障壁がないとすると，例えば反応熱を燃料として使っているプロパンガスは自然に燃え始めることになるだろう．もちろん，この障壁が低い程反応は速く進行する．この例の反応の遷移状態は図 14-4 に示したように，元の結合が切れかけ，新しい結合ができつつある状態である．したがって，これを取り出して構造を決めることはできない．このエネルギーの頂上を越えると，エネルギーを放出しながら遂には生成物に到達する．このような 1 段階反応の代表例には，S_N2 反応や E2 反応がある．

2 段階以上の段階で進行する反応も数多く知られている．例えば，$(CH_3)_3C$-Cl + $CH_3OH \longrightarrow (CH_3)_3C$-$OCH_3$ + Cl^- の反応（6.5.1 節）がある．この反応のエネルギー図を図 14-5 に示した．この例の場合には C-Cl 結合が先に切れて，中間に不安定な炭素陽イオン $(CH_3)_3C^+$ ができる．これを**中間体**（14.5 節参照）という．それぞれの段階に遷移状態がある．反応中間体が生成する遷移状態 1 は C-Cl 結合が切れようとして伸びた状態である．Cl 原子が完全に切れ

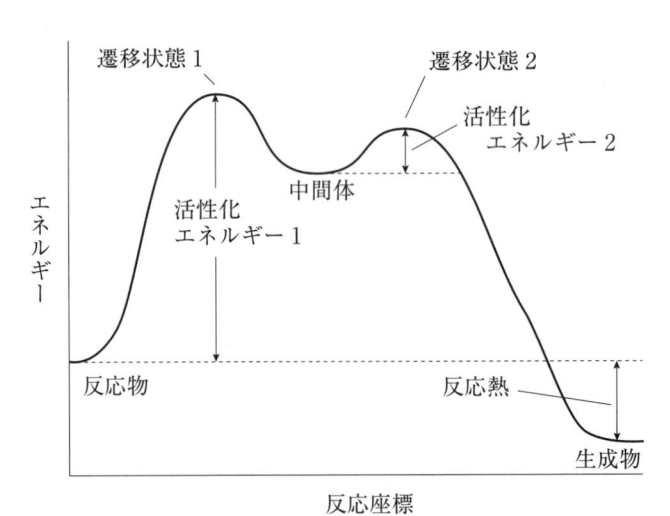

図 14-5　2 段階反応のエネルギー図（発熱反応の例）

たとき中間体が生成する．この状態は3個の完全な共有結合（sp^2混成）をもっているが，中心の炭素原子は価電子を6個しかもっていないので極めて活性である．すぐに溶媒のCH_3OHの酸素原子の非共有電子対と結合して8個の電子をもつ．このときの遷移状態は炭素陽イオンとCH_3OHの酸素原子の非共有電子対との間に新しい結合ができつつある状態である（遷移状態2）．エネルギー図では二つの遷移状態の間にエネルギーの谷間がある．この谷間が中間体に相当する．複数の遷移状態が含まれる反応は，そのうちで最もエネルギーの高い遷移状態がその反応の速度を決定する．その段階を**律速段階**（rate determining step）という．この例では段階1が律速段階である．このような多段階反応の例としてはS_N1反応，E1反応，芳香族求電子置換反応などがある．

以上の反応はいずれも不可逆反応の場合の話である．酸-塩基反応のように可逆反応も多く知られている．可逆反応の場合には反応物と生成物の間を行ったり来たりできるので，反応の途中の状態は問題にならず，反応物と生成物とのエネルギーの差で生成比が決まる．したがって，エネルギー図を書く必要はない．

14.4　求核試薬と求電子試薬

有機反応の大部分を占めるイオン反応は，非共有電子対またはパイ電子をもつ試薬（**求核試薬** nucleophile という）が，完全な陽イオンか分極によって部分的に正電荷中心をもつ試薬（**求電子試薬** electrophile という）を攻撃して起こる．すなわち，電子の豊富な中心が電子の不足している中心を攻撃する．

14.5　中間体と遷移状態

多段階反応の途中に生成する寿命の短い，反応性に富む炭素陽イオン，炭素陰イオン，または炭素ラジカルを**中間体**（intermediate）と呼んでいる．これらの中間体は共有結合をしているが，希ガス構造をもたないか，あるいは希ガ

図 14-6　遷移状態：結合ののびている状態　　中間体：大変反応性に富む

ス構造をもっていても原子価を十分に満たしていないために不安定である．

　一方，**遷移状態**（transition state）は，ある結合が切れかけている状態，または新しい結合ができかけている状態で，まだ完全な共有結合になっていない不安定な状態をいう．すべての有機反応は結合の切断と新しい結合の生成を含んでいるから，必ず遷移状態を通らなければならない．例えば，塩化 tert-ブチルの C–Cl 結合が切れて炭素陽イオンができるときにも，次のような切れかけの状態を通る．これが遷移状態であり，取り出すことはできない．

遷移状態　　　　　　　　中間体

代表的な中間体

(1) 炭素陽イオン（カルボカチオン）

塩化 *tert*-ブチルの C–Cl 結合の塩素が結合電子対をもって切れると，中心の炭素は3個のメチル基と結合し，6個の電子しかもたない正電荷をもつイオンとなる．このようにしてできた炭素陽イオンは sp^2 混成をしており，結合角 $120°$ の平面構造をとっている．残った p 軌道は C–CH$_3$ 基の平面に垂直に出ている．中心炭素原子は6個の電子しかもたないので，8個の電子を得るために不足分の電子を求めていくことになる．そのため反応性に富み，例えば溶媒の水分子の非共有電子対と反応して安定化しようとする．

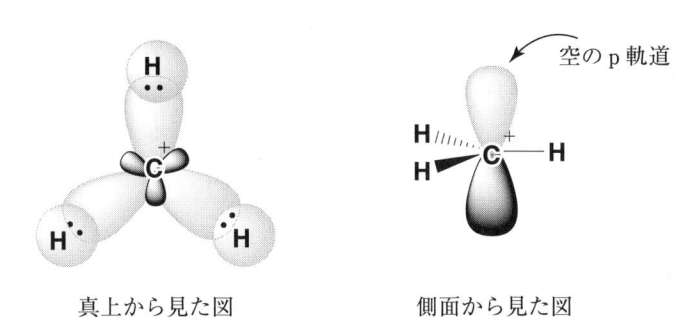

真上から見た図　　　　　側面から見た図

図 14-7　メチル陽イオンの構造

(2) 炭素陰イオン（カルボアニオン）

ヨウ化メチルに金属リチウム（Li）を反応させると，メチルリチウムが生成する．

$$CH_3\text{-I} + 2\,Li \longrightarrow CH_3^- Li^+ + LiI$$

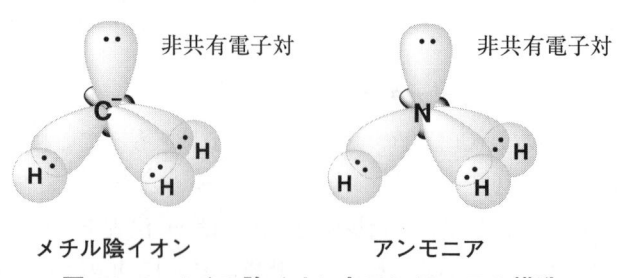

図 14-8　メチル陰イオンとアンモニアの構造

　このようにして得られた炭素陰イオンの中心炭素は，8個の電子をもっているが，3個の原子としか結合しておらず，原子価を完全に満たしていない．そのため反応性に富み，電子不足の反応中心と反応する．構造はアミンの窒素原子と同じ電子構造で，非共有電子対をもっている．しかし，しばしばカルボニル基や二重結合と共役する場合が多く，そのときはsp^2混成となり，平面構造をとる．

14.6　ヒュッケル則

　ヒュッケル則は芳香族性に関する基本的な原理である．1931年，ドイツの物理学者ヒュッケル（E. Hückel）は数学的計算を行い，環を構成している各原子がp軌道をもつ平面単環状化合物に関する一般的な性質を明らかにした．
　それは（1）環を構成しているすべての原子がp軌道を1個もち，**単環**（環が1個だけでできている化合物）であること，（2）環は**平面**で，そのためすべてのp軌道は輪になって重なっていること（**共役している**），（3）p軌道が重なってできたπ結合の輪には，全体でπ電子の数が**(4n+2)個**（nは0, 1, 2, 3…），すなわち2, 6, 10, 14…個のπ電子があること，以上三つの条件を満たしているとき，その環は安定化を得るので**芳香族**であるという．ベンゼンは，単環，平面，6個のπ電子をもっているから，ヒュッケル則に適合する代表的な芳香族化合物である．この他にどのような芳香族化合物があるか調べてみよう．

(1) **10π電子をもつ化合物**

通常の10π電子をもつ化合物［例えば (1)］は，分子模型を組んでみるとわかるが，うち側の図示されている水素原子同士がぶつかって平面がとれないのでp軌道は重なることができない．そのために芳香族性を示さない．しかし，特別な工夫をして原因を取り除いた (2) のような化合物を合成すると芳香族性を示す．なお，ナフタレン (3) は10π電子をもつ化合物ではあるが，単環ではないので直接ヒュッケル則を適用することはできないことに注意しよう．

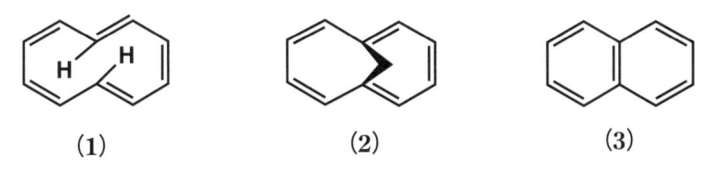

(1)　　　　　(2)　　　　　(3)

(2) **もっと多くのπ電子をもつ化合物**

単結合と二重結合を交互にもっている環式化合物を一般に**アヌレン**という．これらのうち，14π電子をもつ [14]アヌレン (4) や [18]アヌレンは芳香族化合物である．

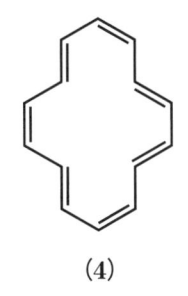

(4)

(3) **複素環式芳香族化合物**

ピリジン (5) やピロール (6) なども6π電子をもつ芳香族化合物である．

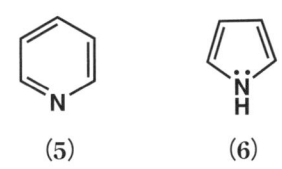

(5)　　　(6)

(4) 芳香族イオン

イオンであっても $(4n+2)\pi$ 電子をもつものは芳香族性を示す．最も π 電子の少ない芳香族化合物は，シクロプロペニルカチオン (**7**) である．これは $n=0$ の場合に相当する．その他，シクロペンタジエニド陰イオン (**8**) やシクロヘプタトリエニル陽イオン (**9**) はともに 6π 電子をもつ芳香族イオンである．しかし，これらのイオンの元の化合物（**7**〜**9**のイオン部分の炭素原子が CH_2 になったもの）は環の途中にメチレン基（CH_2 基）が含まれているので，p 軌道全体が共役できないので対象にならないことに気をつけよう．

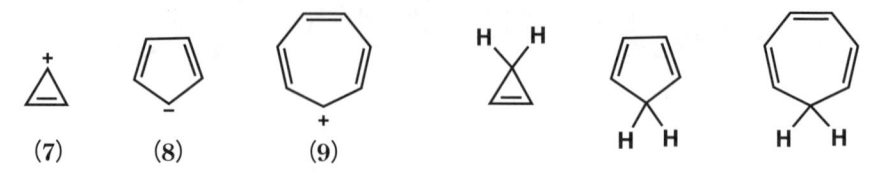

14.7 酸化と還元

有機化学で使われる**酸化** (oxidation) というのは，一般に有機分子の酸素が増加する反応か，または水素が減少する反応をいう．

これらの反応には酸化剤が用いられる．よく用いられる酸化剤には $KMnO_4$, CrO_3 がある．

代表的な酸化反応の例としては，

(1) 第一級アルコールのアルデヒドまたはカルボン酸への酸化

$$CH_3CH_2CH_2CH_2OH \xrightarrow[CH_2Cl_2]{CrO_3\text{-ピリジン錯体 (PCC)}} CH_3CH_2CH_2CHO$$

1-butanol → butanal

一般にアルデヒドの方が第一級アルコールより酸化されやすいので，アルデヒドの段階で止めるのはむずかしいとされてきたが，現在では特別な酸化剤がいろいろ工夫されてむずかしくはなくなった．

(2) 第二級アルコールのケトンへの酸化

cyclohexanol →(CrO₃, H₂O-アセトン) cyclohexanone

(3) アルケンからジオールへの酸化

cyclohexene →(冷希 KMnO₄ または OsO₄) cis-1,2-cyclohexanediol

(4) トルエンから安息香酸への酸化

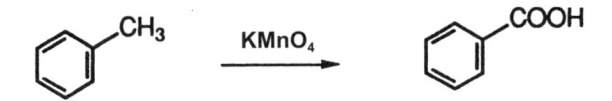

PhCH₃ →(KMnO₄) PhCOOH

　還元 (reduction) というのは，酸化の逆反応で，分子中の水素含量が増加するか酸素含量が減少する反応である．これらの反応には還元剤が用いられる．還元剤としては，粉末状の金属（白金，パラジウム，ニッケル）の触媒と水素ガス，鉄と塩酸，$NaBH_4$（水素化ホウ素ナトリウム），$LiAlH_4$（水素化アルミニウムリチウム）などがよく用いられる．$LiAlH_4$ は $NaBH_4$ より強力な還元剤である．$NaBH_4$ は通常はアルデヒドやケトンをアルコールに還元するのに用いられる．$LiAlH_4$ はアルデヒドやケトンのほかにカルボン酸やカルボン酸誘導体，ニトリルの還元など何にでも使えそうに見えるが，分極していないアルケンのアルカンへの還元には用いられない．

　代表的な還元反応の例としては，

(1) カルボン酸（またはエステル）からアルデヒドまたは第一級アルコールへの還元

$$CH_3CH_2CH_2COOC_2H_5 \xrightarrow{LiAlH_4} CH_3CH_2CH_2CH_2OH$$

　　　　ethyl butyrate　　　　　　　　　　　　1-butanol

(2) アルデヒドまたはケトンからそれぞれ第一級アルコールまたは第二級アルコールへの還元

$$CH_3CH_2CH_2CHO \xrightarrow[\text{または } LiAlH_4]{NaBH_4} CH_3CH_2CH_2CH_2OH$$

シクロヘキサノン $\xrightarrow[\text{または } LiAlH_4]{NaBH_4}$ シクロヘキサノール

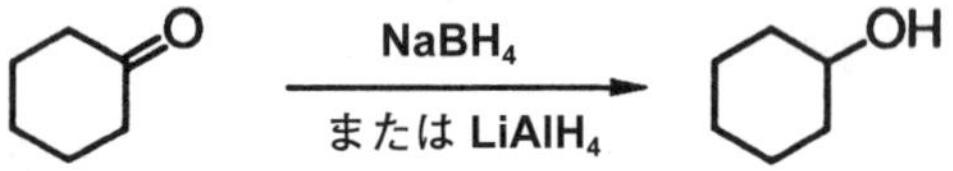

(3) アルデヒドまたはケトンをメチレン基に還元

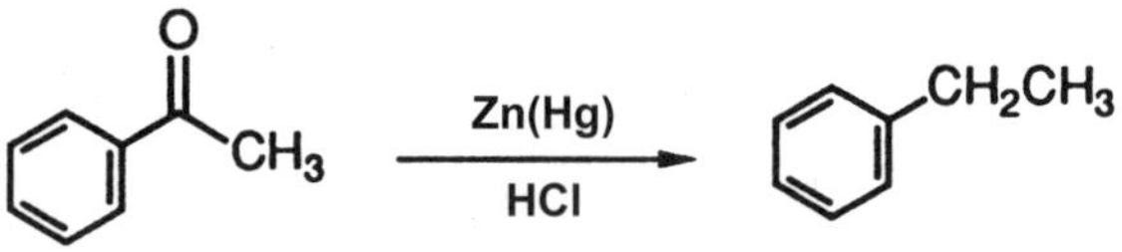

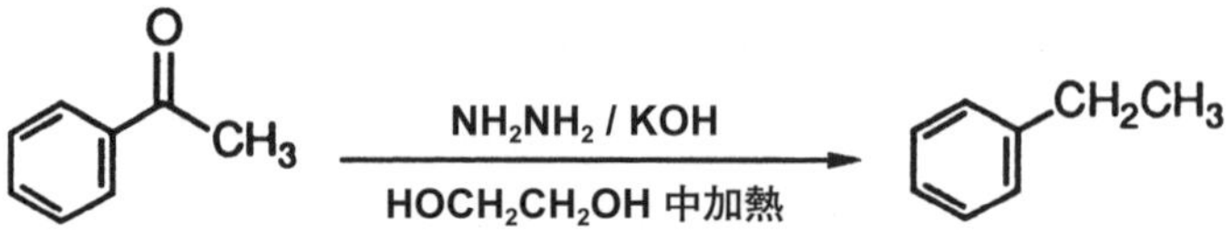

アセトフェノン $\xrightarrow[HCl]{Zn(Hg)}$ エチルベンゼン

アセトフェノン $\xrightarrow[HOCH_2CH_2OH \text{ 中加熱}]{NH_2NH_2 / KOH}$ エチルベンゼン

(4) ニトリルから第一級アミンへの還元

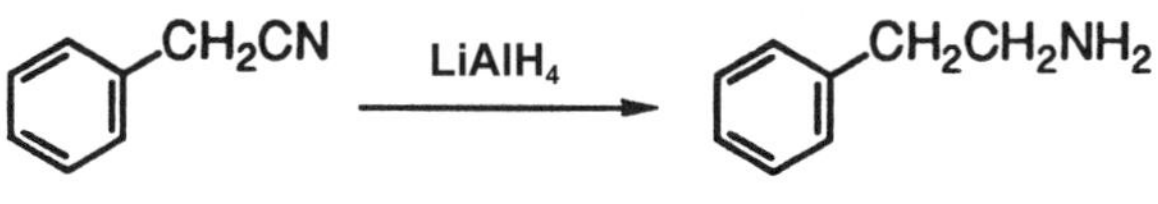

$$C_6H_5CH_2CN \xrightarrow{LiAlH_4} C_6H_5CH_2CH_2NH_2$$

(5) 芳香族ニトロ化合物から芳香族アミンへの還元

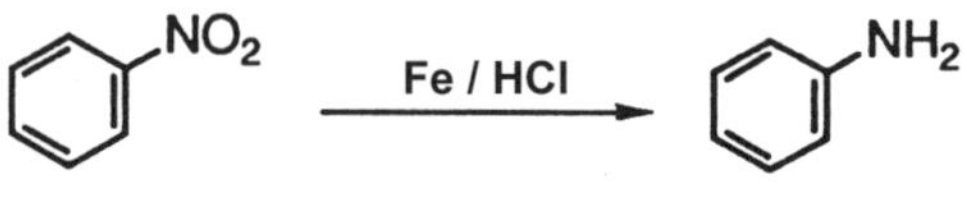

$$C_6H_5NO_2 \xrightarrow{Fe / HCl} C_6H_5NH_2$$

(6) アルケンからアルカンへの還元

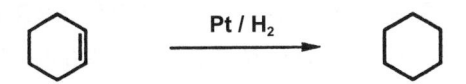

14.8 分子間力

　分子またはイオン間に生じる電気的な引力は，正電荷と負電荷が引き合うことによって生じる．有機化合物の物理的性質（沸点，融点，溶解度など）を理解するためには極めて重要である．その力の大きさは，イオン間力（1,000以上）＞水素結合（100）＞双極子-双極子相互作用（10）＞ファンデルワールス力（1）の順である（カッコ内の数字はおおよその大きさの比率を表す）．

図 14-9 分子間力のもとは正電荷と負電荷の電気的引力である.

14.8.1 イオン間力

　酢酸ナトリウムのようなイオン性化合物は，結晶状態では負電荷をもつ $CH_3CO_2^-$ は正電荷をもつ Na^+ によって取り囲まれ，一方，Na^+ は $CH_3CO_2^-$ によって取り囲まれ，規則正しく並んでいる．これをくずして不規則な液体状態にするには，この静電引力は非常に大きいので，多量の熱エネルギーが必要で，そのために融点が非常に高い（324 ℃）．

14.8.2 水素結合

電気陰性度の大きな原子（OやNなど）に結合した水素原子は，分極して部分正電荷をもつ．その結果，OやN原子上の非共有電子対と電気的に引き合うことになる．アルコールがほぼ同じ分子量をもつアルカンやエーテルなどに比べて沸点が高いのは，気体になるためにはこの水素結合を切らなくてはならないから，余分のエネルギーが必要で，そのために沸点が高くなる［**注意：炭素原子に結合した水素原子は，分極していないので水素結合することができない**］．

（例）

$$CH_3CH_2 \overset{\delta+}{O}-\overset{\delta-}{H}\cdots\cdots:\overset{\delta-}{O}\overset{\delta-}{\underset{CH_2CH_3}{\overset{H}{|}}}$$

エタノールの水素結合

14.8.3 双極子-双極子相互作用

ハロゲン化アルキルやアセトンのように分極している分子は，分子中に部分的に正電荷と部分的に負電荷をもっている．このような分子では，分子間で部分正電荷と部分負電荷が引き合う．

（例）

$$H-\overset{\delta+}{\underset{H}{\overset{H}{|}}}C-\overset{\delta-}{X} \quad H-\overset{\delta+}{\underset{H}{\overset{H}{|}}}C-\overset{\delta-}{X} \quad H-\overset{\delta+}{\underset{H}{\overset{H}{|}}}C-\overset{\delta-}{X}$$

$$\overset{CH_3}{\underset{CH_3}{\overset{|}{\overset{\delta+}{C}=\overset{\delta-}{O}}}} \quad \overset{CH_3}{\underset{CH_3}{\overset{|}{\overset{\delta+}{C}=\overset{\delta-}{O}}}} \quad \overset{CH_3}{\underset{CH_3}{\overset{|}{\overset{\delta+}{C}=\overset{\delta-}{O}}}}$$

ハロゲン化メチルの双極子-双極子相互作用　　アセトンの双極子-双極子相互作用

14.8.4 ファンデルワールス力

メタンのように無極性分子でも，結合電子は常に均等に分布しているとは限らない．ある瞬間には一時的に電子が分子の一方の側に片寄ることがある．そのために一時的に分極が生じる．すなわち，分子に一時的に部分的な正電荷と部分的な負電荷が生じる．そのため，隣の分子に逆の電荷を生じさせる．その

結果隣りの分子との間に弱いが電気的な引力が生じる．これは一時的な電気的な片寄りであって常に変化しているが，それでも引力になる．メタンでも液体（沸点は−162 ℃）になることができるし，もっと長いアルカンになると，そのような機会が多くなるから沸点は高くなり，さらには室温で固体にもなる．

（例）

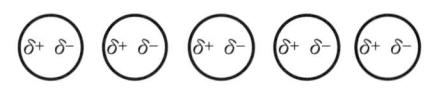

一時的な双極子による相互作用

問題解答

第2章

問題1

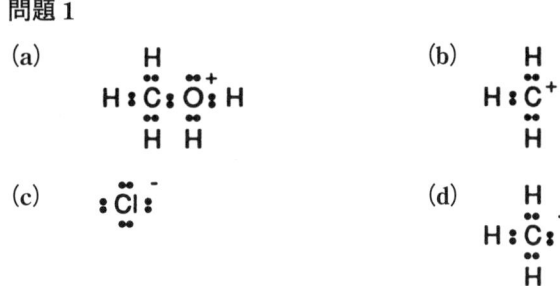

(a) H:C(H)(H):O(H)⁺ との構造式

(b) H:C⁺(H)(H)

(c) :Cl̈:⁻

(d) H:C(H)(H):⁻

問題2

(a) 窒素原子が手を5本も出している．すなわち，10個の価電子（最外殻電子）をもっている．炭素，窒素，酸素，フッ素などの第1周期元素は8個までしか価電子をもつことができない．正しい式は次の通りである．5番目の結合はイオン結合である．

$$\text{H}-\overset{\text{H}}{\underset{\text{H}}{\text{N}}}\text{-H}\quad \text{Cl}^-$$

(b) イオン結合を ― で表してはいけない．Na⁺Cl⁻（またはNaCl）が正しい．

(c) OとNaの間の結合はイオン結合であるから ― を使ってはいけない．正しい式はCH₃COO⁻Na⁺（またはCH₃COONa）である．

(d) 炭素に付いている水素は省略できるが，他の原子（OやN）に付い

ている水素を省略してはいけない.

(e) 四面体構造になっていない.

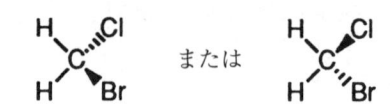

問題 3

(a) $\overset{\delta+}{CH_3}-\overset{\delta-}{Cl}$ (b) $\overset{\delta+}{CH_3}-\overset{\delta-}{OH}$ (c) $\overset{\delta+}{CH_3}-\overset{\delta-}{NH_2}$

問題 4

(a) 構造異性体 (b) (c) (d) 同一

問題 5

(a) 109.5° (b) 約 120° (c) 180° (d) 約 109.5°

第 3 章

問題 1

(a) 2,2,4-trimethylpentane (b) 1,1-dimethylcyclopropane
(c) *tert*-butylcyclohexane (d) *cis*-1,2-dimethylcyclopropane

問題 2

(a) CH$_3$-CH(CH$_3$)-CH(CH$_3$)-CH$_2$-CH$_2$-CH$_2$-CH$_3$

(b) CH$_3$-CH$_2$-CH(CH(CH$_3$)$_2$)-CH$_2$-CH$_2$-CH$_2$-CH$_2$-CH$_3$

(c) CH$_3$-C(CH$_3$)(CH$_3$)-CH$_2$-CH(CH$_3$)-CH$_3$

(d) 1,2-dimethylcyclobutane (cis, CH$_3$ 二つが同側)

問題3

重なり形

ねじれ形

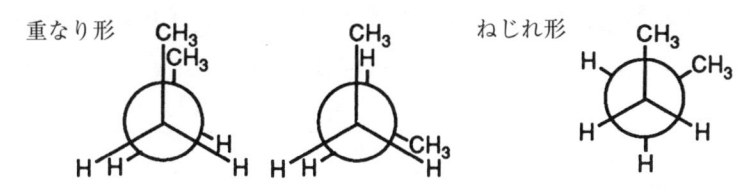

アンチ形

問題4

(a) アキシアルメチル基が逆に出ている．

(b) メチル基の付いている炭素上の水素が逆に出ている．

(c) 置換基がアキシアルかエクアトリアルかはっきりしない．

問題5

　立体配座とは単結合の回りの回転によって生じる立体異性体である．しかし，それぞれのエネルギー差が小さいので，一般に別々に取り出すことはできない．

　一方，立体配置（例えば，シス-トランス異性体や光学異性体）とい

うのは，結合を切らないかぎり一方の立体異性体からもう一方の立体異性体に変換できない．異性体間のエネルギー差は大きく，別々に取り出すことができるし，異なった物理的化学的性質を示す．

第4章

問題1
(a) (R)　(b) (R)　(c) (S)　(d) (R)

問題2
(a)

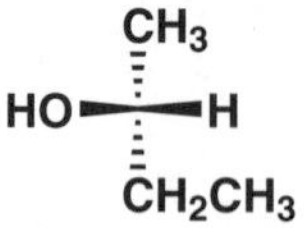

(b) (S)-2-ブタノールの沸点は99.5℃で，$[α]_D = +12.5$ である．

問題3

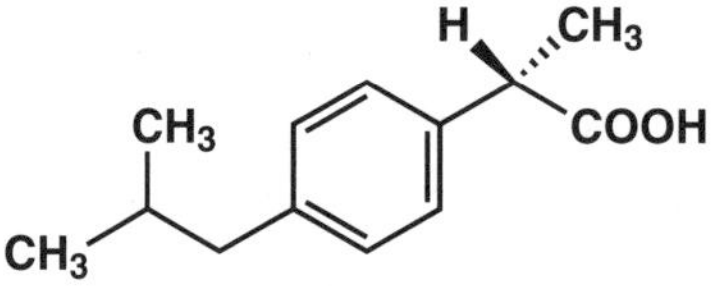

問題4

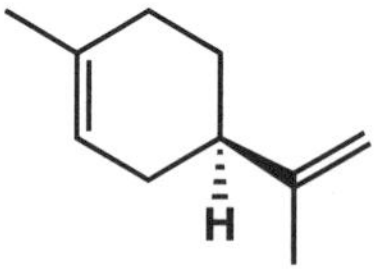

(R)体 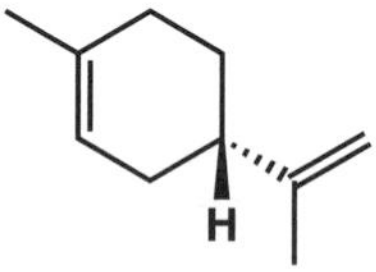　　　(S)体

問題5
(a) この化合物は光学不活性で，これ以上光学分割できないからメソ化合物である．メソ化合物は分子中に対称面をもつから，右のように書くことができる．

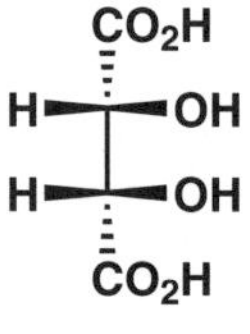

三次元式 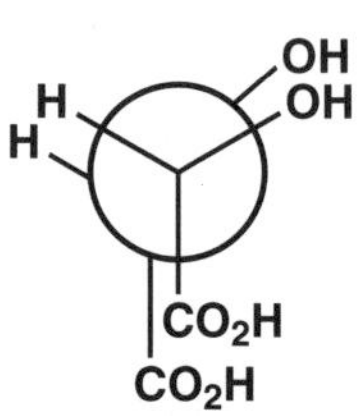　　　ニューマン式

(b) この化合物は $[\alpha]_D = +12$ を示す化合物とエナンチオマーの関係にあるから，その比旋光度は絶対値が同じで符号が逆である．したがって，$[\alpha]_D = -12$ である．しかし，$(R-S)$ 表示と旋光度の符号とは関係がないので，これだけのデータから絶対配置はわからないし，その立体構造式を書くことはできない．

(c) この化合物は二つの光学活性なエナンチオマーに分けることができるから，ラセミ体である．

第5章

問題1

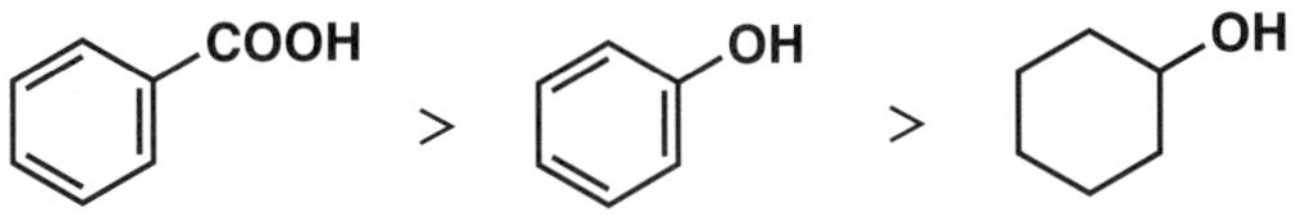

C₆H₅COOH > C₆H₅OH > シクロヘキサノール-OH

問題2

CH₃CH₂Li > NaNH₂ > CH₃ONa > NaOH

問題3

(a) 弱酸の pK_a 値のほうが大きい．
(b) 強酸の K_a 値のほうが大きい．

問題4

(a) テトラヒドロフラン-O: + BF₃ ⟶ テトラヒドロフラン-O⁺−BF₃⁻

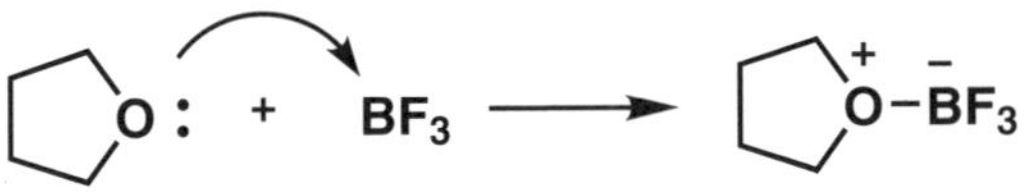

(b) (CH₃)₂CH−Cl: + AlCl₃ ⟶ (CH₃)₂CH−Cl⁺−AlCl₃⁻

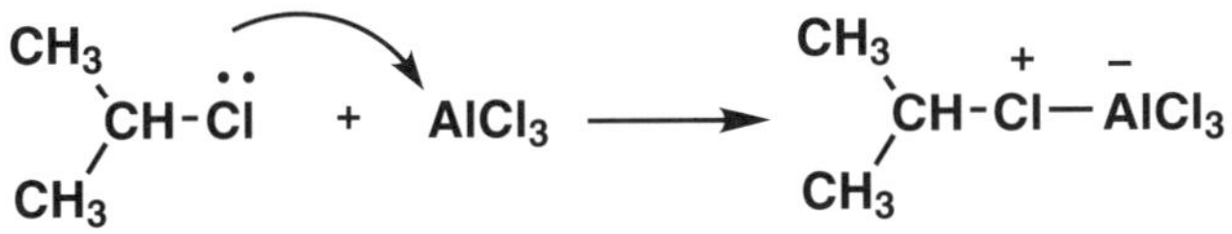

第6章

問題1

(a) 2-chloro-2-methylpropane (*tert*-butyl chloride)

(b) trichloromethane（chloroform）
(c) bromocyclohexane（cyclohexyl bromide）
(d) 2-iodopropane（isopropyl iodide）
(e) 3-(chloromethyl)pentane

問題 2

(a) 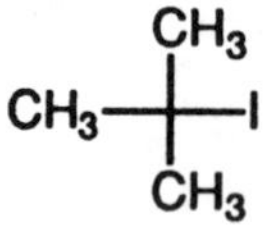 $CH_3-\underset{\underset{CH_3}{|}}{\overset{\overset{CH_3}{|}}{C}}-I$ （第三級）

(b) 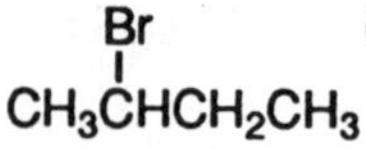 $CH_3CHCH_2CH_3$ （Br上） （第二級）

(c) 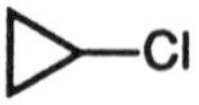 ▷-Cl （第二級）

(d) 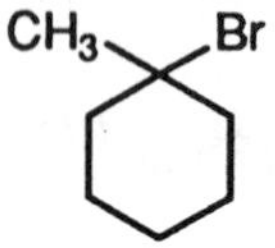 1-ブロモ-1-メチルシクロヘキサン（CH₃, Br 付き） （第三級）

問題 3

(a) NaOH (b) CH_3CH_2ONa
(c) CH_3COONa (d) NaCN

問題 4

(a) 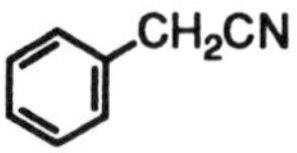 C₆H₅-CH₂CN
(b) 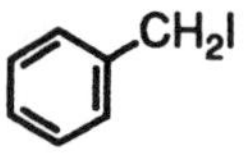 C₆H₅-CH₂I
(c) 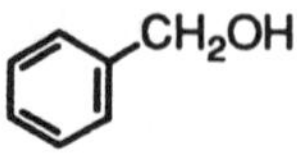 C₆H₅-CH₂OH
(d) 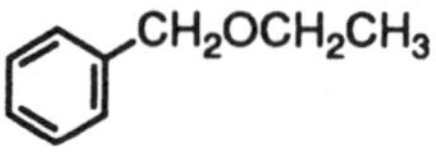 C₆H₅-CH₂OCH₂CH₃
(e) 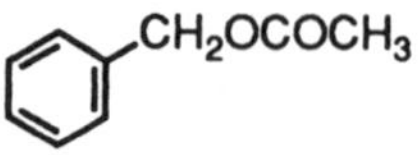 C₆H₅-CH₂OCOCH₃

問題 5

(b) と (c) が正しい．

(a) メタノールの求核性が弱くて何も起こらない（S_N2 反応）．

(d) 第三級ハロゲン化アルキルは S_N2 反応を起こさない．脱離反応が優先して起こり，$(CH_3)_2C=CH_2$ が生成する．

第 7 章

問題 1

(a) 1-メチルシクロヘキセン（CH₃ 置換シクロヘキセン）

(b) cis-2-ペンテン型: CH₃ と CH₂CH₃ が同じ側、H が反対側の C=C

(c) (CH₃)₂C=C(CH₃)₂

(d) CH₂=CHCH₂Br

(e) CH₃C≡CCH₂CH₃

(f) CH₂=CHCH₂CH=CH₂

問題 2

(a) *cis*-2-butene
(b) 1-butyne
(c) 1-methylcyclohexene
(d) 3-methylcyclopentene

問題 3

(a) Br₂ 水を加えて脱色するほうが cyclohexene，脱色しないほうが cyclohexane

(b) アンモニア性水酸化銀を作用させて沈殿を生じるほうが 1-pentyne

問題 4

(a) CH₃CH₂CH₂CH₂CH(OH)CH₃

(b) CH₃CH₂CH₂CH₂CH₂CH₂OH

(c) trans-1,2-ジブロモシクロヘキサン

(d) cis-3-ヘキセン: CH₃CH₂ と CH₂CH₃ が同じ側、H が反対側の C=C

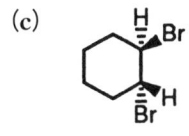

(e) (CH₃)₃C–Cl

問題 5

(a) Br$_2$　　(b) H$_2$SO$_4$/H$_2$O　　(c) 1) BH$_3$, 2) NaOH, H$_2$O$_2$
(d) HCl　　(e) H$_2$/Pt または Pd

第 8 章

問題 1

(1) 熱的に安定である．(2) 酸化に対して安定である．(3) 通常の条件ではハロゲン化を受けない．ルイス酸の存在下ではハロゲン化されるが，付加反応ではなく，置換反応である．(4) 還元を受けにくい．

問題 2

(c) が正しい．

問題 3

(a) 化合物 (A)

(b)

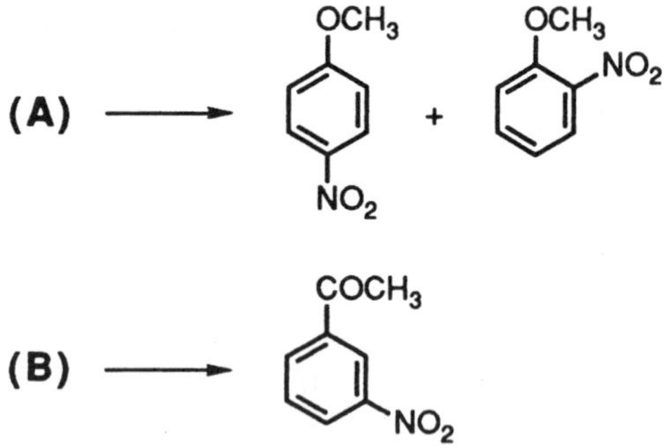

(A) ⟶

OCH$_3$ 基をもち NO$_2$ 基が para 位および ortho 位に置換した生成物

(B) ⟶ COCH$_3$ 基をもち NO$_2$ 基が meta 位に置換した生成物

問題 4

(a) ニトロベンゼン + Cl$_2$ / FeCl$_3$ ⟶ 1-ニトロ-3-クロロベンゼン

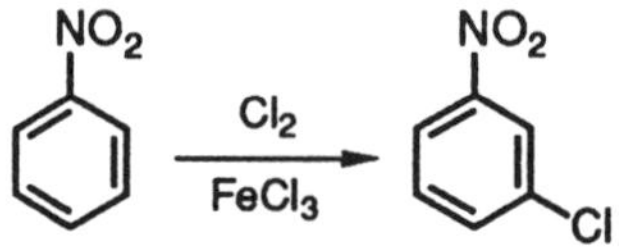

(b)

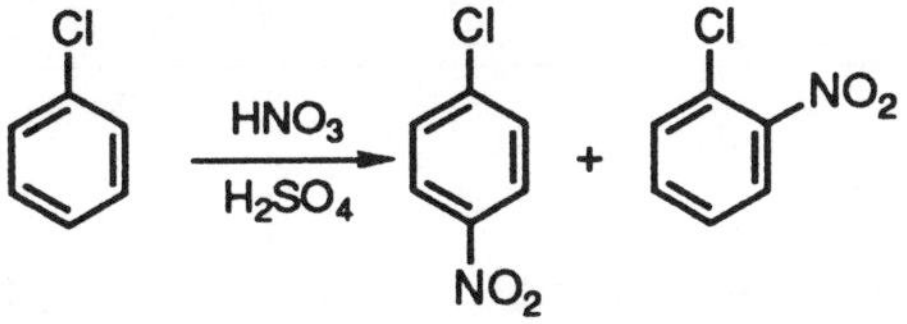

$$\underset{\text{クロロベンゼン}}{C_6H_5Cl} \xrightarrow[H_2SO_4]{HNO_3} \text{4-クロロニトロベンゼン} + \text{2-クロロニトロベンゼン}$$

(c)

$$\text{安息香酸} \xrightarrow[FeCl_3]{Br_2} \text{3-ブロモ安息香酸}$$

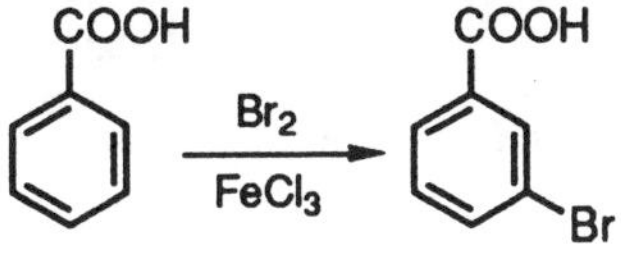

問題 5

(a) ナフタレンの共鳴構造（3つ）

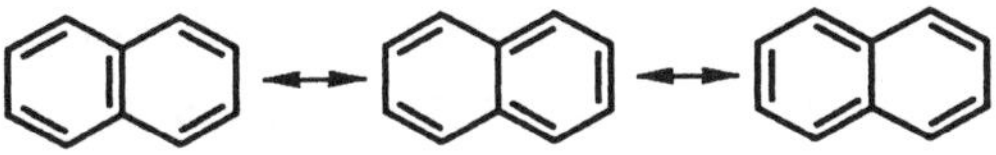

(b) フェナントレンの共鳴構造（5つ）

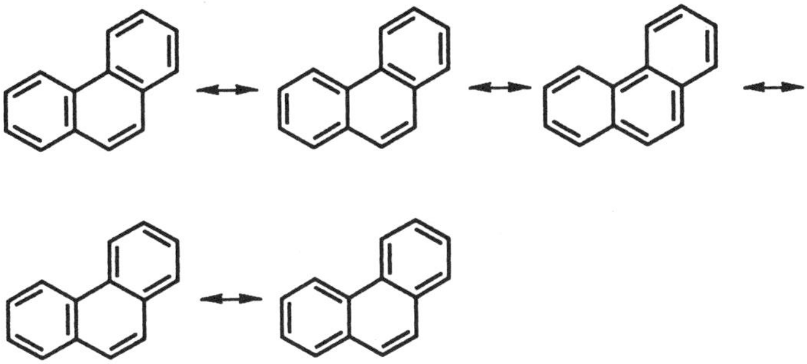

(c) アントラセンの共鳴構造（4つ）

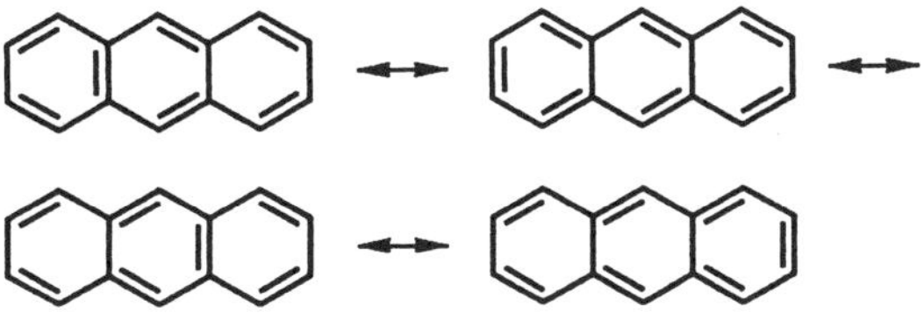

(d) ピリジンの共鳴構造（2つ）

第9章

問題 1

(a) 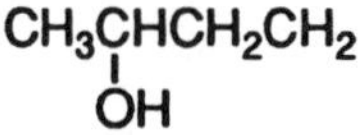 CH₃CHCH₂CH₂ （第二級）
       |
       OH

(b) 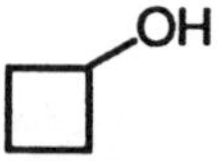 シクロブタノール -OH （第二級）

(c) CH₃CH₂CH₂CH₂CH₂OH （第一級）

(d) 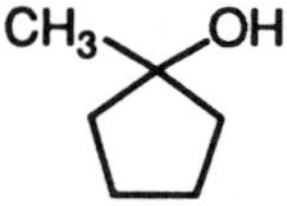 1-メチルシクロペンタノール（CH₃、OH） （第三級）

問題 2

(1) フェノールは塩化第二鉄水溶液を赤紫色に変色するが，アルコールはしない．(2) フェノールはアルコールより酸性度が強い．NaOH水溶液に溶ける．(3) アルコールは臭化水素と反応して臭化アルキルを与えるが，フェノールは反応しない．(4) アルコールは酸と加熱すると脱水するが，フェノールはしない．

問題 3

(a) CH₃CH=CH₂

(b) 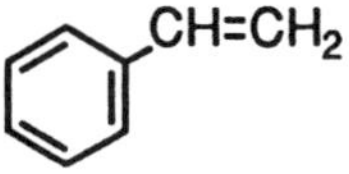 C₆H₅-CH=CH₂ (スチレン)

(c) 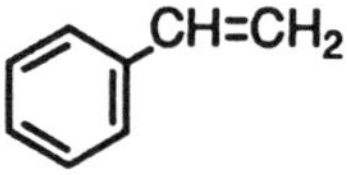 C₆H₅-CH=CH₂

(d)  シクロヘキセン

問題 4

(a) 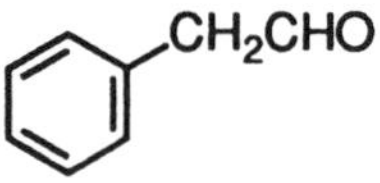 C₆H₅-CH₂CHO

(b) 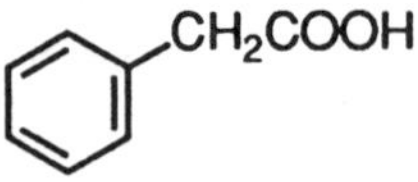 C₆H₅-CH₂COOH

(c) 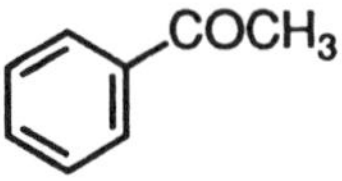 C₆H₅-COCH₃

(d)  シクロヘキサノン

問題 5

(a) シクロヘキシル-Br + Mg → シクロヘキシル-MgBr + C₆H₅CHO → C₆H₅CH(OH)(シクロヘキシル)

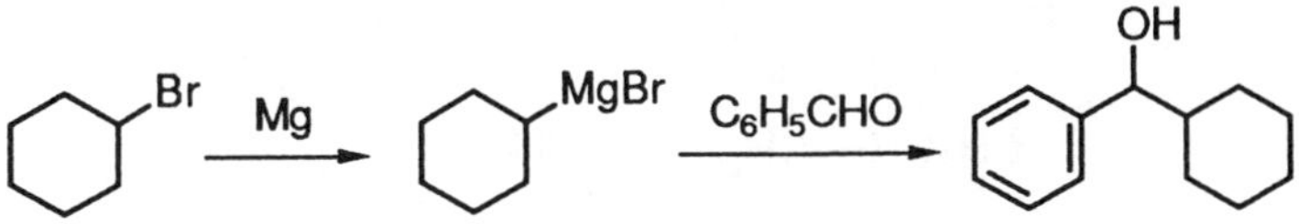

(b) (C₆H₅)₂C=O + CH₃MgBr → (C₆H₅)₂C(CH₃)(OH)

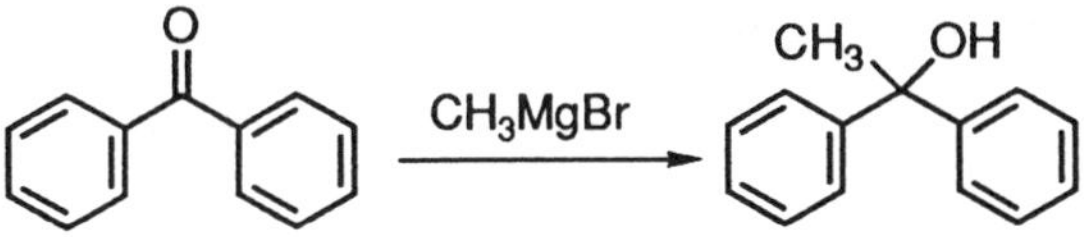

(c) シクロヘキセン + H₂SO₄ + H₂O → シクロヘキサノール

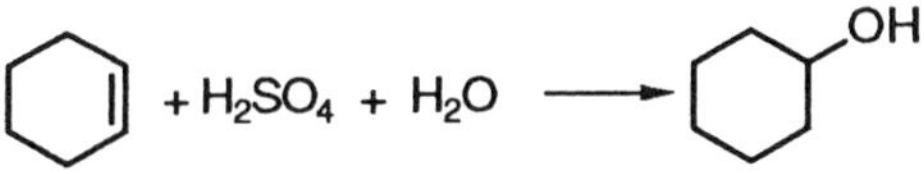

(d) C₆H₅COCH₃ $\xrightarrow{\text{NaBH}_4 \text{ または LiAlH}_4}$ C₆H₅CH(OH)CH₃

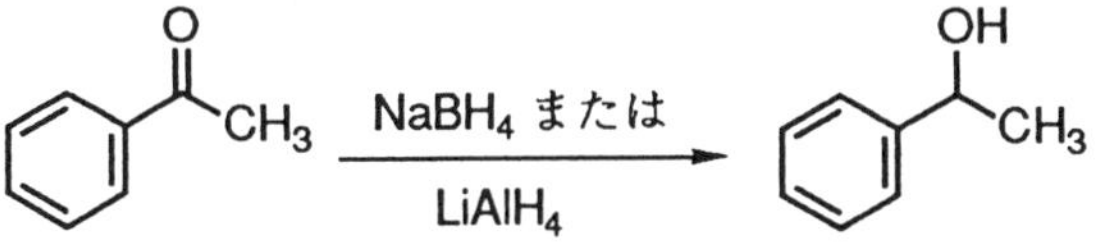

第 10 章

問題 1

(a) CH₃CH₂OCH(CH₃)₂ (b) C₆H₅-O-C₆H₅

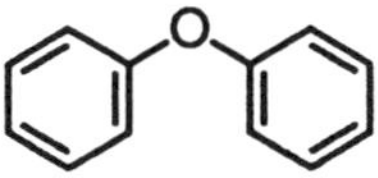

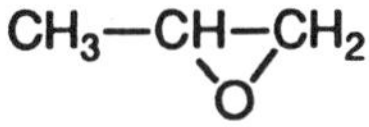

(c) CH₃—CH—CH₂ (エポキシド、O架橋) (d) テトラヒドロフラン
　　　　＼O／

問題 2

(a) C₆H₅ONa + CH₃CH₂CH₂—Br ⟶ C₆H₅OCH₂CH₂CH₃

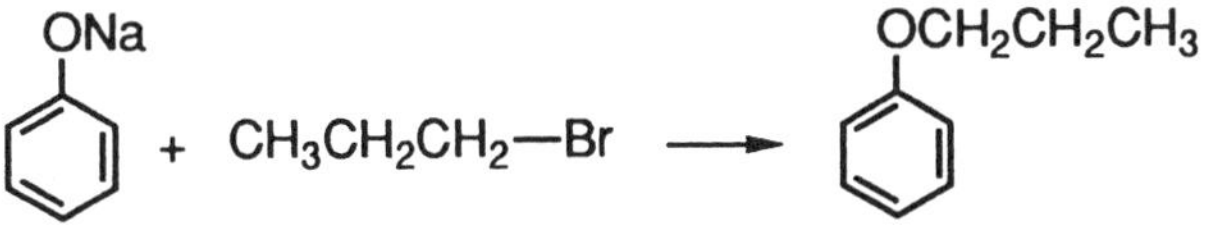

(b) $CH_3CH=CH_2 + C_6H_5COOOH \longrightarrow CH_3-CH-CH_2$
$\underset{O}{\diagdown\diagup}$

$\underset{OHBr}{CH_3CH-CH_2} + NaOH$

問題3

(a) 第三級ハロゲン化アルキルはS_N2反応をしない．塩基との反応では脱離反応が優先する．正しい方法は次の通りである．

$(CH_3)_3CONa + CH_3-I \longrightarrow (CH_3)_3C-O-CH_3$

(b) ハロゲン化アリールはS_N2反応をしない．正しい方法は次の通りである．

C$_6$H$_5$ONa + CH$_3$-I ⟶ C$_6$H$_5$OCH$_3$

問題4

(a) $CH_3-O-CH_2CH_2CH_3 \xrightarrow{HBr} CH_3-\overset{+}{\underset{H}{O}}-CH_2CH_2CH_3$

$2CH_3Br + 2CH_3CH_2CH_2Br \xleftarrow{HBr} CH_3-Br + CH_3CH_2CH_2OH + CH_3CH_2CH_2Br + CH_3OH$

(b) $CH_3CH_2-O-CH(CH_3)_2 \xrightarrow{HBr} CH_3CH_2-\overset{+}{\underset{H}{O}}-CH(CH_3)_2$

$\longrightarrow CH_3CH_2Br + (CH_3)_2CH-OH + (CH_3)_2CHBr + CH_3CH_2OH$

$\xrightarrow{HBr} 2CH_3CH_2Br + 2(CH_3)_2CHBr$

第11章

問題 1

(a) *trans*-3-phenyl-2-propenal

(b) 4-*tert*-butylcyclohexanone

(c) 2-cyclohexenone

(d) 4-formylcyclohexanone

問題 2

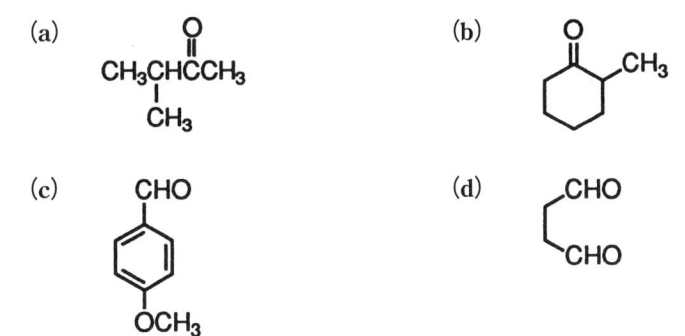

(a) CH$_3$CHCCH$_3$ （カルボニル基、CH$_3$分岐）
    |
    CH$_3$

(b) 2-メチルシクロヘキサノン

(c) 4-メトキシベンズアルデヒド (CHO, OCH$_3$)

(d) OHC-CH$_2$CH$_2$-CHO

問題 3

(a) (1) アルデヒドは酸化されやすい．(2) アルデヒドのほうがケトンより反応性が高い．

(b) 類似点：両者とも付加反応をする．

相違点：C=O の炭素は，酸素が炭素より電気陰性度が大きいため，C=O の炭素は部分正電荷を帯び，求電子的である．

したがって，C=O の炭素は求核試薬と反応するが，C=C は主として求電子試薬と反応する．

問題 4

(a) C$_6$H$_5$-CH(OH)CH$_3$

(b) C$_6$H$_5$-CH(OH)CH$_3$

(c) 構造: C₆H₅-C(CH₃)(OH)-CH₂CH₃

(d) 構造: C₆H₅-C(CH₃)=N-OH

(e) 構造: C₆H₅-C(CH₃)=N-NH-(2,4-ジニトロフェニル)

(f) C₆H₅-CH₂CH₃

(g) C₆H₅-CH₂CH₃

(h) 2-フェニル-2-メチル-1,3-ジオキソラン

問題 5

$$CH_3CHO + H^+ \rightleftharpoons \left[\begin{array}{c} CH_3\\ \ \ \ \ C=\overset{+}{O}H\\ H \end{array} \leftrightarrow \begin{array}{c} CH_3\\ \ \ \ \ \overset{+}{C}-OH\\ H \end{array} \right] \xrightarrow{CH_3\ddot{O}H}$$

$$\rightleftharpoons \begin{array}{c} CH_3\ \ \overset{+}{O}HCH_3\\ \diagdown\ \diagup\\ C\\ \diagup\ \diagdown\\ H\ \ \ OH \end{array} \rightleftharpoons \begin{array}{c} CH_3\ \ OCH_3\\ \diagdown\ \diagup\\ C\\ \diagup\ \diagdown\\ H\ \ \ OH \end{array} \xrightarrow{H^+} \begin{array}{c} CH_3\ \ OCH_3\\ \diagdown\ \diagup\\ C\\ \diagup\ \diagdown\\ H\ \ \overset{+}{O}H\\ \ \ \ \ \ H \end{array}$$

$$\rightleftharpoons \begin{array}{c} CH_3\ \ \ \ \ \ \ \ H\ddot{O}CH_3\\ \ \ \ \diagdown\ \ \ \ \diagup\\ \overset{+}{C}-OCH_3\\ \diagup\\ H \end{array} \rightleftharpoons \begin{array}{c} CH_3\ \ \overset{+}{O}HCH_3\\ \diagdown\ \diagup\\ C\\ \diagup\ \diagdown\\ H\ \ OCH_3 \end{array} \rightleftharpoons \begin{array}{c} CH_3\ \ OCH_3\\ \diagdown\ \diagup\\ C\\ \diagup\ \diagdown\\ H\ \ OCH_3 \end{array}$$

酸性条件下においては CH_3O^- は存在しない．この時の求核試薬は CH_3OH である．

第12章

問題1
(a) pentanoic acid
(b) phenylacetic acid
(c) butanoyl chloride
(d) ethyl phenylacetate
(e) *N*-ethylacetamide
(f) *N*, *N*-dimethylbenzamide

問題2
(a) C₆H₅-COO⁻Na⁺
(b) C₆H₅-COCl
(c) C₆H₅-COOCH₃
(d) C₆H₅-CONH₂

問題3
(a) CH₃CH₂CH₂C(CH₃)₂-OH
(b) C₆H₅-C(CH₃)₂-OH

問題4
(a) CH₃CH₂CH₂OH + CH₃OH
(b) CH₃CH₂CH₂NHCH₃
(c) CH₃CH₂CH₂N(CH₃)₂
(d) CH₃CH₂CH₂NH₂

問題5
酸性条件下においては OH⁻ は存在しない．この時の求核試薬は水 (H_2O) である．

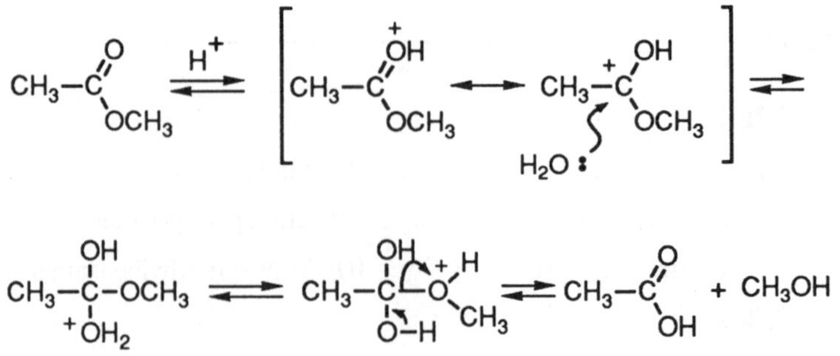

第 13 章

問題 1

(a) $(CH_3CH_2)_3N$ （第三級）

(b) 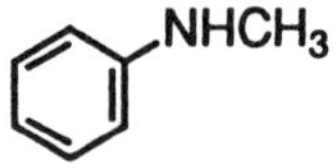 C₆H₅–NHCH₃ （第二級）

(c) 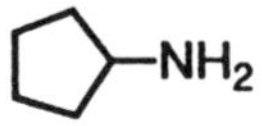 シクロペンチル–NH₂ （第一級）

(d) 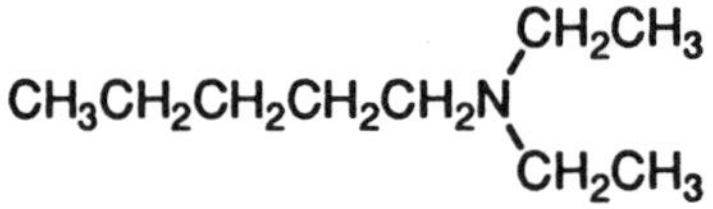 $CH_3CH_2CH_2CH_2N(CH_2CH_3)_2$ （第三級）

問題 2

(a) メチル基は電子供与性基であるので，2 つのメチル基の付いているジメチルアミンの窒素原子のほうが非共有電子対の電子密度が高くなり，塩基性が強い．

(b) トリメチルアミンはメチル基を 3 個もち，塩基性がもっと強くなると思われるが，メチル基の立体的なかさばりが大きく，そのためプロトンを取るのがむずかしくなる．結果としてジメチルアミンより塩基性が弱くなる．

問題 3

(a) C₆H₅-NH₂ + (CH₃CO)₂O (または CH₃COCl) ⟶ C₆H₅-NHCOCH₃

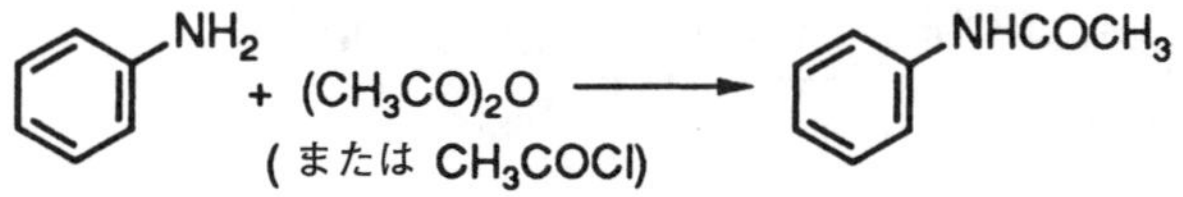

(b) C₆H₅-NH₂ + CH₃I (過剰) ⟶ C₆H₅-N(CH₃)₂

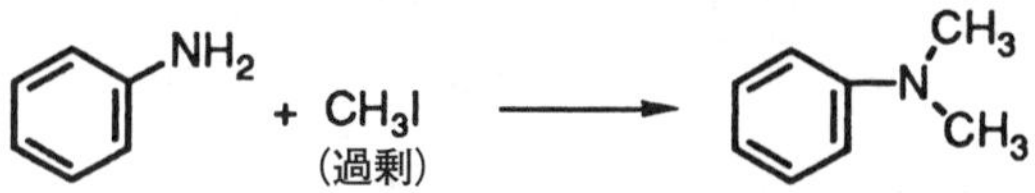

(c) C₆H₅-NH₂ —NaNO₂/HCl, 5°C→ C₆H₅-N⁺≡N Cl⁻ —加熱 (40°C)→ C₆H₅-OH

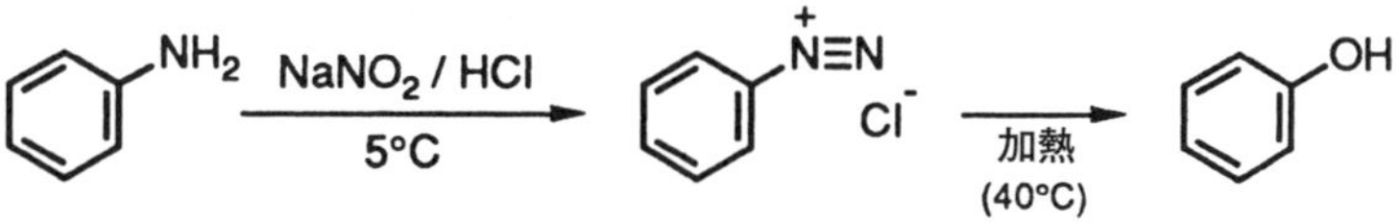

(d) C₆H₅-N⁺≡N Cl⁻ —CuBr→ C₆H₅-Br

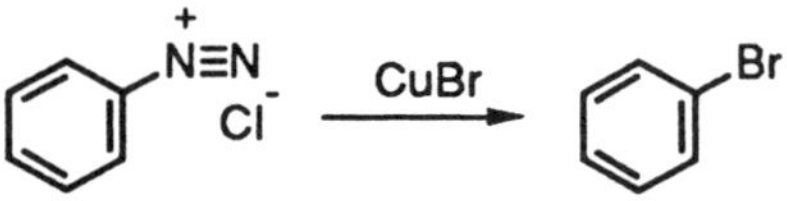

問題 4

(a)
CH₃CH₂CH₂Br —NaCN→ CH₃CH₂CH₂CN —LiAlH₄→ CH₃CH₂CH₂CH₂NH₂

CH₃CH₂CH₂CH₂Br —過剰のNH₃→ CH₃CH₂CH₂CH₂NH₂

二番目の方法は第二級アミンや第四級アンモニウム塩も混じってくるので，それらと分離する必要がある．

(b)
C₆H₅-CH₂Br —NaCN→ C₆H₅-CH₂CN —LiAlH₄→ C₆H₅-CH₂CH₂NH₂

C₆H₅-CH₂CH₂Br —過剰のNH₃→ C₆H₅-CH₂CH₂NH₂

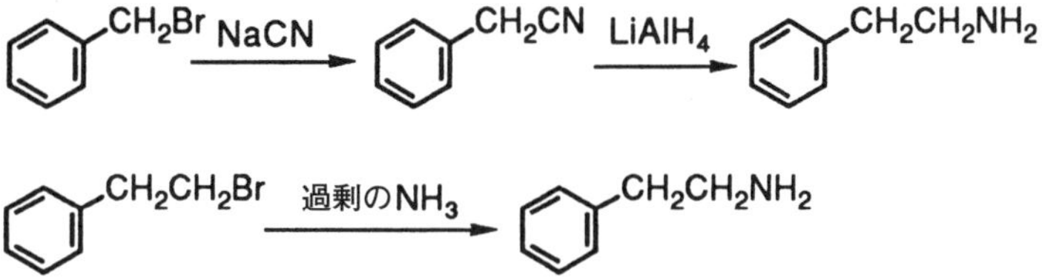

310　問　題　解　答

問題 5

(a) C₆H₅-CONH₂ →[LiAlH₄] C₆H₅-CH₂NH₂

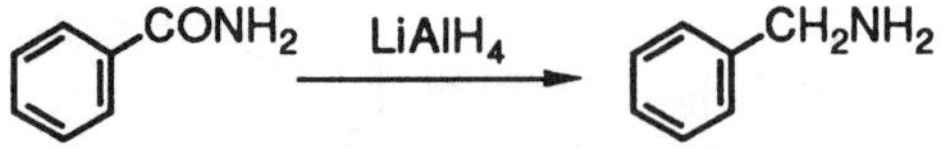

(b) C₆H₅-CN →[LiAlH₄] C₆H₅-CH₂NH₂

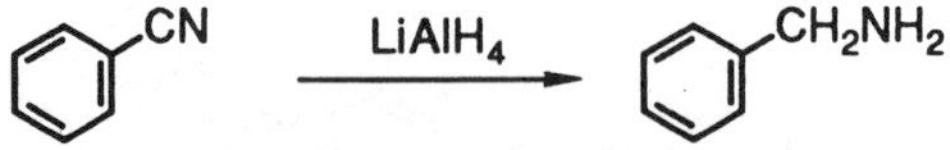

(c) C₆H₅-CH₂Br →[NH₃] C₆H₅-CH₂NH₂

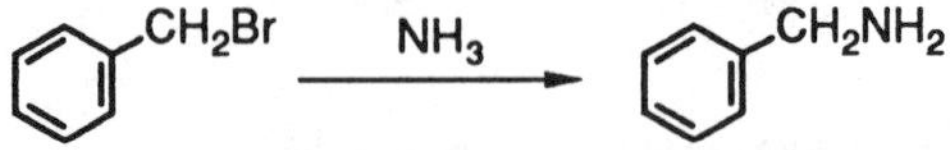

第 8 章　コーヒーブレイクの解答

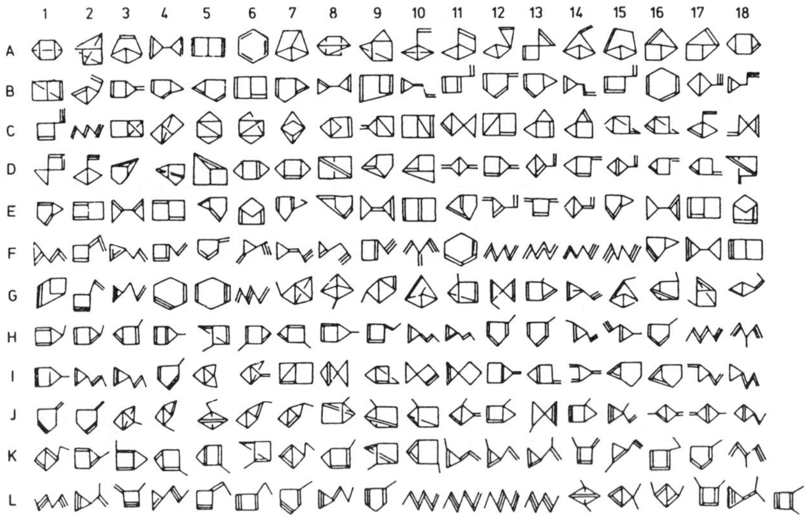

H. Bock：*Angew. Chem. Int. Ed. Engl.,* **28**, 1627（1989）より引用．

索　　引

ア　行

アキシアル結合　48
アキシアル水素　47
アキラル　58
亜硝酸　256
アシリウムイオン　138
アシル化　255
アスピリン　2, 169
アズレン　143, 144
アセタール　200
アセチレン　26, 99, 102, 105
アセトアニリド　233
アセトアルデヒド　189
アセトフェノン　129, 138
アセトン　189
アゾカップリング反応　257
アダマンタン　54
アドレナリン　4, 9
アニソール　129, 174
アニリン　129, 246
アミド　216, 233, 255
アミドアニオン　19
p-アミノ安息香酸　246
アミノピリン　5
アミン
　化学的性質　249
　合成法　258
　物理的性質　248
　命名法　243
アリル　100
アルカロイド　260
アルカン　35
　ハロゲン化　51
　物理的性質　42
　立体配座　43
アルカン酸　216
アルキル化
　アミン　253
アルキル基　37
アルキルベンゼン　128
アルキン　99, 100, 104
　物理的性質　105
アルケン　99, 100, 102
　物理的性質　105
アルコール　149
　化学的性質　159
　合成法　166
　脱水反応　162
　置換反応　161
　物理的性質　156
　命名法　149
アルデヒド
　合成法　209
　物理的性質　191
　命名法　186
アルドール反応　206
アルファ水素　204
アルファ炭素　204
アルミニウムイオン　79
アレーニウムイオン　135
アレーン　128
安息香酸　129, 143, 218, 220
アンチピリン　2
アンチ付加　107, 110
アントラセン　144
アンモニア　247
アンモニウムイオン　19
IUPAC 命名法　36
(R-S) 規則　60

イオン結合　14
いす形配座　47
異性体　27, 66
イソブチル　38
イソプレン　99
イソプロピル　38
イソプロピルアンチピリン　5
イソプロペニル　100
イペリット　97
イミン　198
インドール　144
E2 脱離反応　94
E1 反応　94
E2 反応　93

ウィリアムソン合成法　179
ヴェーラー　32
ウォルポール　9

エクアトリアル結合　48
エステル　216, 230
　物理的性質　231
エストロン　3
エタノール　29, 154
枝分かれアルカン　37
エタン　24, 37, 44
エチル　38
エチルアルコール　28
エチルベンゼン　128
エチルボラン　111
エチルメチルエーテル　174
エチレン　24, 99, 101, 120
エチレングリコール　154
エーテル　173
　化学的性質　177

312　索　引

合成法　179
物理的性質　175
命名法　174
エテン　105
エナンチオマー　58, 66
エネルギー図　279
エネルギー変化　279
エノラートイオン　204
エピネフリン　4, 9
エフェドリン　261
エポキシド　173
　化学的性質　177
　合成法　179
　命名法　174
塩化アリル　101
塩化水素　108
塩化ビニル　101
塩化ベンジル　129
塩化メチル　85
塩化メチレン　83
塩基　71
LiAlH$_4$　196
N-置換アミド　233
NaBH$_4$　196
s 軌道　20
S$_N$1 反応　89
S$_N$2 反応　87
sp 混成軌道　26
sp^2 混成軌道　24
sp^3 混成軌道　23
X 線結晶解析　270

オキシドアニオン　19
オキシム　198
オキシラン　175
オキソニウムイオン　19
オクタン　37
オゾニド　114
オゾン層　97
オゾン分解　114, 209
オービタル　20
オルト-パラ配向性基
　140, 141

カ　行

化学　7
化学結合　11
角度ひずみ　45
重なり形配座　44
ガスクロマトグラフィー
　268
活性化エネルギー　280
活性化基　139
価電子　12, 13
カーブした矢印　76
カプロン酸　217
カーボンナノチューブ
　148
過マンガン酸カリウム
　113
カラムクロマトグラフィー
　268
カルシウムカーバイト　32
カルボアニオン　19, 283
カルボカチオン　19, 283
カルボキシ基　215
カルボニル化合物　185,
　192
カルボニル基　185
カルボン酸　215
　化学的性質　222
　合成法　224
　物理的性質　221
　命名法　216
カルボン酸誘導体　215
還元　287
還元剤　239
環状エーテル　173, 175
官能基　30
環の反転　48
慣用名　36

希ガス　12
ギ酸　219
基質　85

m-キシレン　133
o-キシレン　133
p-キシレン　133
吉草酸　217
軌道　20
キニーネ　261
キノリン　144
逆マルコフニコフ付加
　112
求核試薬　86, 281
求核置換反応　85, 235
求電子試薬　281
吸熱反応　279
キュバン　54
鏡像体　57, 58, 66
共鳴　125
共鳴安定化　274
共鳴構造　125, 274
共鳴理論　270
共役　270
共役塩基　72
共役酸　72
共有結合　15, 17
キラル　57
キラル炭素　58
キラル中心　58
銀鏡反応　208

クメン法　168
クラウンエーテル　182
クラッキング　101
クラフツ　146
グリセリン　155
グリニャール試薬　167,
　194, 225
グリーンケミストリー　8
グリーンサステイナブルケ
　ミストリー　8
クレゾール　2
p-クレゾール　153
クレメンゼン還元　208
クロマトグラフィー　268
クロロニウムイオン　111

索　引　**313**

2-クロロブタン　59
クロロベンゼン　128, 133
クロロホルム　83

形式電荷　18
桂皮酸メチル　241
ケクレ　124, 146
結合電子対　16
ケト-エノール互変異性　205
ケトン
　物理的性質　191
　命名法　187
原子価　13
原子核　11
原子番号　12
元素の電気陰性度　14
元素分析　270

光学分割　66
香水　214
構造異性体　27, 66
高速液体クロマトグラフィー　268
コカイン　261
互変異性　206
孤立電子対　16
コリンズ酸化　164, 209
混成体　125, 273
昆虫フェロモン　170
コンホーマー　43
混融試験　269

サ　行

最外殻電子　12
再結晶　267
ザイツェフ則　116
酢酸　220
サリチル酸　166, 218
サリドマイド　69
サルバルサン　263
サルファ剤　263

酸　71
酸塩化物　227
酸化　286
酸解離定数　73
酸化反応　164
三次元構造式　4
酸性雨　78
酸性度　159, 222
　アルキン　117
　有機酸　74
ザンドマイヤー反応　257
酸ハロゲン化物　216, 227
酸無水物　216, 229

1,3-ジアキシアル相互作用　49
ジアステレオマー　63, 66
ジアゾ化反応　256
シアノヒドリン　197
シアン化水素　197
ジエチルエーテル　174, 175, 182
シグマ結合　23, 24
シクロアルカン　36, 40
　物理的性質　42
　立体配座　45
シクロアルケン　100
シクロブタン　40, 46
シクロプロパン　40, 45
シクロヘキサン　40, 47, 143
シクロペンタン　40, 46
シス　50, 103
シス-トランス異性体　50
シッフの塩基　198
2,4-ジニトロフェニルヒドラゾン　198
ジフェニルエーテル　174
ジメチルエーテル　28
cis-ジャスモン　214
蒸留　267
ジョーンズ酸化　164
シン付加　107, 115

水酸化アルミニウムリチウム　196, 232, 233, 239
水素化　115
水素化ホウ素ナトリウム　196, 212
水素結合　157
水和　109
スチレン　129
スルファニルアミド　263

絶対配置　60
ゼルチュルナー　Sertürner　2
セレンディピティ　9
遷移状態　87, 279, 282
旋光度　60

タ　行

第一級アミン　244
第一級アルコール　151, 209
第三級アミン　244
第三級アルコール　151
ダイナマイト　170
第二級アミン　244
第二級アルコール　151, 210
第四級アンモニウム塩　244
多環式芳香族化合物　143
脱水　116
脱離基　86
脱離反応　93
炭化水素　35
炭素陰イオン　283
炭素陽イオン　283

置換基　37
置換基効果　142
置換ベンゼン　139
中間体　90, 280, 281
中性子　11

索引

直鎖アルカン 36

デカン 37
テトラヒドロフラン 175
電気陰性度 13
電子 11
電子殻 12

ドデカヘドラン 54
トランス 50, 103
トリエチルボラン 111
o-トルイジン 246
トルエン 129, 132, 133

ナ 行

ナイトロジェンマスタード 97
ナトリウムアセチリド 117
ナフタレン 133, 144

ニトリル 216, 238
ニトロ化 134
ニトロソニウムイオン 256
ニトロベンゼン 128, 133
日本薬局方 8
ニューマン式 43
尿素 32

ねじれ形配座 45
ねじれひずみ 45
燃焼 51

ノナン 37

ハ 行

パイ結合 25
配座異性体 43
バイヤー試験 114
パウリの規則 21

薄層クロマトグラフィー 268
バスケッタン 54
パスツール 68
バッキーボール 148
発熱反応 279
ハロアルカン 82
ハロゲン化 136, 206
ハロゲン化アルキル 81, 253
ハロゲン化物イオン 19
ハロニウムイオン 19
ハロホルム 83
反転 87
反応機構 86, 278
反応座標 279
反応熱 279
π 結合 102

非共有電子対 16, 86, 249
非局在化 270
ピクリン酸 153, 165
ヒドリドイオン 196
ヒドロキノン 153
ヒドロホウ素化 111, 120
ビニル 100
非ベンゼノイド芳香族化合物 143
ヒュッケル則 127, 284
ピリジン 144
ピレトリン 241
ピロカテコール 153
ピロール 144
p 軌道 20

ファラデー 132
ファント・ホッフ 32
フィッシャー式 63
フィッシャーのエステル化法 236
フェナントレン 144
フェニルアルカン 128
フェニル基 128

2-フェニルヘプタン 128
フェノール 129, 149, 155
　化学的性質 159
　合成法 168
　物理的性質 156
　芳香族置換反応 165
　命名法 152
フェーリング反応 208
不活性化基 139
付加反応 106
複素環式芳香族化合物 143, 285
不斉炭素 58
ブタン 37
ブチル 38
sec-ブチル 38
tert-ブチル 38
tert-ブチル陽イオン 90, 161
フッ素 15
フットボーラン 54
1-ブテン 105
舟形配座 48
不飽和炭化水素 35
ブラウン 120
フラーレン 147
プリズマン 54
フリーデル 146
フリーデル-クラフツアシル化反応 138, 210
フリーデル-クラフツアルキル化反応 137
フレオン 97
ブレンステッドの酸-塩基 71
ブレンステッドの定義 71
プロスタグランジン E_2 3
プロパン 37, 42
プロピル 38
プロピン 105
プロペン 105
ブロモニウムイオン 111
ブロモベンゼン 124, 128,

137
プロントジル 263
分極 17, 83
分子軌道法 20
分子模型 29
フントの規則 21

閉殻 12
ヘキサン 37
ヘプタン 37
ヘミアセタール 200
ベンジル基 128
ベンズアルデヒド 129
ベンゼン 123, 132, 133
　芳香族求電子置換反応 134
ベンゼン誘導体 128
ベンゾジアゾニウム塩 257
ペンタン 37

ボーアの原子モデル 12
芳香族イオン 286
芳香族化合物 123
芳香族求電子置換反応 135, 139
芳香族炭化水素 35
飽和炭化水素 35

ポーリング 14
ボルフ-キッシュナー還元 208
ホルムアルデヒド 189
ボンビコール 170

マ 行

マツタケオール 241
マルコフニコフ 108
マルコフニコフの法則 108

無水酢酸 229
ムスコン 214

メソ化合物 65
メタノール 154
メタ配向性基 140, 141
メタン 24, 37, 42
メチル 38
メチルアミン 246, 247
メチルフェニルエーテル 174
2-メチルヘキサン 37

モーブ 262
モルヒネ 2, 261

ヤ 行

ヨウ化メチル 84
陽子 11
ヨードホルム 83

ラ 行

酪酸 217
ラセミ混合物 65
ラセミ体 65, 69

リチウム 15
律速段階 281
立体異性体 57, 66
立体配座 43
立体配置 50
リンドラー触媒 117

ルイス塩基 75
ルイス構造 16
ルイス酸 75, 137, 138
ルイスの定義 71

レセルピン 261
レゾルシノール 153

有機化学入門

［第 2 版］

定　価（本体 3,800 円＋税）

編著者　池田正澄
　　　　太田俊作
発行者　廣川節男
　　　　東京都文京区本郷 3 丁目 27 番 14 号

平成 4 年 4 月 25 日　初版発行Ⓒ
平成 21 年 1 月 10 日　第 2 版 1 刷発行

発 行 所　株式会社　廣 川 書 店

〒113-0033　東京都文京区本郷 3 丁目 27 番 14 号
〔編集〕電話 03(3815)3656　FAX 03(5684)7030
〔販売〕　　 03(3815)3652　　　 03(3815)3650

Hirokawa Publishing Co.
27-14, Hongō-3, Bunkyo-ku, Tokyo

CBT 対策と演習 シリーズ

薬学教育研究会 編　　　　　　　　　　　A5判　各130〜250頁　各1,890円

本シリーズは，CBTに対応できる最低限の基礎学力の養成をめざした問題集である．
〈既刊〉有機化学 1,890円／分析化学 1,890円／薬理学 1,890円
〈近刊〉薬剤学／衛生薬学／生化学／機器分析

専門基礎：化学入門 その論理と表現

東京大学名誉教授　藤原 鎭男 著　　　　　A5判　130頁　1,890円

本書は，専門科目としての「化学」の学習を始める前に，学生諸君がその準備として持つべき心構えと，知識を示している．主として，これから大学院課程の「化学」に進もうとする学生を対象にしている．
主要目次：元素の周期律／原子構造／近代科学の基本量／科学知識の表現／文献／数値・事象／画像／専門学習助言／科学をなぜ学ぶか，どう学ぶか

薬学生のための 生物物理化学入門

北海道大学教授　加茂　直樹
徳島大学教授　嶋林　三郎　編集　　　　　B5判　200頁　3,150円

薬学生初心者対象の教科書，生体構成分子，生体膜，医薬品の作用，生体のエネルギー源，酵素反応などを本文8章と特別講義6講で解説，薬学会モデル・コアカリキュラム，国試出題基準，日本薬局方関連事項にも着目して執筆．豊富な練習問題で定期試験・薬剤師国家試験対策もOK．この教科書一冊で「関連分野にこわいものなし」．

薬学領域の物理化学

帝京平成大学教授
東京薬科大学名誉教授　渋谷 皓 編集　　　A5判　380頁　5,460円

"薬学教育モデル・コアカリキュラム"のC1の物理化学領域の項目を網羅した．各章の冒頭にはコアカリキュラムに則した学習目標を記載し，各章の内容を薬学生の物理学，数学の学力で確実に理解できるようにわかりやすく記述した．章末の演習問題で理解度をチェックできる．

物理化学テキスト

松山大学教授　葛谷昌之 編集　　　　　　B5判　250頁　4,200円

「構造」「物性」「反応」の3部構成にし，平易な表現でかつ，簡潔にを目標に執筆した．各項目にSBOを明記し，薬学共用試験及び薬剤師国家試験への対応も施した．

最新 薬物治療学

京都大学教授　赤池　昭紀
北里大学教授　石井　邦雄
明治薬科大学教授　越前　宏俊　編集　　　B5判　490頁　5,250円
京都大学教授　金子　周司

薬学教育モデル・コアカリキュラムにおける「薬物治療」の内容をカバーしつつ，最適な薬物治療に向けて薬剤師が持つべき疾病の病態と薬物治療に関して，必要かつ十分な記述をもつ教科書としてまとめた．

わかりやすい医療英語

名城大学名誉教授　鈴木　英次 編集　　　B5判　250頁　3,150円

本書は，薬学，看護学などの学生を対象とする．高頻度の医療単語の語源，基礎から臨床分野の英文を厳選し，詳しい語句の解説と演習によって，正確な和訳の習得を目指した．テキスト，自習書として最適である．

廣川書店
Hirokawa Publishing Company

113-0033　東京都文京区本郷3丁目27番14号
電話 03(3815)3652　FAX 03(3815)3650　http://www.hirokawa-shoten.co.jp/

	1	2							
	1 [G] **H** Hydrogen 1.0079								
	3 [S] **Li** Lithium 6.941	4 [S] **Be** Beryllium 9.0122							
	11 [S] **Na** Sodium 22.9898	12 [S] **Mg** Magnesium 24.3050	3	4	5	6	7	8	9
	19 [S] **K** Potassium 39.0983	20 [S] **Ca** Calcium 40.078	21 [S] **Sc** Scandium 44.9559	22 [S] **Ti** Titanium 47.88	23 [S] **V** Vanadium 50.9415	24 [S] **Cr** Chromium 51.9961	25 [S] **Mn** Manganese 54.9380	26 [S] **Fe** Iron 55.847	27 [S] **Co** Cobalt 58.9332
	37 [S] **Rb** Rubidium 85.4678	38 [S] **Sb** Strontium 87.62	38 [S] **Y** Yttrium 88.9059	40 [S] **Zr** Zirconium 91.224	41 [S] **Nb** Niobium 92.9064	42 [S] **Mo** Molybdenum 95.94	43 [X] **Tc** Technetium (98)	44 [S] **Ru** Ruthenium 101.07	45 [S] **Rh** Rhodium 103.9055
	55 [S] **Cs** Cesium 132.9054	56 [S] **Ba** Barium 137.327	57 [S] **La** Lanthanum 138.9055	72 [S] **Hf** Hafnium 178.49	73 [S] **Ta** Tantalum 180.9479	74 [S] **W** Tungsten 183.85	75 [S] **Re** Rhenium 186.207	76 [S] **Os** Osmium 190.2	77 [S] **Ir** Iridium 192.22
	87 [S] **Fr** Francium (223)	88 [S] **Ra** Radium 226.0254	89 [S] **Ac** Actinium 227.0278	104 [X] **Rf** Rutherfordium (261)	105 [X] **Db** Dubnium (262)	106 [X] **Sg** Seaborgium (263)	107 [X] **Bh** Bohrium (262)	108 [X] **Hs** Hassium (265)	109 [X] **Mt** Meitnerium (266)

原子番号
元素記号
元素名
原子量

92 [S] **U** Uranium 238.0289

常温での状態:
[S] 固体
[L] 液体
[G] 気体
[X] 天然には存在しない

ランタノイド

58 [S] **Ce** Cerium 140.115	59 [S] **Pr** Praseodymium 140.9076	60 [S] **Nd** Neodymium 144.24	61 [X] **Pm** Promethium (145)	62 [X] **Sm** Samarium 150.36

アクチノイド

90 [S] **Th** Thorium 232.0381	91 [S] **Pa** Protactinium 231.0359	92 [S] **U** Uranium 238.0289	93 [X] **Np** Neptunium 237.0482	94 [X] **Pu** Plutonium (244)

*元素110〜112はまだ命名されていない。